乡村绿色发展测度及其影响因素研究

华瑛 著

XIANGCUN LVSE FAZHAN CEDU
JIQI YINGXIANG YINSU
YANJIU

陕西师范大学出版总社

图书代号:ZZ22N1780

图书在版编目(CIP)数据

乡村绿色发展测度及其影响因素研究 / 华瑛著. —西安：陕西师范大学出版总社有限公司, 2022.11
ISBN 978-7-5695-3258-6

Ⅰ.①乡… Ⅱ.①华… Ⅲ.①绿色农业—农业发展—研究—中国 Ⅳ.①F323

中国版本图书馆 CIP 数据核字(2022)第 207858 号

乡村绿色发展测度及其影响因素研究
华　瑛　著

责任编辑 / 张建明
责任校对 / 孙瑜鑫
装帧设计 / 李渊博
出版发行 / 陕西师范大学出版总社
　　　　　　（西安市长安南路 199 号　邮编 710062）
网　　址 / http://www.snupg.com
经　　销 / 新华书店
印　　制 / 西安市建明工贸有限责任公司
开　　本 / 787 mm×1092 mm　1/16
印　　张 / 18
字　　数 / 260 千
版　　次 / 2022 年 11 月第 1 版
印　　次 / 2022 年 11 月第 1 次印刷
书　　号 / ISBN 978-7-5695-3258-6
定　　价 / 45.00 元

读者购书、书店添货或发现印装质量问题,请与本社营销部联系调换。
电话:(029)85307864　85303622(传真)

序

党的十九大报告明确提出乡村振兴，使乡村按照产业兴旺、生态宜居、乡风文明、治理有效、生活富裕的总要求建设。习近平总书记强调，"坚持人与自然和谐共生，走乡村绿色发展之路"，以绿色发展模式引领乡村振兴是新时代我们党深刻把握现代化建设规律和城乡变化特征，顺应亿万农民对美好生活的向往，从党和国家全局出发的一项重大战略决策，具有深刻的哲学意蕴。由此可见，绿色低碳成为新时代高质量发展的必然选择，也成为建设美丽中国和加快生态文明体制改革的行动指南。走乡村绿色发展道路是实现美丽中国的关键，也是我国经济高质量内涵式发展的重要内容。绿色发展是追求经济健康增长，阻止环境恶化、物种多样性减少和不可再生资源使用的科学发展模式。要创造更多的物质财富和精神财富，以满足人民日益增长的美好生活需要，也要提供更多的优质生态产品以满足人民日益增长的优美生态环境需要。加快绿色安全、优质高效的乡村产业体系建设是探索乡村绿色发展现代化道路的要求。本著作以乡村绿色发展相关问题展开探究和测度，深挖乡村经济社会发展与生态环境建设协调和统一规律，对于指导当前我国乡村面临的重大理论实践问题以及未来发展规划，具有一定的理论和现实意义。

华瑛博士的著作《乡村绿色发展测度及其影响因素研究》力图用经济学基本原理和数理统计基础方法论述乡村绿色发展的基本规律、运行机理、作用机制，进而揭示乡村人口、资源、环境、社会等要素变化消长的制约条件、限制因子以及它们之间复杂耦合关系协调发展和良性循环的经济度量问题，系统地提出了乡村绿色发展的经济理论见解。本著作在对前人关于乡村发展的相关问题研究基础上，通过大量的文献研读、归纳、比较和评析，综合运用多学科交叉方法对乡村绿色发展的理论基础、机理机制内涵、测度指标体系、测度方法建模以及影响因素等相关问题进行了理论和实证研究，尤其运用系统论、协同论、整体论、循环论等一系列唯物辩证观点，构建了以生态理念贯穿物质资料生产、维持、提质、创新全过程的经济运行规律、生态测度体系和管理运作机制。同时，以陕西县域乡村为例，探寻了影响县域乡村绿色发展的动力因素、阻力因素及内生关联关系，并针对乡村的特点和发展需要，提出了具体的有针对性的解决方案，为指导乡村绿色发展实践提供了信息参考和决策依据，为陕西生态文明建设和乡村振兴提供了科学的建议和指导。

作者尽可能地用简明通俗的语言来阐述，并在影响乡村绿色发展复杂因子和关联关系的甄别、筛选、分类和排序的科学问题方面做出了一些探索性的工作。但要完成这一历史使命绝非易事，作者已从自己的实践中汲取经验教训，在下更大工夫领会国家有关乡村绿色发展的政策的同时，也从别人的实践中获取了经验。作者具有严谨的治学精神，不耻下问的求学态度，并能认真学习借鉴全国有关知名专家学者的理论知识和丰富经验。尽管作者在撰写这部专著中倾注了大量的心血，结合博士论文的研究成果，查阅了大量的资料，论据充足，立意新颖，方法得当，但难免有考虑不周的地方。在此，我作为作者的博士生导师，在作序的同时，也感谢大家对作者的关爱和包容。

张治河

2022 年 6 月 7 日

（本文作者系陕西师范大学国际商学院二级教授，博士生导师）

前　言

绿色发展作为新时代的发展主题，是追求质量而非数量，追求效益而非效率，追求集约而非粗放的高质量的科学发展模式。乡村作为中国社会的有机组成部分，拥有独特的自然生态基础和人文底蕴，乡村绿色发展是重新认识乡村价值的时代选择，也是高质量发展背景下实现农业现代化和建设农村生态文明的必然选择，更是解决人民日益增长的美好生活需要和不平衡不充分发展之间矛盾的现实选择。衡量和识别乡村绿色发展的理想差距、进程效度和影响因素，对解决乡村发展的瓶颈问题和生态文明短板问题具有一定的理论和现实意义。

本研究在相关文献归纳梳理评析的基础上，综合运用多学科交叉方法对乡村绿色发展的理论基础、测度指标体系、测度方法建模以及影响因素相关问题进行了理论和实证研究。系统地阐述了乡村社会、文化、环境、经济可持续发展的生态基础作用，揭示了乡村绿色发展经济系统优化过程中，乡村发展与乡村生态环境建设之间的互动关系。力求解决生态破坏、环境恶化和创新驱动对乡村生态环境经济健康运行与可持续发展带来的影响，以此推动我国乡村朝着可持续、绿色、生态化方向发展，为乡村生态经济科学研究与实践示范提供理论支撑。尤其以陕西县域乡村为例，探寻了影响县域乡村绿色发展的动力因素、阻力因素及内生关联关系，为陕西生态文明建设和乡村振兴提供了参考。本研究主要结论有四个方面：

第一，构建了乡村绿色发展的"四能力"测度指标体系。本研究在人与自然生态和谐理论、人文发展理论、复杂巨系统理论的基础上，结合时代背景分析了乡村绿色发展的内涵特征、运行机理和作用机制，从系统能力需要视角解构乡村绿色发展核心要义，实现了对乡村绿色生产能力、乡村绿色保有维持能力、乡村绿色生活质量提升能力、乡村公平机会获得能力的衡量测度标准矩阵的建构。尤其运用系统聚类法提取核心测度指标，并运用认知盲区的距离测度模型赋值指标权重是本研究的创新之处。

第二，构建了乡村绿色发展的水平、效率、潜力测度模型，实现了测度方法的创新。在克服多属性决策度量问题的公平性和多属性目标决策问题的归一性方面，本研究把几何加权平均法和投入产出比率法相组合构建了乡村绿色发展水平的测度模型；将偏微分推导法应用于乡村绿色发展分析，揭示了水平与效率的内在联系，发现效率是水平在四维度方向偏导数的算术平均值；用数值拟合法模拟乡村绿色发展的水平，逼近最优拟合函数构建潜力测度模型，并用 Pearson 系数、拟合优度和截断误差对测度方法的合理性进行了检验。

第三，构建了包含单位能耗 GDP、互联网普及度、公路密度影响因子的乡村绿色发展水平内生结构关系模型。本研究通过对 C-D 生产函数的逐步拓展建立计量模型，并运用加权最小二乘回归法估计联立方程组的弹性系数。研究发现：单位能耗 GDP 和公路密度对乡村绿色发展水平呈负向影响，且单位能耗 GDP 影响程度大于公路密度；互联网普及度呈正向影响，表明信息化水平的提升对乡村绿色发展有促进作用。其中通过 C-D 生产函数的扩展构建乡村绿色发展水平的影响效应模型并采用加权最小二乘法估计参数，实现弹性系数求解，是本研究的又一创新之处。

第四，陕西县域乡村实证分析发现：（1）水平呈继起性和反复性的特点。水平贡献度排序为：乡村绿色保有维持>乡村绿色生产>乡村绿色生活质量>乡村公平机会，表明乡村绿色保有维持能力对乡村绿色发展水平的贡献最大。（2）效率表现正向提高和反向倒退交替变化特点。效率贡献度排序为：乡村绿色生活质量>乡村绿色生产>乡村绿色保有维持>乡村公平机会，表明乡村绿色生活质量的提高对乡村绿色发展效率的贡献最大。(3) 潜力大部分呈下降趋势。潜力贡献度排序为：乡村公平机会>乡村绿色保有维持>乡村绿色生活质量>乡村绿色生产，表明乡村公平机会获得对乡村绿色发展潜力的贡献最大。(4) 国家政策对乡村绿色发展有着积极的作用。(5) 陕西省乡村碳排放与乡村绿色发展还存在耦合现象，减少碳排放任务还很艰巨。运用加权最小二乘回归法估计参数发现，碳排放与乡村绿色发展水平呈负相关，且每增加1%的碳排放，乡村绿色发展水平降低0.04315%，进一步模拟预测发现，碳排放在现有水平降低20%以上，乡村绿色发展水平会明显提高。用散点图拟合发现，当乡村居民可支配收入达到一定值后，碳排放减缓，表明大幅度减少碳排放以及创新乡村经济，使村民收入增加，有利于提升乡村绿色发展水平。

本书适用于从事生态文明建设理论与实践研究的人员参阅，也适用于社会公众了解乡村生态文明，参与生态文明的知识普及。本书是对乡村绿色发展测度理论的一个起步性的探索和思考，由于理论水平和实践经验的限制，难免存在不足，恳请广大读者批评指正。

目 录

第1章 绪 论 /1

1.1 研究背景和意义 /1

1.1.1 研究背景 /1

1.1.2 研究意义 /2

1.1.3 问题的提出 /2

1.2 研究思路、内容与方法 /4

1.2.1 研究思路 /4

1.2.2 研究内容 /4

1.2.3 研究方法 /7

1.3 创新之处 /8

1.4 本章小结 /9

第2章 国内外相关文献综述 /10

2.1 乡村绿色发展研究 /10

2.1.1 乡村发展特点及需要研究 /10

2.1.2 乡村绿色发展含义及演化研究 /17

2.1.3 乡村绿色发展相关理论研究 /20

2.2 乡村绿色发展测度研究 /25

2.2.1 测度视角与测度内容研究 /25

2.2.2 综合指数测度研究 /36

2.2.3 关联关系距离测度研究 /37

2.2.4 全要素生产比率测度研究 /39

2.3 乡村绿色发展的影响因素研究 /40

2.3.1 基础设施建设的影响 /40

2.3.2 环境、碳排放的影响 /41

2.3.3 现代化乡村社区生态企业的积极影响 /43

2.4 文献研究述评 /43

2.5 本章小结 /44

第3章 乡村绿色发展的理论基础 /45

3.1 乡村绿色发展的学理理论 /45

3.1.1 人与自然生态和谐理论 /45

3.1.2 人文发展理论 /47

3.1.3 复杂巨系统理论 /49

3.2 乡村绿色发展的含义和特征 /50

3.2.1 绿色转型与乡村内涵发展 /50

3.2.2 乡村绿色发展概念的界定 /51

3.2.3 乡村绿色发展的基本特征 /55

3.3 乡村绿色发展的模式分类 /58

3.3.1 资源节约模式 /59

3.3.2 精准设施模式 /61

3.3.3 生态循环模式 /63

3.3.4 高技术实施模式 /65

3.4 主要概念与基本逻辑 /67

3.4.1 机会成本 /67

3.4.2 整体大于部分之和 /70

3.5 本章小结 /73

第4章 乡村绿色发展的经济机理 /75

4.1 乡村发展系统的绿色特质解析 /75
- 4.1.1 乡村空间区位系统 /75
- 4.1.2 绿色特质解析 /76
- 4.1.3 重要性与价值 /77

4.2 乡村绿色发展系统的循环运行机理 /79
- 4.2.1 内循环绿色运行 /81
- 4.2.2 外循环绿色运行 /82

4.3 乡村绿色发展系统的作用机制 /84
- 4.3.1 资源集约利用 /85
- 4.3.2 生态福利增加 /86
- 4.3.3 绿色效益提升 /88
- 4.3.4 创新机会增长 /90

4.4 主要概念与基本逻辑 /92
- 4.4.1 边际成本 /93
- 4.4.2 输入输出良性循环关系 /95

4.5 本章小结 /97

第5章 乡村绿色发展测度指标的构建 /99

5.1 乡村绿色发展的衡量维度 /99
- 5.1.1 乡村绿色发展的本真目标 /99
- 5.1.2 乡村绿色发展的概念模型 /102
- 5.1.3 乡村绿色发展的测量维度 /105

5.2 乡村绿色发展核心测度指标的提取 /112
- 5.2.1 核心要素的主观筛选 /112
- 5.2.2 核心要素的系统聚类分析 /114
- 5.2.3 核心测度指标的要素构成 /116

5.3 乡村绿色发展核心测度指标的矩阵架构 /121

 5.3.1 标准选择 /121

 5.3.2 权重赋值 /122

 5.3.3 矩阵结构 /124

 5.3.4 测度指标释义 /126

5.4 主要概念与基本逻辑 /131

 5.4.1 熵概念 /132

 5.4.2 存量与服务的均衡 /133

5.5 本章小结 /135

第6章 乡村绿色发展的测度 /137

6.1 乡村绿色发展的动态度量关系 /137

 6.1.1 纵向度量区间 /137

 6.1.2 横向度量尺度 /138

 6.1.3 面板数据的选择：陕西县域乡村 /138

6.2 乡村绿色发展水平的测度 /140

 6.2.1 几何加权投入产出比率指数模型 /140

 6.2.2 P值相关性检验 /142

 6.2.3 陕西县域乡村绿色发展水平的时空差异 /144

6.3 乡村绿色发展效率的测度 /158

 6.3.1 偏微分数理模型 /158

 6.3.2 数学逻辑推导验证 /160

 6.3.3 陕西县域乡村绿色发展效率的时空差异 /161

6.4 乡村绿色发展潜力的测度 /170

 6.4.1 数值拟合预测模型 /170

 6.4.2 收敛性检验 /171

 6.4.3 陕西县域乡村绿色发展潜力的时空差异 /174

6.5 主要概念与基本逻辑 /178

 6.5.1 距离概念 /179

 6.5.2 统计描述 /180

6.6 本章小结 /183

第7章 乡村绿色发展的影响因素 /185

7.1 乡村绿色发展的影响因子分析 /185

 7.1.1 解释变量与被解释变量/185

 7.1.2 描述性统计分析 /188

 7.1.3 空间相关性检验 /188

7.2 乡村绿色发展的影响关系分析 /189

 7.2.1 基于C-D生产函数的内生结构关系拓展 /189

 7.2.2 加权最小二乘回归法建模求解 /195

 7.2.3 有效性检验 /196

7.3 乡村绿色发展的内生影响因素分析 /203

 7.3.1 能源消耗强度对乡村绿色发展的内生影响 /203

 7.3.2 互联网普及度对乡村绿色发展的内生影响 /207

 7.3.3 公路密度对乡村绿色发展的内生影响 /212

7.4 乡村绿色发展的影响效应分析 /216

 7.4.1 碳排放对乡村绿色发展的影响分析 /216

 7.4.2 本土知识对乡村绿色发展的影响分析 /219

 7.4.3 安全、分散、健康的新需求对乡村绿色发展的

   影响分析 /222

7.5 主要概念和基本逻辑 /224

 7.5.1 稀缺性 /225

 7.5.2 供给和需求弹性 /227

7.6 本章小结 /232

第8章 结论、反思与展望 /233

8.1 结论与建议 /233

8.1.1 主要结论 /233

8.1.2 对策建议 /236

8.2 反思 /249

8.2.1 贫困与乡村经济发展 /250

8.2.2 贫困原因与反贫困 /252

8.2.3 碳排放与乡村经济发展的关系 /255

8.2.4 碳排放空间的稀缺性 /256

8.3 进一步研究的展望 /258

8.4 本章小结 /259

参考文献 /260

后 记 /273

第1章 绪 论

1.1 研究背景和意义

1.1.1 研究背景

绿色发展是可持续的发展，是既考虑经济长期发展，又考虑资源、环境实际承载能力的经济发展模式，尤其重视能源、环境、经济、社会系统中各要素的协调发展，要求做到经济发展与节能减排相统一、绿色生产与绿色消费相并重、绿色需求与绿色生活方式相适应。在现阶段，绿色发展的目标是建设人与自然和谐共生、努力解决人民日益增长的美好生活需要和不平衡不充分的发展之间的矛盾。在社会主义生态文明新时代下，绿色发展作为一种经济增长新动力和社会经济向前发展同时又不导致生态环境衰退的发展模式，对于中国农村地区快速城镇化的过程来说，无疑是一种高质量发展的最佳选择。绿色发展作为五大发展理念之一，是实现高质量农业现代化和建设高质量农村生态文明的必然选择。对于农村地区，由于经济基础相对薄弱，迫切需要社会经济向前发展，脱贫致富步伐的加快与脆弱的生态环境一直是该区域的主要矛盾，找出这个矛盾的突破口，在保护生态环境的前提下，寻求适宜的发展模式，对于农村地区的健康发展来说是重中之重。而贯彻新发展理念，对乡村绿色发展的测度理论和方法的研究，就显得尤为重要了。本研究在系统耦合理论和统计决策方法基础上，试图构建表征新时期农村区域特征系统的乡村绿色发展评价体系，对乡村绿色发展的水平、效率及影响因素进行测度，以期能更精准的解决乡村绿色发展瓶颈问题，从而，更好地为政府决策提供绿色发展的理论依据和应对方案。

1.1.2 研究意义

乡村绿色发展,特别是与乡村关联密切的农业与农村的可持续发展关乎国家的食品安全、资源安全和生态安全,是国家社会经济可持续发展的重要基础。我国经济发展正逐步进入高质量内涵式发展阶段,破解新时期乡村发展的命题,相关理论和方法的支撑不可或缺。深入研究乡村地区绿色发展水平,深刻把握影响乡村地区绿色发展的地理、经济、环境、社会等因素,既有利于发展较好的乡村地区继续发挥比较优势,又有利于落后地区"迎头赶上"。同时,也有利于乡村地区精准定位,解决乡村地区不协调、不均衡的发展弊端,助推我国高质量经济发展,顺应新时代的发展需要。因此,对乡村地区绿色发展水平进行衡量测度,为乡村发展找准着力点,以推动乡村更快更好地科学发展,能够为全面建成小康社会提供科学依据。本研究以陕西省重点乡村地区作为实证应用案例,在对陕西省县域乡村绿色发展能力全方位、多角度的测度基础之上,挖掘影响乡村绿色发展的动力因子和阻力因子,破解高质量发展阶段乡村发展的难题。同时,研究结论为建设富裕乡村、和谐乡村、美丽乡村的目标以及相关政策制定等方面提供科学依据,为实现乡村绿色振兴的战略提供参考依据。因而,对解决乡村发展的瓶颈问题和生态文明短板问题具有一定的理论和现实意义。

1.1.3 问题的提出

任何国家、任何时候的发展都离不开城市和乡村的发展,尤其是承载着粮食安全和生态安全的乡村的发展。尽管东西方在制度、国情和文化等方面有差异,但乡村要"绿色"可持续的发展已取得世界性的共识。美国经济学学者赫尔曼·戴利在2005年发表的《全球性的经济学》文章中提到,为了避免未来福祉的损失和可能发生的生态灾难,要维持长久的可持续发展,我们必须转变思维方式。特别从结构消耗平衡比率和开发速度比较的跨学科量化视角提到了当前存在的问题及解决方案[①]；Costanza（2020）梳理分析了生态经济学前后三十年的核心特征和目标，认为可持续发展的最优规模、资源公平和高效分配是未来期待解决的世界性问题。

中国是农业大国，乡村分布较散，乡村特性各异。在追求效益、质量、集约式的绿色发展理念下的中国乡村现状如何，离理想中的"绿色"还有多少差距，如何识别这些差距，并有针对性的治理，这些都是目前亟须思考和迫切需要解决的问题。鉴于此，本书将围绕以下几个问题展开论述。

（1）在高质量发展背景下乡村绿色发展的内涵和特征是什么？

（2）如何测度乡村绿色发展的能力，比如，发展的水平、发展的快慢程度、发展的潜力，不同区域时空演变趋势如何？

（3）影响乡村绿色发展的因素有哪些？哪些是动力因素？哪些是阻碍因素？不同因素的影响程度如何？不同因素的影响机制特点及空间溢出效应的区域差异现实如何？

本书拟在考虑乡村绿色发展的内涵和外延特征、经济运行机理的理论基础上，从历史、现实、未来的纵向时域角度探讨乡村绿色发展已有水平、即时效率、创新潜力的全面综合能力测度方法，选取县域空间区域进行实证检验和空间异质性的横向比较，进而探讨不同因素对乡村绿色发展能力的影响效应，为进一步提高乡村绿色发展的能力提供可供参考的对策建议。

[①] 针对全球性的经济快速增长，美国著名的生态经济学学者戴利提出稳态经济的概念，他认为经济要维持可持续的长久运行，必须遵循三个规则：第一，将所有资源的使用，限制在最终导致生态系统可被吸收的废物水平的比率内；第二，以不超过生态系统再生资源能力的速度开发可再生资源；第三，消耗不可再生资源的速度尽可能不超过可再生替代品的开发速度。同时，他也提到稀缺资源的有效分配主要由经济理论决定，而处理生态系统的物理规模的问题，即可持续的规模问题，还要依靠政府的政策来实现。

1.2 研究思路、内容与方法

1.2.1 研究思路

本研究沿着"问题的提出—分析问题—解决问题—问题的反思"的逻辑脉络展开。首先,通过在对不同阶段乡村绿色发展的特点、转型需要、含义演化以及乡村绿色发展相关测度研究的回顾和评析的基础之上,结合高质量发展阶段下对乡村绿色发展的内涵概念、基本特征进一步诠释和对乡村绿色发展经济运行机理的认识,运用系统聚类分类法和熵值赋权法构建测度指标矩阵体系。其次,运用几何加权投入产出比率平均法构建乡村绿色发展水平测度模型,并以水平函数为进一步测度基础中心,运用偏微分推导法推导出效率测度模型,运用数值拟合法逼近水平最优函数构建潜力测度模型,并以陕西 58 个县域乡村为例进行实证研究,分析乡村绿色发展水平、效率、潜力的时空差异。再次,为了弥补测度体系的不足,运用加权最小二乘回归法和散点拟合图法进一步探讨影响乡村绿色发展水平的因素因子和影响效应。最后,对研究过程及结果分析进行总结得出结论,提出陕西县域乡村绿色发展能力提升的对策建议并对未来进一步研究进行展望,详细思路如图 1-1。

1.2.2 研究内容

本研究以绿色发展相关理论、熵权理论和统计决策建模理论为基础,构建乡村绿色发展测度的指标体系和相应的测度模型,并以陕西重点乡村为例,以县域为基本单元分析高质量发展背景下的乡村绿色发展现实状况,剖析存在的不足与发展优势,透析经济现实与发展理想模式的差距,并据此提出相应乡村绿色发展的对策建议。本书由 8 个部分构成,具体结构安排如下:

第 1 章,绪论。本部分在介绍研究选题的背景和意义基础之上,提出了本课题准备研究的问题,遵循分析问题、解决问题的逻辑主线,给

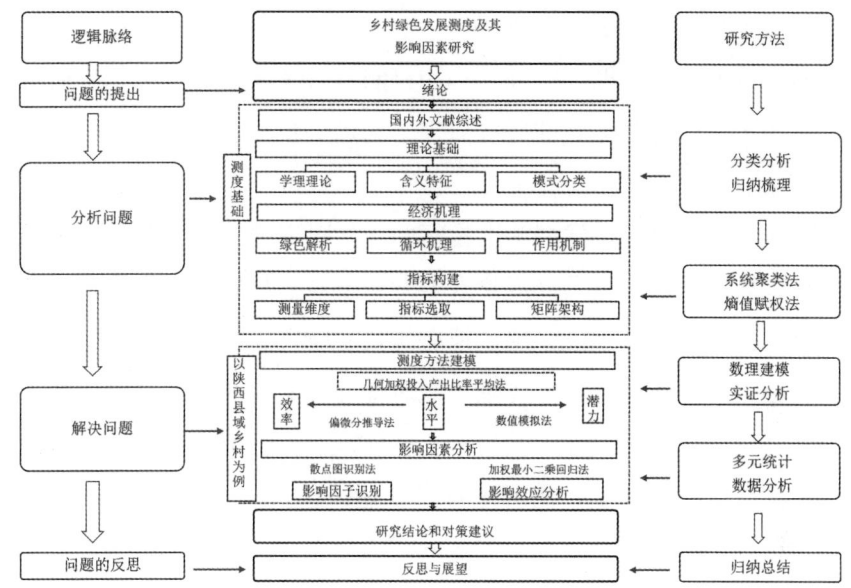

图 1-1 乡村绿色发展测度及其影响因素研究思路图

出了相应的研究思路和具体研究方法,并分析了研究可能存在的创新之处。

第 2 章,国内外相关文献综述。本部分主要在对国内外乡村绿色发展相关理论的梳理和评述基础上,提出本课题的研究切入点。具体从以下三方面进行梳理和综述:一是与乡村绿色发展相关的理论研究,包括乡村发展的阶段特点和转型需要、国内乡村绿色发展的内涵演变规律;二是乡村绿色发展的测度方法梳理;三是影响乡村绿色发展的因素研究。

第 3 章,乡村绿色发展的理论基础。本部分作为乡村绿色发展定量研究的重要内容之一,也是测度研究的基础部分,主要从相关的学理理论出发,深入探究新阶段、新时代下乡村绿色发展的内涵本质和基本特点,进而对乡村绿色发展的基本命题和相关概念进行辨析和界定,为后续的研究做好论证准备。同时,对乡村绿色发展的模式进行了分类和讨论。

第 4 章,乡村绿色发展的经济机理。本部分在第 3 章的理论基础之上，探寻乡村绿色发展的经济机理，从系统论视角对乡村绿色发展的绿色特质、价值体现、循环机理、作用机制进行了详细的探究，从而更清晰的厘清了乡村绿色发展的经济机理，为进一步构建测度的指标奠定基础和依据。

第5章，乡村绿色发展测度指标的构建。本部分基于乡村发展面临的主要矛盾和需求，以及高质量发展背景下对乡村内涵式发展的目标定位基础之上，从绿色生产、绿色保有维持、绿色生活质量提升、公平机会获得四维度构建测量指标体系。同时本部分又是在对乡村绿色发展的内涵和外延明晰之下，分解其目标、特征以及主旨定位，进而对测度指标涉及的研究程序和主要内容进行了叙述，包括核心指标的提取方法、核心指标的矩阵架构、核心指标的内涵阐释。

第6章，乡村绿色发展的测度。本部分是本书的核心章节，是在第5章构建的测度指标体系基础之上，先构建水平测度模型，然后运用数理统计学方法找到效率和潜力与水平的内在逻辑关系构建相对应的测度模型。测度的具体思路是先采用几何加权投入产出比率平均法构建乡村绿色发展水平的测度模型，用偏微分推导法得到效率的测度模型，再用数值拟合法得到潜力的测度预测模型并进行统计检验，最后，分别用测度模型测算并分析了2000—2017年陕西省58个县域乡村绿色发展的水平、效率、潜力的时空差异。

第7章，乡村绿色发展的影响因素。本部分是对衡量乡村绿色发展的测度指标体系和测度模型的补充和延伸。首先基于C-D生产函数的拓展形式构建结构关系模型，并用加权最小二乘回归法估计模型参数，用统计学中的Pearson相关系数法辨识乡村绿色发展的影响因子，并结合散点拟合图和空间计量法对影响效应进行分析。

第8章，结论、反思与展望。本部分对乡村绿色发展测度研究的理论创新和实证分析方面的重要结论进行概括性提炼，并提出相应的对策建议。同时，反思了贫困、碳排放与乡村经济发展之间的关系，并剖析本研究成果的不足之处，提出了对未来进一步的研究展望。

1.2.3 研究方法

(1) 规范式研究方法

采用文献法、实地调查法等规范式研究方法，通过对国内外相关文献资料的收集、归纳梳理，剖析存在的问题，寻找测度问题的突破口，对绿色发展测度的理论和实践进行深入研究。同时，为了收集相关数据，深入到乡村实地开展访谈问卷式调查。通过分析排查、访谈专家、科学排序筛选乡村绿色发展的核心指标，结合乡村的特性，从资源利用、生态环境、生活质量、公平机会四个方面的能力需求构建多层级测度指标体系。

(2) 数理统计研究方法

在测度乡村绿色发展的方法论上，主要采用数理推导法和统计检验法保证测度指标的科学性和测度模型的合理性。通过对国内外现有测度模型的数理和逻辑机理比较分析，采用具有认知盲度的熵理论确定指标权重，有效克服了主观排序的不确定性，构建相应的多维度测度矩阵指标体系，并基于多目标优化理论探究乡村绿色发展测度的科学建模方法。尤其采用几何加权投入产出比率法构建乡村绿色发展水平的测度模型，再用偏微分推导法证明水平与效率的函数关系，进而用数值拟合法选取多种形式非线性拟合和检验，得到乡村绿色发展潜力的最优预测模型。另外，采用加权最小二乘回归法估计影响乡村绿色发展水平的结构方程参数，并进行统计检验。由于实证研究设计面板数据量很大，因此，在研究过程中综合运用 Excel，MATLAB2016a，统计软件 SPSS20.0 等多种工具，进行数据收集、数据整理、统计分析、数学建模、计算求解、统计检验等。

(3) 案例式研究方法

应用构建的测度指标体系和测度模型，选取 2000—2017 年陕西省 58 个县域的面板数据，测算了 18 年 58 个县域的乡村绿色发展的水平、效率和潜力值，并绘制相应的图形进行时空对比研究。通过对资源富集、生态环境脆弱典型乡村的测度评价，研究其在绿色生产能力、绿色保有维持能力、绿色生活质量提升能力、公平机会获得能力之间的时空差异，识别和预测乡村绿色发展状况，精准辨识乡村绿色发展的阻力因子。

需要说明的是，由于作为西部重点区域之一的陕西省，其绿色发展的程度决定着陕西省未来发展的方向和力度，尤其乡村的发展，是绿色发展的难点和关键区域，将体现其绿色发展的核心部分。2020年2月，陕西省56个贫困县全部脱贫，基本解决了区域性整体贫困问题，但要实现乡村振兴和美丽乡村建设，还需精准识别这类县域乡村绿色发展的动力和阻力因素。因而，在测度对象的选择上，一方面，以陕西省关中、陕南、陕北三大板块为主轴，选取其中部分县域作为实证研究对象。另一方面，挑选既是革命老区，又曾是特困连片区的县域，作为测度研究的范围和案例。具体包括秦巴山区的南郑县（今南郑区）、城固县、洋县、西乡县、勉县、宁强县、略阳县、镇巴县、汉阴县、紫阳县、平利县、旬阳县、白河县（安康）、商州区、洛南县、丹凤县、商南县、山阳县、柞水县（商洛）等58个县域。而且，这些县域表现的共同特征是区位地势独特，自然资源丰富，尤其是生态环境很好，森林覆盖率都很高，是"天然氧吧"。其中部分县域的森林覆盖率达85%以上，而洋县、宁强县、镇坪县、太白县、商南县、宁陕县、佛坪县、南郑县、旬阳县、黄陵县还是"最美县域"[47]。

1.3 创新之处

本研究可能存在的创新之处有以下三个方面：

其一，本研究运用系统聚类法从原始文献指标集合中提取核心要素，再用种属比率法、相对比率法、复合比率法重新组合要素，生成核心测度指标，提出了认知盲区距离测度的数学定义，对熵值进行合理的转化，实现了对测度指标的权重赋值，从而构建了乡村绿色生产、乡村绿色保有维持、乡村绿色生活质量提升、乡村公平机会获得的乡村绿色发展四能力测度指标体系。

其二，本研究采用数理统计学中的元知识理论构建测度模型：把几何加权平均法和投入产出比率法相结合构建了乡村绿色发展水平的测度模型，有效解决了多维度测度问题的公平性和多属性目标决策问题的归一性；用偏微分推导法证明了效率与水平测度问题的数理逻辑本质，发现效率是水平函数在四维度方向偏导数的算术平均值；用数值拟合法模拟乡村绿色发展的水平函数，逼近最优拟合函数构建潜力测度模型；用基于加权最小二乘法的多变量统计回归法估计含有影响因素的结构方程参数，有效解决了原始数据信息可靠度不高的问题，用 Pearson 系数相关性检验、拟合优度和截断误差对测度问题的合理性进行了分析。

其三，本研究通过 C-D 生产函数的扩展构建了包含单位能耗 GDP、互联网普及度、公路密度影响因子的乡村绿色发展水平的影响效应模型，并采用加权最小二乘法估计模型参数，实现弹性系数求解。

1.4 本章小结

增长意味着数量或规模的增加，而发展则意味着改善，在质量上并不一定会增加尺寸、主要目标和未来愿景的转变。在一个完整世界的背景下，目标必须从创造"更多"转变为创造"更好"，创造一个可持续和理想的未来。本章首先介绍了课题的背景和意义，并由此提出了准备研究的问题，按照研究问题的逻辑线路，阐述了具体研究思路和采用的研究方法，最后，分析了研究可能存在的创新之处。

第 2 章　国内外相关文献综述

在工业文明时代，随着经济增长和物质资本的积累，全球生态环境逐渐恶化。在此背景下，国内外学者从经济学角度研究生态环境问题，反思工业社会发展模式，倡导人与自然协调发展的生态文明模式。对国内外有关绿色增长，特别是乡村绿色发展相关的理论，测度及影响因素的识别与作用机制等方面研究进行梳理和评析，可为后续章节的乡村绿色发展测度及其影响因素的分析奠定基础。

2.1 乡村绿色发展研究

国内外关于乡村绿色发展的相关研究主要基于各国发展历史阶段、现实背景与实际需要而呈现不同的特点和演变规律，形成相关概念与理论。

2.1.1 乡村发展特点及需要研究

（1）国外研究现状

由于国情的差异，各国乡村发展时序、特点及价值需求等方面也存在差异。国外对于乡村发展的研究体现在对传统乡村发展特点及需要的基础上不断修正和改进中形成的有利于公平实现、贫困消除、就业增加的现代乡村发展理论，在不同的历史时段，呈现出不同的发展特征和侧重需要，具体研究进展如表 2-1。

表 2-1　国外乡村发展理论的时段、类型及特征描述

时段	类型	特征
20世纪50、60年代	传统乡村发展	以工业化、城市化为核心的二元经济，把农业作为工业化的手段，追求GDP最大增长
20世纪70年代	选择性空间封闭	减少生活水平在空间上的不平等，权力分散给"地域社区"使得不发达地区能最大限度发挥潜能，吸收发展动力
	地域式乡村发展	实现经济落后地区所有生产要素整体效率提高，强调均衡化发展
	参与式乡村发展	强调尊重乡土差异、平等协商，实现可持续效益化发展
20世纪80-90年代	乡村地理学发展	重视乡村可持续发展
20世纪90年代以来		重视乡村社会文化及信息化发展
21世纪	乡村地理学发展转向	关注乡村政治经济结构与社会建设的表现

来源：文献归纳整理[48][49][50][51]

同时，从对乡村地理空间功能、乡村自然生态价值、乡村聚集文化和人文价值的再认识及其之间的互动关联关系的理论和实践研究，构成了国外乡村发展研究的主体部分。比如英国乡村发展研究学者 Phillips M（1998）回顾了乡村社会地理学的发展历程，认为关于传统乡村的研究没有减少，如农村聚居、人口变化、获得资源和服务以及乡村社区生活等。同时，对乡村空间非物质（文化）转向和明显政治化现象进行了再思考[1]。随后依据乡村发展需要的转变，他提出了三个共生的乡村发展模式：农业—工业化、后生产主义和乡村可持续发展[2]。21世纪初，Ray（2000）首次提出"新内生乡村发展"的概念，把乡村发展描述为"内部来源与地方层面相互作用的各种组合"，提出了一种基于本地且与外部联系的新治理视角框架，该框架引入了超越内源性的"发展二分法"的混合模型，保持了乡村发展以当地资源和参与为基础

的观点，并探索当地乡村与更广泛的社会动态之间的相互作用，强调了乡村发展的"地方外"因素的重要性。Phillips M.（2008）又从生态和社会学视角，通过对乡村社会化与自然研究中的规模与差异问题如何在社会科学研究、乡村改造和景观研究以及乡村空间生态分析中产生作用的研究，发现自然是村庄空间的重要组成部分，绿色植被空间在数量上构成了大量的村庄聚落[3]。在其随后几年的研究中，主要从生态环境与人类行为视角，采用理论和实证方法研究了英国村庄、村民与乡村周边环境的关系[4]。Ventura（2008）也从生态学视角，研究了农村网络的元含义，认为农村网络不仅提供农业食品，还是借助生态资源的农业生产场所，农村网络是一个活跃的关系网络，它创造了支持农业生产的条件和更多功能的农业食品基地。同时，也提出网络的隐含关系是将社会生态商品和服务的生产与土地资源的使用联系起来，比如土壤、景观、矿产、植物和动物生态、地质等。因此，每个地区都拥有不同的生态资源"初始禀赋"，其中许多可能在过去的现代化阶段被隐藏起来。要以新的方式重建和利用这些初始禀赋，重新强化整体生态经济，是网络社会的经济挑战。

依据农业、外生、内生和新内生的四种乡村发展模式，Hubbard（2009）从农业、农业政策和农村发展之间的关系，分别选取了爱尔兰、西班牙、奥地利、瑞典和德国五个欧盟成员国地区进行了评估认为，农业模式和外生模式都是不合时宜的。在乡村发展过程中，Kitchen 等（2010）认为基于土地的乡村经济是由三个相互关联的维度组成：一是传统的土地用于生产商品；二是与乡村景观及其内在价值的社会、文化和生态交互作用。乡村经济企业有助于维持或改变当地的生态，降低或加强当地的生态。此外，它们往往构成地方和地区文化和乡村社会结构的内在组成部分；三是资源的调动和利用。也就是说，乡村企业需要能够利用这些自然资源进行开发和创造价值。任何乡村企业要想取得成功，就必须协调这三个相互依赖的方面。这三个方面之间的关系既正在被社会复制，又被乡村行动者试图重新评价和界定其经济和资源结构的新尝试所改变。传统的经济活动，如农业和林业，通过与新的行动者和机构的联系，得到了改变、多样化和扩大。人们关注的是在更广泛社会要求的新市场中增加更多价值的新产品，如有机物、更短的供应链和增值产品。深化的典型例子是有机农业。通过农场生产的高质量食品和短食品，通过向农贸市场等当地市场销售而产生的生产和消费之间的联系。与乡村环境的相互作用有待扩大，其中可能包括自然保护、提供农业活动、休闲、体育和便利设施、遗产景点和能源作物。乡村企业以新的或不同的资源为基础，参与新的资源使用模式。

Woods M（2012）从乡村地理空间视角分析了全球化引起的食品安全和气候变化等挑战性问题对乡村发展的影响，认为在规划中，对乡村未来发展应提到重要位置上，特别关注乡村地区的经济、社会和环境安全持续的发展，具体到对乡村土地资源的合理利用和管理[5]。Ruane 等（2018）认为，位于同一行业、同一地理位置组织的产业集聚对乡村经济增长起到了重要作用。集聚提高了实体经济增长的生产力。因此，采取以产业专业化为重点的公共政策，帮助这些产业加强其在经济中的地位，或者通过帮助某个区域与市中心附近建立网络连接来发展乡村产业。Deepa 等（2020）采用多元线性回归方法计算了印度农民种植阿什瓦干达农作物的资源利用效率和收益率，发现阿什瓦甘达的种植不仅可以增加农民收入和创业机会，还能促进自然资源的保护，因为它可以很容易地在雨水充足的自然环境下种植，有限使用植物保护化学品，从而促进绿色经济发展。

（2）国内研究现状

依据不同的理论和视角，国内学者对乡村演进阶段进行了不同的划分，比如刘崧生等（1988）从社会主义初级阶段产业发展变化的视角，认为乡村发展演进经历了积累资金、非农产业反哺、与非农产业协调发展三个阶段[52]。乔海曙、王桂良（2012）从新财富观视角，认为乡村经历了从自然和谐、理性破坏到两型社会的发展阶段，也即从忽略自然价值、漠视自然人文价值到自然人文财富成为主导地位的资源效率利用水平的逐步增高阶段[53]。唐任伍等（2021）从中国共产党成立百年的历史视角，认为中国乡村经历了乡村改造、乡村建设、乡村改革和乡村振兴的四个阶段。而在我国经济发展史上，乡村发展经历了曲折和逐步向好的历史阶段，在2001—2005年的"十五"阶段，是短缺到总量基本平衡的历史性转折阶段，农产品产量充足，基本解决农村贫困人口的温饱问题；在2006—2010年的"十一五"阶段，是社会主义新农村建设阶段，"三农"问题被关注和重视，提出走城市支持农村、工业反哺农业的健康城镇化发展路径；在2016—2020年的"十三五"阶段，是实现农业现代化升级转型的关键阶段，贫困县全部摘帽，落实全面建成小康社会的发展目标；在2021—2025年的"十四五"阶段，是实施乡村振兴的高质量发展阶段，促进农业高质高效、乡村宜居宜业、农民富裕富足，加快形成城乡互补、融合发展的新型城乡关系。

　　国家的强大是乡村经济繁荣的必要条件，面对变幻莫测市场，国家强大的结构可以提供缓冲机会，从而促进乡村地区的经济活动。从国家层面来看，自2004年持续颁布中央一号文件以来，直到2022年第19个中央一号文件的发布，国家已连续十多年持续关注三农问题，主要针对乡村发展过程中存在的旧问题和呈现的新特点。同时，对乡村发展的关注点也经历了农业经济、农村社会、生态环境、城乡统筹、美丽乡村、绿色发展到乡村振兴的逐步转型。乡村发展特点及实际转型需要，概括如表2-2。其中，2013—2017年激活农业农村发展内在活力，促进"四化"同步发展，农民实现了平等参与现代化进程、共同分享现代化成果愿望。此阶段主要是农业农村的现代转型，提出发展绿色农业就是保护生态的观念，要形成资源利用高效、生态系统稳定、产地环境良好、产品质量安全的农业发展新格局，加强资源保护和生态修复，推动农业绿色可持续发展；针对目前农村生态环境存在的突出问题，提出"质量兴农"，在资源环境约束和发展经济改善福利的需要方面，进一步要求农村生态环境转型。同时，党的十九大提出高质量发展新时代需求：集约高效、包容共享、绿色低碳、特色鲜明、治理现代。2018年明确提出走乡村绿色发展的道路，随后两年，积极补短板，出台相关的措施。信息化也伴随着乡村绿色发展逐步融入，特别是 2017、2018、2019 年连续三年的"中央一号文件"以及中共中央、国务院印发的《乡村振兴战略规划（2018—2022）》，都将开展电子商务进农村综合示范，建设具有广泛性的农村电子商务发展基础设施，作为培育农业新产业、推动"产业兴旺"的重点。2018 年中央农村工作会议全面分析三农工作中面临的形势和任务，提出三农问题的根本解决和社会主义新农村的全面发展，都离不开"三农信息化"的建设和发展。

表 2-2 国内乡村发展的时段节点、特征与转型需要

时间节点	主要特征	转型需要
2004—2012 年	多予、少取、放活	工业反哺农业、城市支持农村的战略转变
2013 "一号"文件	总量供给不足	建设美丽乡村
2016 "一号"文件[54]	开发强度过大、利用方式粗放	加强资源保护和生态修复，推动农业绿色发展
2017 "一号"文件[55]	供求结构失衡、要素配置不合理、资源环境压力大	向追求绿色生态可持续、更加注重满足质的需求转变，绿色生产方式
2018 "一号"文件[56]	资源约束日趋紧张，农业环境污染问题突出	推进乡村绿色发展，打造人与自然和谐共生新格局
2019 "一号"文件[57]	打赢脱贫攻坚战，完成农村人居环境整治三年行动	加快补齐农村人居环境和公共服务短板
2020 "一号"文件[58]	农村人居环境整治（农村基础设施和服务短板问题），如期实现全面小康	农村户用厕所无害化改造，开展村庄清洁和绿化行动，建设大力推进畜禽粪污资源化利用，基本完成大规模养殖场粪污治理设施建设
2021 "一号"文件	全面推进乡村振兴，加快农业农村现代化建设	农业农村现代化规划启动实施
2022 "一号"文件	牢守保障国家粮食安全和不发生规模性返贫两条底线	乡村振兴和农业农村现代化取得新进展

在现阶段，全面建成小康社会的难点和关键点都在乡村，而乡村的经济发展、基础设施条件、自我发展能力、福利水平提升和改善是我国目前发展的关键所在。尽管不断地在补齐短板方面下功夫，已经取得了一定的效果，但各个地区的差异较大，因地制宜，有针对性、高效、精准、有区别、可持续地解决差异性发展问题，仍是目前乡村经济发展的关键所在。

另外，在学术层面，通过对我国乡村发展相关研究文献的梳理和分类发现，国内学者主要从经济学、社会学、地理学等角度对乡村发展的特征和转型需要等方面进行了研究。

从资源配置效率出发的经济学角度分析乡村发展特点与需要。比如靳香玲（2002）提出农业应作为绿色产业加以保护，走上生产力发展的绿色道路[59]。王春超（2011）通过对农户的调查发现，认为提高农户对土地和劳动力资源的利用和市场参与程度，有助于提升农民的收入[60]。罗小龙、许骁（2015）认为"十三五"时期乡村发展呈现出一些特点，如村庄建设用地的废弃与闲置、农村地域的半城市化和人口的半城市化、农村发展的东中西部区域差异明显，与此相对应的发展需求有农村土地资源配置方式的转变、资源配置与利用效率的提高、制定差别化的乡村产业结构、经济组织形态和乡村公共产品供给等发展策略[61]。

从空间可持续发展的地理学角度分析乡村发展特点与需要。如刘自强、周爱兰等（2012）认为乡村地域功能是乡村地域对促进区域经济、社会、文化发展以及生态环境保护所承担的职能，它与城市地域功能在一定程度上实现了广义上的"地域分工"。乡村地域功能是客观存在的，但在不同的经济发展阶段下，不同功能的相对价值则有差异。在不同工业化发展阶段，乡村发展阶段划分为维持生计型、产业驱动型与多功能主导型三个阶段[62]。陈晓华、曹梦莹（2019）从建筑规划视角认为乡村空间是区别于城市空间的低人口密度的动态发展空间，包含村民自身及其相互之间构成的复杂社会关系网络，同时拥有独特的建筑特色和悠久历史文化的田园空间[63]。

2.1.2 乡村绿色发展含义及演化研究

(1) 国外研究现状

国外关于"绿色发展"没有提出明确的定义,主要从生态与发展的关系展开研究。尤其随着生态环境损失危机意识的提升以及《我们共同的未来》中"可持续发展"概念的提出,经济发展达成共识:要实现建立在生态承载力之上的经济、社会和生态全面、协调、同步的可持续发展机制,这是人类经济发展转为"绿色"的必要条件。David Pearce 等(1989)在《绿色经济的蓝图》著作中提到绿色经济就是解决环境保护和改善环境的相关问题[7]。英国政府(2003)在《我们能源的未来:创建低碳经济》中提出"低碳经济"的概念,更加明确了"绿色"的发展方向。经济合作与发展组织(OECD,2011A,2014)提出"绿色增长"的含义是"促进经济增长和发展,同时确保自然资产继续提供我们赖以生存的资源和环境服务"[8][9]。联合国环境规划署(2011)不断对"绿色增长"的内涵进行修订,从最初关注人与自然的经济发展到关注社会公平、减少环境生态风险的发展模式,再到关注寻求经济增长与减贫的协调和改善,在提高经济增长和消费模式的生态效率的同时,增强环境与经济的协同作用[10]。世界银行(World Bank,2012)提出绿色增长是有效利用了自然资源的清洁,因为它可以最小化减少污染和环境的影响,并且有弹性,可以解释环境管理和自然资本在防止物理灾害中的作用[11]。联合国(2016)从社会公平、机会均等视角,提出了"包容性绿色增长"的可持续发展理念。还有一些学者也开展了相关研究,如 Jakob(2014)将绿色增长定义为 GDP 增长,同时实现了"重大"环境保护[12]。Bouma 和 Berkhout(2018)等探讨了增长、绿色和包容性之间的关系及其思想内涵[13]。

关于乡村发展的活动,联合国宣布了"2030 年可持续发展议程"文件,由于乡村地区的巨大多样性,该文件确定了长效发展机制,以确保国际、国家、地区和地方的可持续发展，《2030年议程》为这些地区确定了17个总体可持续发展目标和169项详细任务，以应对诸如贫困、气候变化、环境污染、地理差异、确保安全和社会正义等挑战。文件还指出，除了粮食外，乡村地区也是城市地区劳动力资源来源，是濒危动植物物种的避难所、自然景观和需要保护的地区。乡村是国家和地区文化遗产的重要组成部分。因此，乡村可持续发展是一个国家整个社会面临的一系列复杂的重大问题。乡村地区发展的关键问题是土地资源的管理，以及确定农业用地、建成区和自然资源保护区之间的最佳比例和平衡。

（2）国内研究现状

对于"绿色发展""绿色增长""绿色经济"的关系，金乐琴（2018）认为在国际上，这三个概念都是可持续发展的同源近义词，指出国际与国内对绿色发展的侧重点不同，在现阶段，我国正处于高质量绿色发展阶段。我国"绿色发展"理念的形成是循序渐进式的，改革开放之后，为了追求快速的经济发展，倡导以经济建设为重点的经济发展模式，致使资源短缺、环境污染现象严重。郑易生（2002）用真实数据证实了当时中国环境污染产业从发达地区向西部地区转移，从城市向农村地区转移的现象，认为这不应是农村工业化的发展模式，是不可持续的[64]。起初，主要从经济学、环境科学的角度，提出中国日益严重的环境污染问题不利于经济社会的可持续发展。后来，中国科学院可持续发展战略研究组发布了一系列可持续发展报告，其中《2010年中国可持续发展战略报告》的主题就是"绿色发展与创新"。报告提出提高资源的环境绩效是绿色发展的核心，绿色创新是绿色发展的关键，中国必须走绿色发展的道路[65]。胡鞍钢（2010）认为，在全球气候变化背景下，"绿色化"是今后中国现代化的实质内容[66]。农村虽然作为农业生产的载体，但随着乡村绿色发展脉络不断的明晰，尤其经历了从"社会主义新农村建设"→"建设新农村"→"生态文明建设"→"绿色发展"→"加快建设美丽宜居乡村"→"乡村振兴"→"乡村绿色发展之路"，特别是将绿色发展理念从"农业"扩展为蕴含着浓郁自然与人文韵味的"乡村"

还是首次。因而，在中国特色社会主义新时代，乡村价值被重新认识，绿色发展在乡村振兴战略中也随之具有了全新的、更加宽广的内容。

通过对文献梳理，主要从生态需要、生态文明、乡村践行价值、乡村文化视角阐释分析绿色发展要义。

从农村减物质化和生态需要视角，王朝全（1996）认为新农村建设的生态文明，是人类在进行物质生产和精神生产的过程中所取得的生态进化水平和状态，包括生态观的扩展强化和生态环境的进展演化，本质上是人类既获利于自然，又还利于自然，在改造自然的同时又保护自然，人与自然保持和谐统一的关系[67]。唐辉远（2001）从限制因素出发，研究发现农业环境和农产品污染问题日趋严重，耕地环境质量不断下降，土地沙化形势十分严峻，农产品有毒有害物质残留问题突出，已成为制约农业和农村经济发展的重要因素[68]。乔海曙、王桂良（2012）提出"两型"农村的概念，即"资源节约、环境友好"型农村发展，不同于传统农村的线性经济模式，追求农村经济发展与资源消耗排放的"脱钩式"发展，即实现农村经济发展的同时减少资源消耗和污染排放，走出一条新型的低物质化和高幸福感的农村发展道路，最终实现物质和精神财富耦合式增长，达到经济绿色化、资源集约化、环境生态化、社会和谐化的要求。

从城乡发展与生态文明的内源关系分析，范和生和唐惠敏（2016）认为农村环境治理结构的变迁与城乡融合程度具有高度的耦合性，实现城乡环境治理的根本出路是统筹城乡环境治理，构建城乡生态共同体[69]。邬晓霞、张双悦（2017）对我国历年国民经济发展五年计划和规划关于绿色发展的梳理，发现我国绿色发展从关键词、内容阐释到系统阐述，正经历着逐渐明晰的演变过程，并认为构建美丽乡村和实现乡村产业绿色化是绿色区域发展的条件和着力点之一[70]。

从乡村发展的实践价值视角分析，肖建中、李国志（2015）通过对山区绿色发展的梳理，认为绿色发展应该是以环境资源为内在要素，以可持续为发展目标，以过程和结果的绿色生态化为主要内容[71]。程莉等（2018）认为乡村绿色发展的践行价值有三方面：一是涤荡原有发展弊端，推进农村生态文明进程的现实诉求；二是新时代满足城乡居民对美好生活需要的重要手段；三是建成美丽乡村、美丽中国，实现乡村振兴的必由之路[72]。张宇和朱立志（2019）认为乡村绿色发展就是要树立农业由平面向立体、单一向循环转变的绿色发展理念，推行有机废弃物循环生产利用、利用生物与环境自然关系、创新技术支撑的绿色生产方式，完善保护乡村绿色产业环境的评价政策体系[73]。

从农耕文化与绿色发展的动态关系分析，赵建军和赵若玺（2019）认为农耕文化代表着一种朴素的绿色发展意识，并与其相互促进。针对农业生态环境污染日益加剧的严峻形势，必须加大农业生态环境建设和保护力度，采取合理措施，在农业生产过程中降低化肥和农药的使用和环境造成的污染。他们认为推广清洁生产应当成为推动新世纪农业进步的发展新模式[74]。

2.1.3 乡村绿色发展相关理论研究

（1）农村网络概念模型理论

英国学者 Marsden（2000）提出农村网络的概念模型，认为农村网络是汇集了复杂的商业和经济活动的一个网络，其作用是以各种不同形式的生态资源，以更可持续和更生态的方式增加农村区域空间的价值，并认为内生性、新颖性生产、可持续性、社会资本、新的体制安排和市场治理是组成农村网络的关键因素。2016年，又提出乡村地区已成为后碳转型发展的中心地带，研究乡村自反式治理、分布式生态经济和再融资对可持续的城乡功能至关重要。

嵌入到区域生产和消费系统的网络结构，为乡村发展和更具体的生态经济发展提供了关键的驱动力。重新定位的农业食品网络在更广泛地调动网络和区域生态经济方面发挥着关键的整合作用，生态多样性和农业食品多功能性可以在生态经济中并行运行，利用和嵌入这些协同作用是网络的功能。显然，农村地区并没有以同样的方式或同样的速度实现可持续性和多功能性。这些不平衡的路径受到多功能农业活动及其空间嵌套网络和市场的强烈影响,农业食品不仅仅被视为生产传统意义上的食品商品的基础。相反,它们通过激发基础设施和交互基础来开发一系列多功能商品和服务,包括农业旅游、多产品开发和生态管理,在网络开发中拥有更大的关系能力。乡村网络概念有三方面的作用:其一,评估生态经济发展的途径和驱动因素;其二,提供一种将农业食品嵌入其固有的多功能形式和更广泛的生态产品和服务的方法;其三,提供用于比较乡村区域分析和生态经济发展途径的有价值的多元工具。区域化的乡村发展以复杂的内部和外部相互关系和相互作用为基础并由其驱动,这些相互关系和相互作用塑造了乡村空间在经济、社会、文化和环境方面的相对吸引力和竞争力。

在许多乡村地区,历史上经济依赖初级产业和原始自然资源,如采矿、木材、渔业,生态经济的核心特征可能被视为多功能农业和林业以及当地的基础和服务企业。作为自然、社会、经济和地域资本的组合的生态资源的有效社会管理和再生产,旨在融入和增强当地和区域生态系统,而不是破坏它。因此,生态经济由可行的企业和经济活动的累积和嵌套网络组成,乡村网络体系以可持续的方式利用地区各种不同形式的环境资源,不但不会导致资源的净消耗,还会提供综合效益,并为环境和社区增加价值。

把农村网络描述为一个关系系统,人类和土地的生态组成及其相互作用和交叉关系,构成了系统的网络结构。由于定义为一种混合关系体,农村生态经济可以以各种形式组合出现,这种网络结构对于更广泛的区域生态经济的发展和可持续性至关重要。Marsden 从内生性、新颖性生产、可持续性、社会资本、新的制度安排和市场治理六个关键维度评估了人口净增长的 Devon(德文郡)和人口减少且有边缘化问题的 Shetland Islands(设得兰)两个地区的动态发展和应对农村资源特别是传统农业生产的经济紧缩的动态呈现过程,详细资料参考对比表 2-3。对比研究发现,农村地区发展被不断变化的直接或间接国家干预形式影响。同时，人口流动及居住形式的不均匀也是限制其发展的因素，从而得出的结论：尽管个体网络也产生驱动，但仍然是国家在塑造生态经济方面发挥着关键的作用。

表2-3 农村网络发展动态过程案例评估对比表

区域特点	Devon	Shetland Islands
内生性	有机食品网络，推广当地种植和销售的食品，与该地区自然、文化和历史资产相关联的"正宗食品"，并明确承认当地食品基于当地可用的资源、知识、技能、传统、身份、地方感等社会文化价值；外源性资源可以通过增强本地经济和社区自治的方式进行转化和更新	品牌化的高品质食品生产，岛上草本植物丰富的牧场、石南花覆盖的山丘和海藻遍布的海岸使其产品具有独特的质地和味道；新的营销策略和质量标签来保护和突出国际知名羊毛产品的独特品质；文化/冒险/生态旅游的岛屿独特的环境和文化资产市场。以品牌促成连贯网络
新颖性生产	以粮食生产和农业生态地域为基础的发展，并重申农业在维持农村经济和文化方面的社会环境作用。可持续能源倡议主要集中在推广上；可持续节能和可再生能源协同关系网络	
可持续性	地域认同感和较高水平志愿服务和公民参与，家庭经营农场统一规划种植不同品种蔬菜，共同提供当地有机食品稳定供应，生产商之间积极合作社网络，可分担专家的高成本劳动力和机械	独特文化和历史提供了强烈岛屿认同和社区意识，促使公共部门支持的高水平志愿部门和社区活动。通过集体加工、营销、品牌推广和质量控制，为农民和小农提供其独特产品最大价值的合作社，潜在的强大网络润滑
社会资本	Devon Farms和TTT新制度框架保证了有效的合作网络机制。安排的主要功能是解决"协调问题"并支持农村发展参与者之间的"合作"	社区-公共伙伴关系或多方利益相关者合作的协同作用网络，将工业、培训、研究和经济发展机构聚集在一起，制定共同的渔业发展战略项目；最大限度地利用当地风能、波浪能和潮汐能的可再生资源并促进能源效率和可持续性
新制度安排	拥有大量生产者合作和集体营销计划的农业食品部门	建有控制和加强市场以及建设新市场的制度安排
市场治理	建立品牌化的高质量生产，并高度重视市场治理措施。开发旅游标志、当地食品目录和旅游网站，将设得兰群岛宣传为商业或住宅搬迁目的地。专注提高附加值的较小精品风格零售商	

(2) 农村发展的多功能理论

多功能农村发展是一种新的农村可持续发展范式,它重新界定了自然,重新强调了粮食生产和农业生态,重申了农业作为维持农村经济和文化的主要载体的社会环境作用。这一模式将农业生产的优先事项与更广泛的市场和社会机会联系起来。同时,农业现在被广泛认为是一种多功能的活动,即通过加强区域供应链来促进区域发展,通过提供农村基础设施和公共产品来促进区域发展,以及通过提升区域品牌来促进区域发展的活动和特性。2000年,英国发表了《农村白皮书》,敦促农民更具创业精神,发展环境经济,特别是通过鼓励农民采用特色食品、提供环境服务和发展农业旅游来"使农村成为经济和环境资产"的功能区。此外,与其他农场及其相关土地的原始性质范式不同,农村发展范式表明,农场和同一地点之间存在潜在的共生相互依存关系。在这一背景下,多功能农业的重要性和综合发展潜力日益显现。农村发展包括多层面的综合活动,不仅对农场,而且对区域和整个社会都有许多功能。不同于传统单一功能、农业生产模式及其负外部性的发展模式,环境意识的增强下,这种新范式认为,多功能农业不再仅仅是农民的"生存战略",而是促进更可持续的范围经济和协同经济的积极发展工具。Marsden(2003)认为要实现多功能,促进农村发展,必须满足三个条件:第一,为农业部门增加收入和就业机会;第二,为建设一个符合整个社会的需要和期望的新的农业部门作出贡献;第三,意味着在农业企业内外,在不同程度上对农村资源进行彻底的重新定义和重新配置。

(3) 乡村绿色发展理论

乡村绿色发展理论是具有中国特色的经济发展理论,是我国几代国家领导集体智慧的集成成果,是从实践到理论,再到实践并上升为理论的不断更新过程。新中国成立初期,毛泽东在《沂涛乡的全面规划》一文按语中批示:"全国各县、区、乡都要做一个全面性的计划……例如副业、商业、金融、绿化、卫生等。"为绿色发展提供了重要的思想基础[75]。改革开放以来,邓小平指出"植树造林,绿化祖国"作为一项保护生态环境的重大战略[76]。江泽民明确强调："必须把贯彻实施可持续发展战略始终作为一件大事来抓……严格控制人口、保护耕地和保护生态环境，实现农业可持续发展"[77]。21世纪以来，胡锦涛提出"加强水利、林业、草原建设，加强荒漠化石漠化治理，促进生态修复"。党的十八大以来，以习近平同志为核心的党中央阐发了一系列生态文明和美丽乡村建设的新论断、新思想，指出"加快推进乡村生态保护""深入实施山水林田湖一体化生态保护和修复""绿水青山就是金山银山"理念，是乡村绿色发展理论的思想基石[78]。

绿色发展是农业农村发展观的一场重要革新，强调尊重自然、顺应自然和保护自然，牢固树立和践行"两山"的理念。关于"美丽中国"的建设，多次在全国代表大会上被提到，意味着中国将开启绿色发展之路。进入新时期以来，尤其是向高质量发展背景下，我国新型乡村建设也进入快速发展时期，传统意义上的农村发展已不适宜新时代的需要。同时，乡村的绿色发展也是解决当前乡村问题，有效治理乡村的时代需要。王玲玲（2012）从系统学角度探微绿色发展的内涵，认为其内涵应包括环境、经济、政治、文化四个系统及其相互关系[79]。刘纪远（2013）以自然资本、经济资本、社会资本与人力资本四大资本为核心，提出了中国西部地区绿色发展概念框架，阐明了社会经济发展与资源环境承载力之间的相互作用机制，明确了中国西部地区"生态友好、社会包容和内生增长"的绿色发展目标[80]。胡鞍钢（2014）提出绿色发展的经济、自然、社会系统的"三圈模型"运行机制[81]。周晓敏、杨先农（2016）认为新时代中国绿色发展理念丰富了马克思主义生态发展思想[82]。邬晓霞等（2017）通过对"十五规划"到"十三五规划"关于绿色发展概念的系统梳理和阐述，认为美丽乡村是构建绿色区域的重要前提和条件，实现产业的绿色化和构建绿色产业体系是区域绿色建设的内核和着力点，同时，绿色制度建设是区域绿色的保障体系。高尚宾等（2019）从生态农业发展的必要性及现实状况，从规划编制、政策扶持、产业培育、农场发展、农庄发展、农民培养、信息平台建设七个方面提出了未来发展的建议。张龙江等（2021）通过辨识不同乡村村镇的生态功能和承载力，依据美丽宜居和可持续绿色发展模式的适宜性评价方法，针对不同类型美丽宜居村镇的标准，提出了茶产业、酒产业、特色农业、生态旅游和防灾减灾等生态建设模式。

2.2 乡村绿色发展测度研究

为了决策和管理的需要，及时掌握经济绿色增长的实际状态，一些机构组织和代表性学者对绿色增长的测度内容体系和测度方法方面展开了大量的相关研究。依据不同的测度指标体系，采用的测度方法有综合指数法、生产率比率法、关联距离法。

2.2.1 测度视角与测度内容研究

（1）国外研究现状

在组织机构研究层面，世界环境和发展委员会（WCED，1987）构建了城市绿色发展评价指标体系。自20世纪90年代以来，经合组织（OECD）致力于研究测量工具和提供有价值的参考建议，2011年制定了绿色增长衡量框架，框架涵盖经济、环境和人类福祉等方面的绿色增长指标体系，以经济活动中的环境和资源生产率、自然资产基础、生活质量的环境因素、经济机遇和政策响应这四类相互关联的核心要素为一级指标。每隔三年更新，2017年是由社会经济内容与增长特点、经济方面的环境和资源生产力、自然资本基础、生活质量的环境维度、经济机会和政策反应五方面17类别54个项目的指标集构成[14][15]。PSR（压力-状态-响应）概念模型是经合组织用来检测绿色增长的概念测量框架，主要功能是判断某生态系统是否可以持续发展、分析系统内部子系统是否有共生关系和因果关系，再由欧洲环境署（EEA）进一步扩展为DPSIR（驱动-压力-状态-影响-反应）概念模型。环境绩效指数（EPI）自2002年首次发布后，每两年对全球国家进行重新排名，2018年的EPI指标体系由环境健康、生态系统活力、资源环境承载潜力、政府政策支持力四方面10个类别24个项目指标集构成。

联合国环境规划署（UNEP）构造的绿色经济衡量框架主要涵盖三个方面的内容：经济转型、资源效率、社会进步和人类福祉。这主要基于三个方面的考虑：①经济转型是迈向绿色经济的核心；②经济转型成功的显著标志之一就是资源利用效率的提高；③社会进步和人类福祉是发展绿色经济的最主要目标。测量框架包含环境问题和目标、政策干预、影响幸福感和公平的政策8个类别23个指标。同时，为绿色经济、包容性绿色经济和可持续发展目标而开发的绿色经济测量指标体系和建模工具对不同国家进行模拟评估[16][17]。世界银行的绿色增长测度指标体系较庞杂，分为环境、经济、社会效益三个层面，其中关于农业与农村发展类别包含44个指标[18]。

另外，因OECD衡量框架与指标体系涵盖了各国生态、经济、制度与政策等方面的大部分信息，故已被广泛应用于韩国、荷兰、捷克、墨西哥等国家。例如，墨西哥以OECD衡量框架为基础构建了本国的绿色增长指标体系，并利用DPSIR模型来衡量经济生产对自然环境造成的影响；荷兰虽然采用了OECD的指标体系，但为确保指标数据的一致性，其测度指标数据大多来自荷兰环境与经济综合核算体系[19]；捷克在OECD指标框架的基础上，增加了"可持续发展与公平"这一要素，以衡量社会层面的绿色增长情况。Kim等（2014）从生产环境效率和生产模式变化、消费环境效率和消费成本变动、自然资本存量和环境质量、客观和主观环境生活质量、经济行为者反应方面构建测度指标体系，并对韩国进行了测度研究[20][21]。

还有一些学者从不同视角开展了研究，Garrett（2013）利用大数据研究了农业种植中的虫害传播对提高农产品产出的影响。Singh（2019）等提出运用数字化平台测量土壤和环境湿度、温度和土壤湿度等相关参数并进行实时分析，通过可视化图表数据实现了农业精准化监测与控制。Krongthong（2019）使用物联网框架对智能农业所有条件和性能结果进行测试和控制，帮助制定者改进智能农业的各种操作，实现了模糊逻辑控制器和系统中的建模和仿真。

国外机构相关研究成果简要总结如表 2-4。

表 2-4　国外机构关于绿色增长测度主题、测度内容研究梳理表

机构名称	测度主题	内容描述	指标要素	指标数量
OECD经合组织2011-绿色增长衡量框架[8]	经济上的环境和资源生产率	自然资产单位服务产出量，了解有效利用自然资本的必要性，并捕捉很少在经济模型和会计框架中量化的生产	碳生产力；非能源材料生产率等；多要素生产力；环境服务等	17类54项
	自然资产基础	资产基础的下降给增长带来风险，持续增长需要保持资产基础	可再生资源：水、森林、鱼类资源等；不可再生资源：矿产资源等；生物多样性和生态系统	
	生活环境质量	捕捉环境对人们生活的直接影响，例如通过获得水或空气污染的破坏性影响	环境健康与风险：空气污染（人口接触PM2.5）环境服务和便利设施	
	经济机会政策对策	用来帮助识别政策在实现绿色增长的有效性以及影响显著地方	技术创新环境商品和服务价格转让；技能培训规章制度管理办法	
UNEP[17]	环境问题和目标	气候变化	碳排放可再生能源额	8类23项
		生态系统管理	林地和水压力	
		资源效率	能源、材料和水生产力	
		化学品和废物管理	废物收集、回收和重用	
	政策干预	绿色投资	研发投资	
		绿色财政改革	化石燃料、水和渔业补贴，和化石燃料的税收	
		定价外部性和评估生态系统服务	碳价格，生态系统服务价值	
		绿色采购	可持续采购支出	
	影响幸福感和公平的政策	就业、建设、经营和管理收入		
		总财富：自然资源存量，识字率		
		对资源的评估，获得现代能源、水和卫生设施		
		健康：饮用水中有害化学物质的水平，许多因空气污染而住院		

续表

EPI（2018）	生态活力	生物多样性和栖息习惯、气候和能源、空气污染水资源、森林覆盖率、鱼类、农业	10类24项
	环境健康	空气质量、水和环境卫生、重金属	
WB[18]	有关农业和乡村发展	作物生产指数、农业灌溉用地（占农业用地总量的百分比）、农村人口（占总人口的百分比）、化肥消费量（每公顷耕地千克数）、森林面积（占土地面积的百分比）、永久性作物用地（占土地的百分比）、耕地（人均公顷数）、耕地（占土地面积的百分比）等	44项
GGGI 绿色增长指数（2013）	国家现状	人口、人口增长率、土地、土地密度等	6类67项
	人类福祉	就业人口比、水源改善率、预期寿命等	
	经济系统	GDP、GDP增长率、道路密度等	
	资源系统	人均能源消耗、用水强度、垃圾利用率等	
	环境系统和生态系统	森林面积变化率、生物多样性、碳排放等	
荷兰[19]（2016）	环境效率	工业温室气体、消费产生的温室气体排放、水体重金属污染、农业化肥超标、废弃物资源效率、净能源使用、可再生能源、地下水开采、金属消费、矿产消耗、生物质消耗、废物回收城市悬浮颗粒物	5类34项
	生活环境质量	关注程度、支付意愿	
	自然资源基础	建筑用材蓄积量、鱼类资源储量、能源储备、农场鸟指数、土地转化建设用地、地表水化学物质、地表水生态质量、地下水硝酸盐浓度	
	政策响应	环保税分享、能源隐性税率、环境转移/补贴、政府减排支出、环保支出	
	经济机会	绿色专利、政府绿色R&D支出、环境投资、可再生能源部门就业，就业（环境产品和服务业）、增值（环境产品和服务行业）	

（2）国内研究现状

国内机构和政府部门也积极跟进绿色发展指标体系研究。中国科学院（2006）通过构建资源环境综合绩效指数（REPI），选取资源消耗、污染物排放强度等多个指标及数据，对国家层面资源环境绩效进行综合评价。2010年可持续发展能力评估体系是由生存、发展、环境、社会、智力五方面16项指标构成的。原国家环境保护部（2009）构建了包括空气污染、生物多样性及其环保政策类的具体评价指标体系，对我国省级层面的资源环境绩效展开评价。中国国际经济交流中心和世界自然基金会构建了社会和经济发展、资源环境可持续、绿色转型驱动3个一级指标，涵盖6个二级指标、14个三级指标、30个四级指标的中国省级绿色经济指标体系。2016年，国家发展改革委员会、原环境保护部、国家统计局与中央组织部共同制定了《绿色发展指标体系》，主要涵盖资源利用、环境质量、环境治理、增长质量、生态保护、绿色生活、公众满意度等7大方面[83]。此外，北京师范大学、北京工商大学等科研机构分别建立了一套适合中国国情的绿色发展监测指标体系。北京师范大学2012—2014连续三年，构建的"人类绿色发展指数"是由经济增长绿化度、资源环境承载潜力、政府政策支持力度3类9项指标构成的测度评价框架体系，对多个省市的绿色发展水平进行科学测评与指数排名[84]。关成华等（2019）构建了省级和中国城市两套绿色发展指数测度体系，其中省级指标60项，城市指标44项，两套指标体系分别从经济增长绿化度、资源环境承载潜力和政府政策支持三个方面，全面评估中国30个省（区、市）及100个城市的绿色发展水平并及时公布[85]。另外，北京工商大学研究机构从资源环境效率出发构建绿色经济指数，2007年开始，每年更新，将北京作为绿色经济指数的基准城市，是一种简化了的生态效率评估指标体系，可操作性强[86]。

国内组织机构对绿色发展的测度研究，虽取得了一定的成果，但主要针对省域和城市，对县域、村镇等较小单位的研究较少。同时，国内研究者依据农村发展的不同阶段及特点需求，从环境治理、可持续发展、低碳、循环经济、现代化、生态文明建设、高质量发展、美丽乡村建设等视角构建乡村区域发展的测度内容，具体测度内容及测度特点见表2-5。

表 2-5　国内乡村绿色发展研究测度视角、内容、特点梳理表

文献	测度视角	测度内容	测度特点
刘宇鹏等[87]（2010）	衡量白洋淀文明生态村建设实现程度	1.经济发展指数：人均GDP、农业劳动生产率、农业科技进步贡献率、非农产业从业人员比例 2.生活改善指数：农民人均纯收入、农民生活消费的恩格尔系数、人均合格住房面积、医疗保健支出占生活消费的比例、农村合作医疗覆盖率、农村养老保险覆盖、农户百人拥有电话机数 3.村风文明指数：农村人口平均受教育年限、农村居民文教娱乐消费支出比例、计划生育普及率、农民对村社会治安的满意度、万人刑事案件立案数 4.村容整洁指数：农村卫生厕所普及率、村庄建设统一规划率、生活垃圾处理率、饮用自来水普及率、道路硬化率、绿化覆盖率、水质达标率 5.管理民主指数：村民自治制度完善率、村民对村政务公开满意程度、村民对村务管理满意程度	针对湿地文明村建设构建测度指标，针对性强
郭永杰等[88]（2015）	宁夏县域绿色发展水平	1.经济增长绿化度：人均GDP、单位GDP能耗、经济密度、单位地区生产总值工业废气排放总量、第一产业占第一、二、三产业增加值比重、人均粮食产量、规模以上工业增加值能耗、工业固体废物综合利用率、第三产业从业人员比重 2.资源环境承载力：人均当地水资源量、禁止开发区面积占辖区面积比重、森林覆盖率；单位土地面积工业废气排放总量、人均工业废气排放总量、单位土地面积工业废水排放总量、人均工业废水排放总量、单位土地面积工业固体废物排放量、人均工业固体废物排放量、化肥施用强度 3.政府政策支持度：环境保护支出占财政指出比重、环境污染治理投资占GDP比重、退耕还林（草）投资完成额比重、科教文卫支出占财政支出比重；人均公共绿地面积、县城到邻近地级市最短交通距离、城镇化率；人均造林面积、工业二氧化硫去除率、工业氮氧化物去除率、工业废水化学需氧量去除率	测度内容全面，指标丰富，涵盖县域经济增长、环境压力、政府反应行为

续表

作者	研究对象	指标体系	特点
牛敏杰等[89]（2016）	国家层面农业生态文明建设	1.经济发展：劳均农业增加值、农业 GDP 平均增速、农村居民人均纯收入、粮食产出优势系数、肉类产出优势系数、蔬菜产出优势系数、水果产出优势系数、禽蛋产出优势系数、奶类产出优势系数、水产品产出优势系数 2.资源利用：人均播种面积、农业节水系数、农业用水经济效率、耕地有效灌溉率、农作物耕种收综合机械化水平、农机使用经济效率、农村人均用电量、人均支农资金投入 3.生态环境：推广测土配方施肥技术面积比重、农药负荷系数、农用化肥负荷系数、地膜残留负荷系数、畜禽粪便农田负荷系数、森林覆盖增长率、湿地面积增长率、播种与受灾面积比、抗灾率 4.社会科技：农业技术人员保障度、农村互联网覆盖率、移动电话普及率、城乡收入差距系数、农村人口人均受教育年限、农村有线广播电视覆盖率、农村卫生技术人员保障度	测度指标条目涵盖面具体且广泛，共34个指标，增加科技测度条目，无权重
谢里等[90]（2016）	农村绿色发展绩效	1.绿色资源：水资源(地表水占比)、森林资源(森林覆盖率、人均造林面积)、耕地资源(人均耕地面积)、矿产资源(人均矿产资源基础储量)、能源(人均发电量、户通电率、各地区能源经费投入)、环境资源(全年日照时数、全年降水量) 2.绿色劳动力：劳动力素质(农村居民家庭劳动力受教育程度、农村普通高中办学图书室、农村普通高中学校数) 3.绿色技术：绿色生产技术(人均农业机械年末拥有量、节水灌溉面积、地膜覆盖面积、单位耕地面积化肥施用量、单位耕地面积农药使用量)；绿色生活技术(大中型沼气工程产气量、节煤灶数量、生活污水净化沼气池数量、太阳能热水器面积) 4.绿色产出：经济产出(人均农林牧渔产值、单位农林牧渔业产值中间消耗、第三产业产值占总产值的比重)；环境产出(改水工程累计受益人数、水土流失治理面积、沼气工程处理废弃物产气量、机械化秸秆还田面积)	绿色投入和绿色产出指标

续表

王晓君等[91]（2017）	PSR 框架下	1.生态环境质量压力系统:人口自然增长率、农林牧渔业产值增长率、人均耕地面积、灌溉用水量、化肥使用量、农药使用量、塑料薄膜使用量、畜禽养殖规模 2.农村生态环境质量状态系统:森林覆盖率、牧草地面积、湿地面积、农作物病虫害发生面积、农业源 COD 排放量、农业源总氮排放量、农业源总磷排放量 3.人文响应系统:农户人均纯收入、人均粮食产量、当年造林面积、节水灌溉面积、水土流失治理面积、绿色农产品量、环境污染治理投资	依据压力-状态-响应模式构建
刘若莎[92]（2017）	石家庄县域农业生态文明建设	1.生态:森林覆盖率、建成区绿化率、水源保护、生态敏感性、水网密度指数、空气质量、土壤侵蚀率、农药施用强度 2.经济:人均收入、科技投入占财政支出比例、再生能源利用率、工业污水达标排放率、工业固废综合用率 3.社会:城市人口密度、城镇化率、农村改水率、农村改厕率、城市生活垃圾无害化率 4.协调发展:环境污染治理投资占 GDP 比例、单位 GDP 能耗、单位 GDP 水耗、单位 GDP SO_2 排放量	增加协调发展维度的测量内容,尤其是与 GDP 要素相关的投资、能源消耗、水消耗、SO_2 排放量
黄劲[93]（2019）	县镇生态文明发展评价测度	1.生态文化繁荣:宣传教育(生态文明宣传普及率)、公共参与(中小学环境教育普及率) 2.生态机制健全:机制政策(党政实绩考核环保绩效权重、环境影响评价与"三同时"政策执行率);管理调控(生活污染调控管理水平、城镇生活污水处理率、生活垃圾无害处理率、工业污染控管水平、工业废水处理率、工业废气处理率、工业固废综合利用率、农业污染控管水平、化肥施用强度、农药施用强度、规模化禽畜养殖场粪便综合利用率) 3.生态经济高效:能力保障(环保事故预警、应急体系完善程度、环保投资占增加值比重);高效发展(人均增加值、单位增加值能耗、单位增加值水耗);生态发展(单位增加值污染物排放强度、单位增加 COD 排放强度、单位增加值 SO_2 排放强度、单位增加值碳排放强度、主要农产品中有机、绿色无公害产品种植比、规定企业清洁生产审核率);公平发展(规定企业清洁生产审核率、农村与城镇居民收入的增长率比、居民收入与经济发展的增长率比) 4.生态环境友好:环境质量(环境质量优良度、水环境功能区达标率、区域环境噪声达标率、空气质量优良率、公众环境满意率);生态保育(生态用地面积比例、人均公共绿地面积)	县镇测度的指向性明确、测度项目多,可操作性强、目标定量化

续表

作者	主题	指标内容	特点
袁久和[94]（2019）	农村绿色发展	1.农业经济绿化度：绿色增长效率（农业人均GDP增长率、农业科技进步贡献率）；农业经济效率（人均粮食产量、单位面积粮食产量、农村互联网普及率、万人乡镇文化站数等） 2.资源环境承载能力：资源承载能力、农村生态环境、农村公共服务农村社会发展水平、农村组织发展、农民生活水平 3.政府绿色支持度：农村绿色投资、生态环境治理	测度体系类似OECD，涵盖范围广，特色增加农村公共服务项测度指标
赵美亮等[95]（2019）	市级美丽乡村建设	1.城乡建设：常住人口城镇化率、燃气普及率、城乡社区事务支出占财政支出的比重、建设用地占市区面积比重 2.生态环境：节能环保支出占财政支出比重、污水处理率、每公顷耕地农药使用量、建成区绿地率 3.城乡教育：教育支出占财政支出比重、普通中学生师比、小学生师比、图书馆藏书 4.城乡经济：第三产业占GDP比重、人均生产总值、农村居民人均可支配收入、社会消费品零售总额 5.社会和谐：医疗参保率、每千人口卫生技术人员、失业率、消费价格指数	更关注城乡融合下乡村测度内容
陈磊等[96]（2019）	昌吉市部分村镇单元	1.合作社创建、土地规模化经营、农业特色品牌创建开展电商化进村 2.生态宜居：村庄绿化率、农业投入品包装回收率、垃圾清运率、农村卫生厕所普及率、村庄道路硬化率、村庄亮化率、村庄基础服务设施完善程度、新建农房普及率、使用清洁能源比例 3.乡风文明：文体活动场数、文体团队、文化活动场所、平安村、民族团结进步、模范村、文明村、生态村、村规民约、九年义务教育普及率、职业技能培训活动覆盖率 4.治理有效：村庄规划编制及实施情况、村务公开民主管理机制、治安设施及人员、农民群众对治安的满意度、长效保障机制及管护人员 5.生活富裕：农民年人均收入、养老保险参保率、新型农村合作医疗普及程度、村集体经济收入、农村五保供养目标人群覆盖率	指标项目分散到村镇单元，测度指标具体时效性突出

续表

唐瑾[97]（2019）	长株潭城市群县乡村族建设	1.经济产业发展:农村居民人均纯收入、人均集体可支配收入、农村经济总收入增长率、优势主导产业的产值占全村总产值60%、农业灌溉水有效利用指数、农村电网普及率、标准化生产技术普及率、农村互联网普及率、农田水利覆盖率 2.社会文化:拥有村级劳动保障服务平台、城乡居民养老保险落实率、义务教育资源城乡均衡配置率、城乡居民医疗保险参保率、城乡体育健身场地设施覆盖率、学前教育及初升高综合升学率、村级农家书屋数、村级综合服务文化中心数 3.生态环境:村庄绿化覆盖率、生态恢复治理率、生产生活垃圾收集率、村庄整治率、村庄道路硬化率、农村生活污水治理率、农业面源污染防治率	城乡融合下的测度体系,采用标准的经济、环境、社会三分法测度指标
叶晨曦[98]（2019）	河南省美丽乡村建设	1.经济发展:生产总值、三次产业结构、城镇化水平、农村固定资产投资财政收入 2.科技发展:科技经费总投入、科技进步对GDP贡献率、科研开发人员占就业人口比率、教育事业经费支出占GDP比重、中小学入学率 3.生活质量:(农村)恩格尔系数、农民年人均纯收入、农村基础设施、村设置的医疗点数、新型农村合作医疗覆盖率、人口自然增长率 4.环境保护:人均拥有公园绿地、公共绿地面积、饮用水源水质达标率、工业废水排放达标率乡镇污水集中处理率、生活垃圾无害化处理率、空气质量优良天数比重、万元生产总值能耗	最大的特点是增加了科技发展层面的测度指标,增加了乡村创新能力的度量标准
肖敏志等[99]（2019）	农业生态文明建设	1.发展:农业增长率、粮食单产增长率、单位面积农业产值、农民人均纯收入、城乡差距系数 2.结构:粮食作物、经济作物占比,其他作物占比 3.资源:劳均耕地、人均水资源、农业用水效率、农业用能效率 4.科技:耕地有效灌溉率、劳均农机占有率、农业技术人员比率	资源环境承载的最大阈值作为测度标准,如农药、化肥、地膜负荷系数

续表

张鸿等（2021）	数字农业	1.发展环境：科技研究、信息技术服务、信息传输、交通、仓储、邮政等资源投入 2.信息基础：宽带和移动网络、信息技术服务、网络、电视等信息资源 3.人才资源：财政教育支出、信息传输及软件和信息技术服务业从业人员、农村专业技术协会会员 4.技术支持：规模以上电信产业制造业主营业务收入，电信业务总量，软件和信息技术服务企业数量 5.绿色发展：单位面积农药投用量、单位面积化肥施用量、单位面积塑料薄膜使用量、有效灌溉面积、农林牧渔业总产值 6.产业效益：电子商务交易活动企业数、电子商务采购额、电子商务销售额、邮政业网点	以数字经济和农业信息化为背景依据设计指标

除此之外，结合时代背景对乡村价值的内在和外在需要挖掘，通过对乡村价值内涵深入反思，讨论其衡量标准。如田亚平（2007）从新农村的生产、生活、乡风、村容、管理五个角度构建了农村发展水平评价指标体系并开展了评价研究[100]。崔元锋等（2008）基于生态、经济和社会的三个系统构建了评价我国绿色农业发展水平的整合指标体系[101]。王富喜（2009）从经济、人口、生活、社会和环境五个方面对农村可持续发展水平进行了综合测度和梯度分析，并就存在的问题提出了相应的政策建议[102]。乔海曙、王桂良（2012）认为"两型"农村指标体系由经济绿色化、资源集约化、环境生态化、社会和谐化4个一级指标构成，下设经济水平、经济结构、资源节约、资源利用、生态破坏、污染控制、环境建设、乡风文明、社会保障共9个二级指标，二级指标下又分设农民人均纯收入、无公害、绿色和有机农业总产值占比、用水集约化、土地流转集约经营率、林业资源综合利用率、农作物秸秆综合利用率、畜禽养殖废弃物综合利用率、自然灾害成灾率、水土流失率、测土配方科学施肥、农膜回收利用率、生活垃圾定点存放清运率、

土壤养分、重金属、农药残留合格率、村容整洁、"三改"覆盖率、民生设施覆盖、文化娱乐活动丰富、"四提倡""树三德""刹三风"明显、新型农村合作医疗保险参保率等 19 个三级指标。赵明霞（2015）研究了农村生态文明指标体系建设的逻辑维度、时空尺度和筛选原则，并根据系统要素和动力机制，从经济、社会、政治、文化和环境五个方面构建了相关指标体系框架[103]。王晓君等（2017）借鉴 PSR 概念框架理论，对我国农村生态环境质量动态变化现状进行了评估。王亮（2019）构建了区域资源环境承载力综合评价框架体系，通过建立"PS-DR-DP"正六边形相互作用理论模型，将资源环境承载力分解为"压力-支撑力""破坏力-恢复力""退化力-提升力"三对相互作用力，分别对应资源支撑能力、环境容量和风险灾害抵御能力，由不同作用力大小变化所引起的六边形的形状和面积的变化综合测度区域资源环境承载力状态的变化。

2.2.2 综合指数测度研究

通过对乡村绿色发展测度相关的文献梳理发现，主要有三类测度方法：一是由多种方法组合而成的综合测度法，二是关联系数距离法，三是全要素生产率比例法。综合测度法运用较多，一般常用的有统计综合测度、模糊综合测度、灰色关联测度、群体综合测度、动态综合测度、人工神经网络测度、DEA 数据包络分析法等。现有文献中统计综合测度方法主要采用统计综合测度方法来测度国家或地区的绿色发展程度，只是在细节上各有不同。指标体系的构建多数为主观选择，少量采用定量方法进行选择。比如，何静等（2018）通过变异系数和多重共线性检测来确定有效测度指标[104]。

在综合指数测度法中，最关键的步骤就是权重的计算，已有文献确定权数的方法主要有四种：一是 AHP 层次分析法，如马彦琳（2000）、刘继志（2018）[105]、陈磊等（2019）、叶晨曦（2019）等；二是德尔斐专家赋权法，如牛敏杰等（2016）、肖敏志等（2019）。以上两种属于主观赋权方法，不能体现指标数据的基本特征；三是熵值赋权法，这种属于客观赋权法，对数据的依赖性较强，但不能体现研究者的主观意愿。四是采用主客观综合赋权法，如李婷等（2019）采用层次法与熵值法相结合测度评价了湖南华容县美丽乡村建设；谢里等（2016）采用 CCR、BCC、DEA 各模型的绩效值和对应的 Gini 系数中的信息纯度为权重构造加权绩效综合指数测度了 2003—2012 年中国农村绿色发展的绩效；刘若莎（2017）采用区间层次分析法和聚类分析法；张平淡等（2017）采用熵权法和泰尔指数综合法测算了长江经济带乡村绿色发展的水平[106]；王丹华等（2017）采用综合层次分析法和因子分析法，实证分析了 2015 年全国市级区域农村生态文明建设水平，发现城镇化对农村生态文明建设有着显著正向影响[107]；李战江等（2018）对变异系数法、均方差法、离差最大化法、熵权法、灰色关联法五种单一测度方法所得的结果做出动态修正，建立了绿色经济动态修正的组合测度模型，并以内蒙古绿色经济测度为例进行了实证分析[108]；石震等（2018）用灰色关联分析和秩相关对绿色经济测度指标客观数据的双重筛选后，构建了从经济结构、经济发展效益、经济运行质量三个准则层符合绿色经济发展理念的指标体系[109]；王瑛、常泉英（2018）利用"时间度"对时间维度进行赋权，得到时间权重向量，将指标权重向量和时间权重向量融入 TOPSIS 模型中，对 30 个省会城市 2011—2015 年的环境质量进行了动态综合测度[110]；王瑛、黄颖倩（2018）采用多指标、多时段双重信息集结的动态测度方法，带有"奖惩"性质的双激励控制线法集结多时段的静态信息，分析了 30 个省域 2006—2015 年绿色发展水平的动态综合测度值及相对变化趋势[111]；张董敏和齐振宏（2020）从产业、人居、文化、保障四个方面构建测度指标体系，并用加法集成赋权测度了湖北与重庆的农村生态文明水平[112]。

2.2.3 关联关系距离测度研究

关联关系距离测度法主要通过在序列集空间中自定义距离测度关系

确定属性间的贴近或分离程度。已有研究主要从三方面定义测度距离方式。

一是采用TOPSIS模型。这是一种逼近理想解的排序方法，主要根据研究对象与正、负理想解的距离进行相对优劣的测度，该方法最早由Hwang和Yoon提出，是一种多目标模糊决策法[22]，属于多指标系统决策的方法。TOPSIS方法的基本原理是：通过在目标空间中定义一个距离测度，以此测量目标靠近正理想解和远离负理想解的程度，即贴近度来评估测度研究对象。Bilbao-Terol等（2014）采用TOPSIS对调整净储蓄、生态足迹、环境绩效指数和人类发展指数的准则层评估决策基金的可持续性[23]。耿黎等（2014）对四川、湖南、河南、山东4省农户调查后，采用改进TOPSIS法对大田生产服务提供绩效进行测度[113]。郭永杰等（2015）把加权规范化决策指标矩阵中的元素与正理想解和负理想解的欧式距离定义为贴近度计算的方法，即运用熵值法和改进的TOPSIS模型测度了宁夏县域绿色发展的水平。Carladous等（2016）针对多准则决策问题，提出了一种新的基于信念函数的理想解相似排序方法（BF-TOPSIS），并通过一个山区自然风险的实际应用案例，对成本效益分析（CBA）、层次分析法（AHP）和BF-TOPSIS方法进行了比较[24]。雷勋平等（2016）运用熵权TOPSIS和障碍度模型对安徽省利用土地绩效在经济、社会、生态和管理4个方面进行测量[114]。盖豪等（2018）从农户视角，应用熵权和改进TOPSIS法来评价秸秆还田服务绩效水平，并诊断其可能的障碍因子[115]。袁久和等（2019）在构建不同的测度指标决策矩阵基础上，运用同样的熵值法和改进的TOPSIS模型测度了2011—2016年我国农村的绿色发展水平。同时，还有把层次法和TOPSIS相组合、熵理论和TOPSIS相结合、灰色关联和TOPSIS相结合运用于各类多属性决策中的研究。

二是利用定向经济距离比率函数定义测度距离建模。如刘子飞，张体伟（2013）运用层次分析法和距离函数建立模型，对农村生态文明建设进行测度[116]；余威震等（2018）采用区域内、区域间及超变密度三种相对经济距离函数，即 Dagum 提出的改进的基尼系数法测度了 2005—2014 年中国农村绿色发展的水平[117]。

三是定义动态测度距离，利用灰色关联度模拟微分方程预测函数建模。如王晓君等（2017）采用灰色系统 GM（1,1）预测模型，对原始数据进行生成处理来寻找系统变动的规律，在生成有较强规律性的数据序列基础上，通过鉴别系统因素之间发展趋势的相异程度，建立相应的微分方程模型，进行关联分析，预测 2016—2020 年我国农村生态环境质量水平。这是一种动态预测测度评价方法。

2.2.4 全要素生产比率测度研究

对于绿色经济增长的度量方法还在探索之中。目前比较常用的测算方法是全要素生产比率测度方法，比如数据包络法、Malmquist 指数、随机前沿分析法等。农业作为乡村经济的基础产业，其绿色和可持续转型效率更体现了乡村绿色发展的能力。国内一些研究者通过设计不同的投入和产出指标体系，对不同区域的农业绿色生产率进行测度。比如潘丹（2014）在设计投入产出测度指标的基础上，采用投入产出比率法，即非径向非角度的 SBM 方向性距离函数构建测度模型，对农业全要素生产率进行了定量测量[118]。梁俊和龙少波（2015）用拓展的非径向非角度的 DEA 模型和 Luenberger 生产率指标，测算了中国农业绿色 TFP 的增长。发现增长较慢，区域差异明显，且技术进步是农业绿色 TFP 增长的主要源泉[119]。叶初升等（2016）运用 SBM 模型、方向性距离函数和 GML 指数，测算农业生产效率和全要素生产率，考察农业生产污染对农业经济增长绩效的影响[120]。李翔等（2018）基于随机前沿生产函数模型，分析华东农业全要素生产率增长及分解部分的变化趋势[121]。张慧（2019）采用随机前沿生产函数及 DEA-Malmquist 构建生产率指数模型研究了广西农业全要素生产率增长情况并进行分解[122]。展进涛等（2019）运用参数随机前沿函数模型（SFA）测算中国农业 2000—2015 年的省（市、区）绿色全要素生产率（GTFP）变化指数，发现中国农业 GTFP 年均下降 0.14%，主要因为 2008—2009 年前绿色技术的"退步"造成，时间趋势和空间分布呈现明显的波动性特征以及地区之间的梯度性特征[123]。龙少波等（2021）把非径向非角度方向性距离函数引入 DEA 模型，采用 Malmquist 生产率指数测算了农业全要素生产率增长率，并对其影响因素做了进一步分析，认为技术进步是驱动农业全要素生产率增长的源泉，技术效率对农业全要素生产率有抑制作用。

2.3 乡村绿色发展的影响因素研究

随着绿色增长内涵的不断丰富，除了对绿色增长度量的纵深研究外，一些研究者也同时关注影响绿色增长的动力因素和阻力因素，以便能更好地为政府提供参考建议。通过梳理乡村绿色发展影响因素的研究，发现基础设施建设、碳排放、环境规制、资源消耗、人力资本等因素随着时代的发展，逐渐细分，且影响效应也在不断地变化。

2.3.1 基础设施建设的影响

Bravo 等（2004）利用 38 个国家 1961—1997 年的数据研究了农村基础设施对农业全要素生产率的影响。研究表明农村电力和教育基础设施能显著提升农业全要素生产率，而道路和金融基础设施却具有抑制作用。Owen（2012）利用调查数据研究了低人口密度和交通限制对英格兰东部农村地区技能发展和学习培训机会的影响。利用"低技能均衡"的概念，讨论了相对落后的交通基础设施和分散的人口如何结合起来，对当地经济发展提出挑战，发现交通和旅行在加剧技能低下和生产力低下方面发挥着关键的因果作用，阻碍了改善学习和培训机会的努力，而这些机会将有助于地方经济实现更高水平的生产力和经济增长[25]。金戈（2012）结合农村和农业生产的特点，认为农村经济基础设施可分为灌溉和公共水设施、道路设施、通信和信息服务、土壤保护等，农村社会基础设施则主要包含农业研发和推广、教育和卫生。李谷成

(2015) 等采用一阶差分 GMM 的方法,实证分析了农村基础设施对农业全要素生产率的影响。研究发现电力基础设施和公路基础设施显著地促进了农业全要素生产率的提高,而灌溉设施则降低了农业全要素生产率[124]。邓晓兰等(2018)运用动态差分 GMM 方法检验识别了农村灌溉、道路、电力和医疗基础设施对我国农业全要素生产率的溢出效应的大小差异[125]。张先锋等(2016)运用 285 个地级市的面板数据,通过分组检验考察了中国交通基础设施通过人力资本流动和集聚进一步影响区域全要素生产率的内在机制[126]。王劼等(2018)用 LMDI 模型和 Tapio 脱钩模型研究了 32 个国家农业碳排放和脱钩效应。另外,杨建辉(2017)运用 Tapio 脱钩模型对化学投入与农业经济增长进行了研究,分析了农业化学投入物量增减的影响效应,并研究了农业化学效率的空间聚类状况[127]。

2.3.2 环境、碳排放的影响

Bruno 等(2017)在对拉丁美洲有关农村地区、农村发展和自然资源管理的气候变化政策制定的研究过程中,发现森林温室气体的减排和农业对气候变化应更多关注[26]。高明国(2009)以河南省农村数据为例,实证分析发现农村的能源消耗与人口结构、生产方式及民众观念等因素有关。他建议,要在农村实现清洁化生产,必须采取多元化的途径。Barnes 和 Hansson(2014)使用 2000—2012 年期间的英国国家级会计调查得出的可行性指标和数据,研究了苏格兰和瑞典农场的经济可行性措施的多元化对农场企业绩效的短期和长期影响。评估后认为使用与专业农业单位相比,在传统农业之外经营额外企业并且从两个或多个农业企业获得收入的多元化农场更可行。同时,发现影响生存能力的其他因素是结构、生物物理和制度,特别是 2003 年共同农业政策(CAP)的改革。Fan 等(2016)研究发现抑制农业碳排放的重要手段是资源再利用技术和循环利用技术的进步。Ismael(2018)等发现技术是抑制农业碳排放的重要原因。吴伟伟等(2018)在对支农财政和农业的技术进步评价时，发现农业全要素技术进步和能源改进型技术进步对农业碳排放有明显影响。同时，对农田利用方式转型、农业技术进步偏向及其交互作用的精准识别及农田碳排放大小的影响也有很大的作用。在减少碳排放方面，他建议：在制定支农财政政策时，要充分考虑和论证其产生的环境压力；要提高农业生产要素的利用效率；要推动与资源禀赋相耦合的农业技术进步；要充分考虑农作物种植结构的区域差异等。李寒冰（2019）等在研究不同农田管理措施对土壤碳排放强度影响的识别时，采用文献法和 Meta 定量统计分区函数分析方法，引入土壤类型、作物种类、耕种方式等影响因素变量，分析了农田的施肥、免耕、秸秆还田和增施有机肥等不同农田管理措施对土壤碳排放的影响，核算了不同区域、不同土壤类型、不同作物和不同管理措施下的农田土壤碳排放值。金书秦等（2021）在研究农业碳排放时，认为要加快农业碳排放计算方法学的构建，提出在"十四五"农业农村发展规划中增加碳约束指标，积极发展农业碳市场，建议在农村发展中推广低碳农业技术。陈胜涛等（2021）在研究土地资源的集约化利用和公共财政资源的有效投放对江苏省县域绿色低碳发展的作用时，采用方向距离函数表征区域碳减排潜力和边际碳减排成本，测算了农业生产中的畜禽养殖业和种植业产生的碳排放当量和碳排放强度，发现农业碳排放总量高的地区，排放强度也较高；传统农业主生产区具备较大的碳减排潜力，大部分区域的碳排放与农业经济发展之间呈现强脱钩关系，用实例进一步说明了农业生态保护在江苏省县域乡村绿色发展中取得了一定成效。王学渊等（2022）研究了"合村并居"模式对县域乡村的碳排放的影响，认为"合村并居"模式是在国家"双碳"目标和绿色发展战略下，在县域新型城镇化建设推进下的新型发展模式，并利用 2009—2017 年中国县域层面面板数据，从人口城镇化、土地资源集约利用、有效利用公共财政支出、工业集聚四个维度，采用双向固定效应回归模型和工具变量方法研究了县域碳排放强度的影响效应，认为因地制宜、分类施策、整体规划村居的"合村并居"模式，会对乡村碳排放减少有促进作用。

2.3.3 现代化乡村社区生态企业的积极影响

乡村生态企业可以进行拓宽、深化或恢复当地社区活动。拓宽是指在乡村区域实施运动、休闲、保护自然景观设施的战略下，开放土地资源、保护自然历史景观设施，以充分发挥运动、休闲和商业管理之间的协同效应。拓展活动包括从传统农业转向有机农业的有机食品深化活动、短期的增值供应链的活动、历史遗产重新修复利用活动等。Green（1985）利用密苏里州 1934—1978 年县级数据分析发现生活质量指数与农场规模随时间增长的数量呈负相关，证实了农业经营规模与农村社区生活质量呈负相关的假设[27]。戈德施密特实证分析发现，大型农场的流行率与农业中较低阶层的相对规模之间存在高度正相关。Harris 和 Gilbert（1982）通过增加农民、农场工人和整个农村人口的收入变量，扩展了戈德施密特的模型，分析发现农场规模影响农场社会结构，进而影响农民、农场工人和农村人口的收入[28]。Kitchen（2010）认为现代化生态农业对乡村发展有积极影响，如果国家和农村企业开始发挥更现代化的生态作用，就可能创建一个更密集的农村环境商品和服务网络，进而，产生更可持续的农村生态经济，这些过程能够进行重组，并更有效地利用自然资源和当地生态。Ogutu（2014）论证了以信息通信技术为工具的市场信息服务项目对劳动生产率和土地生产率的正向影响作用[29]。Dawson 等（2016）用多维福利法评估现代"绿色革命"农业政策对卢旺达西部山区的农村家庭福利的影响[30]。乡村社区创生的家庭农家乐企业和生态农场也对乡村产生影响。杨学儒、李浩铭（2019）通过研究粤皖两省乡村 284 家家庭农家乐企业，发现乡村企业行为对当地社区生态环境具有正向影响。焦翔（2021）等通过对黄淮海地区 119 个生态农场的调研，发现生态农业从业者的环保健康意识、人力资本以及政府绿色生产补贴对生态农场绿色发展具有大的推动作用。

2.4 文献研究述评

通过对国内外文献梳理分析，发现以下问题：第一，国际测度虽全面完整，但测度体系相对宏观，适用于国家间的比较测量，主要针对发达国家，并不适用于我国本土情况及现阶段的发展测度。第二，国内测度在内容上多侧重经济、农业、环境等方面，而没有足够的关注经济机会、创新力、发展潜力等面向未来的因素；在指标标准上，重复性、交叉性指标同时出现，鲜见用数理统计方法检验指标的交叉性和核心要素的提取；在指标数量选择上过于随意，主观判断较多，而较少利用科学原理筛选核心指标；在指标重要性排序上很少涉及各级指标权重确定的具体数学方法，而权重的科学性是保证测度有效性的关键步骤；量纲指标和剔除量纲指标同时出现，已有研究中对绿色发展测度的指标体系、测度的模型研究较多，鲜有涉及测度指标选取、相应的测度模型重构等检验问题的研究，而测度是否合理，关键在于是否运用科学的方法，包括测度过程的科学检验。第三，在测度方法方面，有部分研究者基于数据包络分析法构造模型来探讨绿色发展效率，但此方法在应用上存在很多黑箱问题未解决，如 Rogge（2012）论证了非参数数据包络分析中聚合权重的灵活性会使测度失真[31]。鲜有从绿色发展水平与效率的内在数理逻辑关系以及理论推导方面对两者进行研究。第四，测度实践应用范围多集中于国家、城市、省域等，而较少关注县域、乡村等较小社会单位，尤其农村贫困地区更少，只有近几年随着乡村振兴战略的提出，关注度才随之增大，研究成果正逐渐增多。第五，在绿色发展的影响因素方面，主要按照国际上的传统影响因素进行分析，鲜有结合本土发展阶段和本土特点，对新影响因子的探索研究。

2.5 本章小结

本章在对国内外乡村绿色发展相关理论的梳理和评述基础上，提出了本课题研究切入点。具体从以下三方面进行梳理和综述：一是与乡村绿色发展相关的理论研究，包括乡村发展的阶段特点和转型需要，国内乡村绿色发展的内涵演变规律；二是乡村绿色发展的测度方法梳理；三是影响乡村绿色发展的因素研究。

第 3 章 乡村绿色发展的理论基础

任何现象的研究都是在一定的环境背景之下，随着背景的变化，现象的属性必将随之而变。有关乡村绿色发展命题的研究也具有类似的意义价值。乡村绿色发展不仅要在包容性绿色增长的国际环境之下探究，更要立足本土，在我国本身的现实环境背景基础上去实践。因而，本章主要解决高质量发展背景下的乡村绿色发展内涵主旨、基本特征、模式分类的相关问题。

3.1 乡村绿色发展的学理理论

乡村绿色发展就是在自然资源承受范围内实现人与自然和谐发展，既要充分发挥乡村绿色资本和生态服务的优势，又要使人们有更多的选择和自由，即促使人可行能力的全面发展。

3.1.1 人与自然生态和谐理论

从古至今，东西方对于人与自然环境之间的互动作用关系阐述很多，其中，人与自然的互动关系都是建立在和睦相处，和谐共生的基础之上。天人合一思想是我国古代关于人与自然和谐共生理念的精炼概括，表明人与自然环境是相融相通的，人对自然环境产生作用，反过来，自然环境也会作用于人。马克思主义关于人与自然和谐思想体现在三个方面：其一，人不是独立的个体存在，是从属于自然界的。其二，自然界为人生存提供物质基础，人是在与自然界交互过程中生存的。其三，自然界通过各种形式，如空气、食品、衣物等满足人类生活必需品的供给。因而，要合理利用自然，充分认识自然的生态功能与生态价值。从人类文明发展史来看，在对自然与人类关系不断反思的过程中，已走过了原始、农业、工业三种形态，正由后工业文明时代向更高级的生态文明形态行进。生态文明是强调人、自然、社会三者和谐共生，追求可持续的生产、消费方式的一种文明形态。人类与自然界是相互作用以及相互依存的有机统一体，二者相互渗透，是人与自然界平衡发展的前提。生态马克思主义者认为，控制过度化的生产可以通过将生产的方式进行民主化以及分散化，从而充分地开发人的创造力，使人类与自然实现协调发展。由此，一种"稳态"的社会经济发展模式便出现了，这种经济模式的目的就是要建设完整的自然生态系统。而要建立一个稳定的生态系统，必须要在充分发挥生态系统完整性的基础之上，把相关事物归属到生态化生产的领域，并且要将其联系在不同的维度上。生态思想观认为绿水青山就是金山银山，其实质就是要实现经济生态化和生态经济化，是对尊重和发挥自然价值和自然资本的通俗解读。明确树立自然价值和自然资本的理念，自然生态是有价值的，保护自然就是增值自然价值和自然资本的过程。

《习近平谈治国理政》第四卷中指出，在"五位一体"总体布局中，生态文明建设是其中一位；在新时代坚持和发展中国特色社会主义的基本方针中，坚持人与自然和谐共生是其中一条；在新发展理念中，绿色是其中一项；在三大攻坚战中，污染防治是其中一战；在到本世纪中叶建成社会主义现代化强国目标中，美丽中国是其中一个。美丽乡村不仅是美丽中国的一部分，也是我国农业现代化建设的目标。要建设新时期的美丽乡村，必须进行景观、森林、农田、湖泊、草原的综合治理，恢复乡村生态循环体系，全面治理乡村环境，严格遵守乡村生态红线，加强乡村生态环境保护，形成人与自然和谐发展的农业现代化模式。简言之，农业强，则中国强；乡村美，则中国美。只有同步协调推进农业现代化和美丽乡村建设，走绿色发展道路，才能实现留住蓝天白云、繁星闪烁、清水护岸、鱼翔浅底、鸟语花香、田园风光的人与自然和谐统一的美丽中国的目标。

3.1.2 人文发展理论

20世纪90年代初,联合国开发计划署(UNDP)发布了《人类发展报告》,人文发展作为该报告的基础理论和方法首次被提到公众面前。该报告强调了人对于一个国家发展的重要作用,认为发展的基本目标是创造一个使得人民生活长治久安、健康幸福并且具有创造性的环境。人文发展作为一个全新的发展观,以人为中心,以提高人的能力为必要前提,以扩大人的选择为主要过程,以实现人的自由为最终目标。这是发展进程中第一个明确提出以自由看待发展并把自由量化的发展观。发展的内涵围绕使人的选择进一步拓宽与使人的自由实现进一步深化。

(1) 自由的发展

阿玛蒂亚·森将人文发展与自由的发展、可行能力的发展相提并论,又将自由分解为过程层面和机会层面,认为自由一方面代表了行动和决策的无拘束无干扰,另一方面给予人们在社会各种境况下所享有的机会。森从本质上对自由进行了定义,认为自由是一种可行能力,这种能力使人们享受自己所珍视的生活。能力是一种可以实现生活价值的实质自由,这意味着个人享有自由的机会。人文发展是使人的功能和实现人的功能的能力的发展,是将个人可行范围和可行能力的扩大与提升。森特别强调,通过结合人的功能与可行能力,实现人文发展和人的自由,同样,少不了可行能力的获得。森关于能力和功能的研究为人文发展理论提供了强有力的概念基础和现实前提。人文发展的目的是扩大人们选择的机会和自由,但要真正实现这个目标,就需要将注意力放在提高人的能力上。因为能力是实现选择和自由的前提,是发展必须关注的必要基础。同时,人文发展强调增进人民福祉,拓展人的能力,实现最终的自由和选择机会。与以往的发展观念不同,这种全新的发展观并不是单纯地从经济发展这一指标上强调对人的投资,仅仅关注公共教育和健康的支出,人文发展把促进人的全面发展和自由的全面实现作为首要目标。但是，人类发展不能没有经济增长，应该注意到，经济增长只是手段，仅仅依靠经济增长并不能真正促进人类发展进步，应该将着眼点放在目标与手段之间的关系上。人文发展把自由转化为具体的人类社会生活各个方面选择的机会，让人们过上长寿而健康的生活，获得知识和得到体面生活所必需的资源。人文发展把自由量化，通过量化工具对各国各地区人民享有的自由进行测量，评估自由的实现程度。

（2）礼仪文化精神

中国社会是一种伦理的社会、情谊的社会，这种礼仪文化精神包含两点：一是自由是相对集体利益而言的，自由是集体尊重个人的表现，自由是从对方来的，且合乎伦理之义。二是个体的自由是发展个性、发挥长处、积极向上，去创造新文化的一种机会。合乎伦理又合乎人生向上，上文所说的自由发展观念与中国礼仪精神完全相合而不冲突。人生是互相依赖的，每一个人都要靠大社会才能生活，所以只能从社会看到个人，离开社会则个人不能想象。伦理的解释，人一生下来即有与他相关系的人，并且他的一生也始终是与人在发生相互关系。

梁漱溟在《乡村建设理论》中提到，"理性主义有两种：一是法国的理性主义，是一个冷静分析的理智；一是中国人的理性主义，是平静通晓而有情的。"认为中国自古有重视情谊礼仪的理性精神，这种理性即包含了西方的理性精华。如，鼓励避免散漫的团队精神；鼓励团队成员积极参与团体生活；鼓励尊重个人，增进个人地位，完成个人人格；鼓励财产社会化，增进社会关系。同时，这种理性精神是以伦理情谊为本原，以人生向上为目的，可称之为情谊化的纯粹理性化精神，能充分发挥人类的精神，是人类正常的文化、世界未来的文明。在这种文明社会中，人人都是社会的分子，人人在社会里各自活动，也各有自己的身份。这些个人的活动和身份彼此相互的关系，就构成社会生活，而个人一切行为都是要以实现社会生活为目的。因社会生活的必要就自然产生了必须遵守的行为原则，这些行为的原则就是我们寻常所谓"人生大道理"，即中国人的伦理道德之礼仪文化。同时，认为如果只从个人出发,不顾社会,妨碍社会发展,固然不对。反之,只是趋重社会本位,为社会而牺牲个人,抹杀个人,也算不得均衡。因此,如何使社会与个人之间达到均衡,兼顾二者,是需要解决的发展命题。

3.1.3 复杂巨系统理论

现实世界中存在着各种具体系统,这些系统内部以及系统与系统之间都有着各种关联关系,依据它们之间关联程度的复杂性,分为简单系统和复杂系统。我国著名科学家钱学森认为以人为主体构成的系统,是最复杂的巨系统,因为这类系统不仅包括人类本身,还包括人类的各种行为及人与系统之间的互动关系。社会可看作一个复杂的开放的巨系统,表现出四个基本特征:第一,社会系统的各子系统之间可以进行各种类型的交流和通信。第二,社会系统作为一个大系统,其内部的子系统的种类繁多,子系统也有各自对应的结构模型。第三,社会系统内部的各个子系统用于表达知识和获取知识的方式也各不相同。第四,社会系统中各子系统的结构随时发生着变化,处于动态中,会随着大系统的演变而变化,因而,系统的结构是不断更新和改变的。对于复杂巨系统的研究实践已经证明,现在能用的唯一有效处理开放的复杂巨系统(包括社会系统)的方法,就是从定性到定量的综合集成方法。就其实质而言,是将各种有关的专家数据和各种信息与技术有机结合起来,把各种学科的科学理论和人的经验知识结合起来。

系统论的研究对象是大型复杂的系统。内容是组织协调系统内部各要素的活动,使各要素为实现整体目标发挥适当作用,目的是实现系统整体目标的最优化。基本思想是从全局出发来考虑局部,并处理好各个局部之间的关系。"整体大于部分之和"是古希腊思想家亚里士多德的名言。对于一个巨系统而言,类似地,不能机械地认为局部要素性能好,整体性能一定好,通过局部说明系统整体。因而,任何系统都是一个有机的整体,它不是各个部分的机械组合或简单相加,系统的整体功能是各要素在孤立状态下所没有的新质。同时,系统中各要素不是孤立地存在着，每个要素在系统中都处于一定的位置上，起着特定的作用。要素之间相互关联，构成了一个不可分割的整体。系统工程通常使用最优化技术，通过对一个系统的各个方面进行认真的分析与探讨，建立与之相关的数学模型，对其进行定量分析，为整个系统的优化合理配置各局部的组织结构。

从生态经济学视角来看，人类经济是社会的一个子系统，社会是最大的生态生命支持系统的一个子系统。人类是这个更大生态系统的一部分，而不是外部。自从人类作为一个物种出现以来，人类一直在塑造和改变其支持生态系统，有时是可持续的，有时是不可持续的。在过去，人类生存的经济子系统相对较小。经过一段时间后，人类子系统得到了很大的发展，主要是由于化石燃料的使用，它已经成为整个系统的主要组成部分。与人类历史上的大多数时代不同，我们现在生活在一个相对"完整"的世界里，进入了一个新的地质时代。在全球范围内，经济子系统的目标不再仅仅是扩张和增长而独立于系统的其他部分，因而，现在必须考虑整个系统，其目标必须从经济增长转向整个"宇宙地球"的真正可持续发展。

3.2 乡村绿色发展的含义和特征

高质量发展的新时代，要求增长方式有重大转变，增长动力有显著转换，而乡村作为城市必不可少的生态涵养区域，拥有富集的自然资源和现代特色产业。因而，构建生态友好、生活健康、环境优美、人与自然和谐相处的乡村社会便成了乡村绿色发展的总目标。

3.2.1 绿色转型与乡村内涵发展

在高质量内涵式发展的新时代，乡村的内涵式发展集中体现在人与自然的和谐之上。要求实现三方面的绿色转型：其一，乡村经济的绿色转型。经济活动是乡村社会的基本且重要的组成部分，乡村的生产是经济发展的基础。乡村的绿色转型，即形成绿色的生产方式、良好的生态农业发展格局和高效循环的资源利用。农业作为乡村最基础的产业，其绿色转型包括，拥有环保绿色的生产环境、高效的灌溉效率、绿色清洁的生产技术、农药的减量使用、农业废弃物的回收循环利用和环保性处理、对周边水环境和生态环境的保护。其二，乡村生活质量的绿色转型。乡村生活质量的改善包括大环境、小环境及周边环境的改善。大环境的科学规划设计布局，包含具有明显乡土地域风情的特点和居住环境，以及周边环境的绿化呈现。小环境到人居生活环境的改善，生活垃圾污水固废治理利用，卫生厕所的改进和普及。其三，乡村生态环境的绿色转型。对乡村生态环境的修复和保护，尤其是对所拥有的河流、山川、森林、草地等大自然生态系统的修复和保护，生物多样性的保护以及自然生态功能的维护，充分发挥乡村独特的自然资源优势。从空间视角出发，Halfacree（1993）对乡村概念进行了界定，认为乡村区位、乡村生活和乡村表征是构成乡村空间的三个要素。依据拓展的区位空间概念，不同的乡村生活状况有着不同的特征表现。山区区位上的乡村，依据山区流域沟壑特点，设计园林规划式的发展模式，使原有的物产更丰富，使原有的山河更美丽，使贫困变成富裕。在县域乡村合理开发土地，以生态农业为生产基础，把发展与建设环境、培育资源结合起来，与达到协调和谐发展价值功能明显的城市区域，实行融合发展，共同富裕。因此，乡村内涵式发展，就是把农业、农村、农民三要素构成的有机复合体转化为绿色转型有序复合体，而绿色转型体现的外延特点就是循环有序和持续发展。

3.2.2 乡村绿色发展概念的界定

乡村绿色发展是实现乡村振兴的路径选择，使乡村更干净点、更方便点，更有乡愁是乡村绿色发展的通俗要义，为了进一步阐释其内涵要义和主旨内容，做如下概念辨析：

（1）农村和乡村辨析

农村具有特定的自然景观和社会经济条件。农村是从事农业生产为主的劳动者聚居的地方，是不同于城镇的农民聚居地。国际上对于农村的定义，往往与经济落后地区等同，较少关注其社会经济的功能性，而学者 Kaiser（1990）曾给出了明确"经验性和还原性"的定义，该定义基于以下四方面：其一，居民和建筑物的密度低，因此绿色景观流行；其二，农业、森林和牧场的空间利用；其三，居民的生活方式特征是属于小中心，与环境的关系非常密切和深入；其四，农民身份影响下的特定身份和自我表征。农村是相对于城市的称谓，指农业区，有集镇、村落，以农业产业（自然经济和第一产业）为主，包括各种农场（含畜牧和水产养殖场）、林场、园艺和蔬菜生产等。与人口集中的城镇相比，农村地区人口呈散落居住。在进入工业化社会之前，社会中大部分的人口居住在农村。由于农村的多维性质（社会、地理、人口、经济等）及其时间上的可变性，关注农村现象并将其转化为经验测量是极其复杂的。

乡村在《辞源》中被解释为主要从事农业、人口分布较城镇分散的地方。乡村的发展，离不开政府。在工业和经济发展过程中，乡村经济发展缓慢。用形象的比喻，乡村就好像是一粒活苗种子，种子不能由政府准备，而必须由社会上的志愿者种植，在种子生长过程中，需要的能量主要来自政府，就像风、雨、日、肥等，政府只能从这四个方面来帮助乡村的自然发展。

乡村与农村基本定义没有太大的区别，尤其在关注人口密度、产业结构特点等方面，都被描述为人口稀少、比较隔绝、以农业生产为主要经济基础、人们生活基本相似，而与社会其他部分，特别是城市有所不同的地方。把乡村与城市对立起来的主要原因是长期以来两者发展不平衡。高质量发展的新发展理念就是要打破对立，创新绿色发展模式，使城乡互融互通，优势互补。

（2）绿色、低碳和可持续关系辨析

早在20世纪70年代，可持续发展的概念就被罗马俱乐部所提出，它强调真正有益的、可持续的发展是不宜损害后代利益为基础的发展模式。国际自然保护同盟（1980）在《世界自然资源保护大纲》中提到可持续的发展理念，并且着重强调来自自然、社会、生态、经济以及使用自然资源过程中形成的关系，强调了结合性。世界环境与发展委员会（1987）在《我们共同的未来》中进一步扩充了可持续发展的内涵，认为可持续发展既要满足当代人的需要，又不对后代人的利益产生危害。中共十六大（2002）又进一步将增强可持续发展能力作为全面建设小康社会的主要目标之一。相比以往的发展观将重心放在增长上面，可持续的发展观强调发展本身。具体来说，可持续发展通过提出代际公平的理念，构建了一个概念框架，将经济、环境和社会这三个核心要素同时考虑进去，摒弃了先污染后治理的传统发展思想。可持续发展是一个建立在自然、科学技术、经济、社会协调发展基础上的全方位的科学发展，可持续发展理念强调两个方面，一方面是要满足世界各国人民的基本需要，另一方面是对因技术状况和社会组织对环境满足当前及未来需要的能力的限制。

低碳是一种经济发展形态，是在可持续发展理念的指导下，通过技术创新、制度创新、产业转型、新能源开发等多种手段，在最大可能减少煤炭、石油等高碳能源消耗，减少温室气体排放的情况下，同时满足经济社会发展与生态环境保护的目标。这种经济模式强调了从生产流通到消费回收这一系列活动中实现的低碳化发展，通过提高能源生产和使用的效率以及增加各种燃料的使用比例，并辅之以碳封存技术的探索与研发，实现降低大气中二氧化碳浓度的目标，并最终达到经济发展与环境保护双赢的总目标。

绿色不仅仅是低碳，绿色发展又可称之为环境友好型发展，强调效率、和谐和持续的理念，并将人与环境和谐共存作为发展总目标。时代在进步，单纯的经济发展会带来各方面的弊端，绿色发展也越来越成为一个重要趋势。许多国家在推动经济结构调整的措施上突出强调绿色发展的理念和内涵。习近平总书记在2019年中国北京世界园艺博览会开幕式上的讲话中提出了绿色发展的"五个追求"，绿色发展是一种不以破坏生态为代价的发展方式，包括了节约资源、可循环再生、可持续利用、永续发展这几个维度。绿色发展的道路，不仅要追求人与自然和谐，更要注重情怀与热爱，寻求一种不消耗或者尽量少消耗资源而能持续发展的经济发展模式。

绿色发展和可持续发展的理念既有相通之处，也有各自的特点。绿色发展强调人与自然的整体性，二者之间应该建立良好的互动关系。可持续发展作为一个更加广泛的发展理念，包含了绿色发展在内的人类社会方方面面的发展，不仅要考虑当代人的利益，还要着眼未来，不能牺牲后代人的利益，重视永续发展，即更注重代际公平的理念。

（3）相关概念的界定

本研究认为乡村是具有自然、社会、经济特征的地域综合体，兼具生产、生活、生态、文化等多重功能，与城镇互促互进、共生共存，共同构成人类活动的主要空间。乡村与农村既有联系又不完全等同。乡村与农村的不同表现在两方面：一是农业和农村的有机体。如果只讲农业和农民的现代化，没有农村现代化，乡村现代化是不成立的。二是乡村是农民、农业、农村的有机体。农村是农民和农业的载体，乡村现代化才是全面的现代化，只有在三者互动和相互影响下才能实现。乡村生态空间是具有自然属性、以提供生态产品或生态服务为主体功能的国土空间。

在当前高质量发展的新时代背景下，绿色发展成为发展的主旋律，是追求质量而非数量，追求效益而非效率，追求集约而非粗放的高质量的科学发展模式。绿色发展作为可持续发展的一个分支，将重点放在环境保护与自然资源利用上，将实现人与自然和谐统一，以创造更多生态资产造福子孙后代作为目标，为社会永续发展积累条件。要实现可持续发展，就需要改变传统的经济与环境二元化的模式，建立二者内在统一的绿色发展模式。从种属关系上来说，绿色发展属于可持续发展，是一种更具体的可持续发展。

本研究认为乡村绿色发展的内涵就是在乡村地域空间内，结合区位优势,借助产品、服务、市场、技术、投资、行为的绿色创新促进乡村经济增长,转变传统的依赖资源、破坏环境、增加碳排放的发展模式;实现多层次、多行为主体和多面性的发展模式。其概念要义应包含三个层面:其一,生产结构合理。改变原有生产结构、生态系统运作模式,重新设计、布局和整合农业生产体系,推行能够协调农业经济效益、社会效益和生态效益的绿色生产方式。具体体现在多层次的资源利用,资源的消耗和再生速度保持合适比例,使人口与资源、资源与环境、生产与生态协调发展。其二,产业结构适应面广。开展一系列不同的、相互关联多行为主体参与的实践。其中包括景观管理、保护新的自然价值资源、农业旅游、有机农业和生产高质量和特定区域的产品。具体体现在既要符合当地的自然条件及资源状况,又要适应社会经济和市场变化的要求。其三,物质、精神、生态文明三赢的目标。具有内生性乡村多主体行为网络的建设、乡村资源的重新估价和乡村社区物质文化的协调,包括乡村社会、文化、生态资本的重组和发挥协调作用。具体体现在环境优美、生态良好、生活富裕、精神健康等方面。

3.2.3 乡村绿色发展的基本特征

进入新时代,习近平总书记明确提出"绿水青山就是金山银山"。这是对财富观的创新。清水、新鲜空气、生物多样性和绿色环境是宝贵的生态财富,这种财富观体现了人与自然的和谐共生。经济发展既要追求物质财富,又要追求生态财富,不应该为了物质财富而牺牲生态财富。习近平总书记明确提出"牢固树立保护生态环境就是保护生产力、改善生态环境就是发展生产力的理念"。绿色发展的理念不仅是保护环境和生态问题,更是管理和改善过去,发展遗留的生态环境问题,为人们提供更美好生活所需的优质生态产品。生态文明时代的社会主义现代化不能与西方发达国家在工业文明时代的现代化道路并驾齐驱。按照党的十九大的要求,我们要推进的现代化是人与自然和谐的现代化,它将为人们提供更多优质的生态产品,以满足人们日益增长的对优美生态环境的需求。特别是 2020 年 9 月 22 日习近平总书记在第七十五届联合国大会上宣布了中国力争于 2030 年前碳达峰、2060 年前实现碳中和的时间表，在相同条件下，完成"双碳"时间都比西方发达国家快得多。绿色发展道路以创新发展为基础，必须以科技创新为基础，实现低消耗、低排放的绿色发展。

绿色是永续发展的必要条件和人民对美好生活追求的重要体现。绿色发展是新发展阶段通向社会主义现代化的有效路径。乡村绿色发展就是要追求乡村生态效益的最佳化、经济效益的最大化和社会效益的最优化。在中国，乡村现代化发展进程很长一段时间里仅仅停留在单纯的农业发展和农民增收层面，而回归本质，对于乡村自身如何实现现代化的问题却没有被提上日程。从某种程度上来说，城市文明和乡村文明如何共存的问题，首要关注的是城市和乡村文化的共存共荣，相互依赖，互有需求。城乡融合发展体制机制有助于政府分散权利，发挥市场的自动调节作用。换言之，发展农村要素市场的首要解决方案就是，要打破政府单一主体，打破城乡二元体制。除此之外，还要因地制宜，找到不同乡村的特性，有针对性的挖掘创新潜质，让乡村重新焕发活力，并且可持续的复活。

《新发展观》是法国哲学家、社会学家弗朗索瓦·佩鲁的代表著作，是开创"新发展观"的一部重要作品。《新发展观》站在一个全新的角度，不仅对传统的发展理论和战略进行了回顾思考，更重要的是对联合国的"两个发展"十年时间进行了深刻剖析。传统的发展问题将研究的中心定位于国民生产总值的增长，仅仅关注了生产的高效和规模的扩大这两方面，并没有考虑社会结构变化以及贫富差距等协调性问题的改善。此外，环境破坏、自然资源浪费以及由此导致的对人类生存的危害也被忽视了。传统的发展，只是考虑了外在的经济发展，仅仅以货币价值来衡量一国发展，这最终会使得一些国家进入无发展的增长的社会状态。而新发展观提出，不仅要考虑市场的需求，更要关注个人和社会的发展价值，使发展变得可持续，而不是一味地对最大值的追求。

不同乡村空间内部和外部互动的密度和质量都会影响乡村发展轨迹的路径和速度。乡村发展源于以新的方式结合广泛的不同且经常重新配置的乡村资源，从而汇集成一系列新的活动、互动、交易和网络。当这些关系开始相互加强时，协同作用就会产生，特别是在支持和重复这些新出现的活动、关系以及内部和外部网络时，新的城乡关系就出现了。从这个意义上说，乡村发展不能脱离其发生的更广泛的区域背景而孤立地看待。因此，乡村发展具有区域差异化发展的动态特征。依据生态经济学、生态商品和服务以及生态现代化在内的各种综合知识，本研究将乡村生态经济比作是发展新的生产、消费链和网络的替代性和多样化综合性的空间舞台。它由复杂的网络或可行的商业和经济活动网络组成，这些网络以更可持续和生态效率更高的方式利用生态资源。重要的是，这些网络不会导致资源的枯竭，而是提供累积的净收益，以生态和经济方式为乡村区域空间增加价值。换言之，它们发挥着扭转农业和林业长期"成本价格挤压"的作用。乡村生态经济的兴起通过创造新的基于生态的产品和服务，特别是在地方和区域层面重新获得价值，然后创造市场和消费利益。通过这些方式，农业以及其他以土地为基础的活动，将以新的创新方式重新融入更广泛的乡村和城市领域。

绿色发展以不减少自然资本为前提，使经济活动不论在短时间内还是长时间内都能增长。从长期来看，这种发展模式不仅适用于特定的区域，在整个世界范围内，在自然资本的增强生态价值功能方面都有积极的作用。这种自然资本不仅包括环境要素的资产。比如，宜居的气候、丰富的生物种类、肥沃优质的土壤，还包括再生的自然资源。从短期来看，在资源环境承载极限内，为了人类的不断繁荣，提供最低条件的必备自然资源，并保护和维持关键自然资本的拥有量。

综上所述，在高质量发展阶段，乡村绿色发展有其自身的内涵和特点。本研究认为高质量背景下的乡村绿色发展的内涵主旨就是维持资源系统、人口系统、环境系统彼此兼顾，均衡发展，维持社会效益、经济效益、生态效益相互统一，构建具有多维度价值功能的乡村空间网络关系的有机综合体。这种多维度价值功能的具体表现是，在乡村生产方式上，效率更高，集约度更强；在乡村生活方式上，适宜度更高，休闲功能更强；在乡村生态功能上，自然资本更具优势，生态服务本质更高。因而，乡村绿色发展主要表现出四个方面的基本特征：第一，乡村拥有足够的绿色资产，尤其是天然无价的自然资本，代表着生命的象征、大自然的底色。第二，乡村产业要进行绿色生产，尤其是绿色农业的现代化发展。把农业绿色发展摆在生态文明建设全局的突出位置，全面建立以绿色生态为导向的制度体系，基本形成与资源环境承载力相匹配、与生产生活生态相协调的农业发展格局，努力实现耕地数量不减少、耕地质量不降低、地下水不超采，化肥、农药使用量零增长，秸秆、畜禽粪污、农膜全利用，实现农业可持续发展、农民生活更加富裕、乡村更加美丽宜居。第三，村民适应绿色生活方式。所谓绿色生活方式指以通过倡导居民使用绿色产品，倡导民众参与绿色志愿服务，引导民众树立绿色增长、共建共享的理念，使绿色消费、绿色出行、绿色居住成为人们的自觉行动，让人们在充分享受绿色发展所带来的便利和舒适的同时，履行好应尽的可持续发展责任的方法，实现广大人民按自然、环保、节俭、健康的方式生活，节约资源，减少污染；绿色消费，环保选购；重复使用，多次利用；分类回收，循环再生；保护自然，万物共存。第四，乡村拥有包容的竞争环境，享有公平经济机会。通过创新改变乡村环境，让乡村成为有吸引力的空间场域。

3.3 乡村绿色发展的模式分类

乡村绿色发展中"整体大于部分之和"的整体经济效益，就是废弃物的减量化生产、零排放和资源利用效率最大化，而且整体上达到外界能量输入最小化，自我维持良好的平衡状态，产出最大化，即经济发展的机会成本最小化。《领导干部循环经济知识读本》是关于循环经济相关理论与实践的通俗读物。书中描绘了乡村绿色发展的几种模式，例如：种植业与养殖业的绿色循环生产模式；以沼气为纽带的绿色循环生产模式；农业与农产品的生产、精深加工及副产品的综合开发利用的绿色循环模式；区域一体化绿色生态农业循环发展模式。中国一直在探索美丽乡村的发展模式，并创造了许多实践案例。2014年中国农业部发布的中国美丽乡村建设中的十大创建模式[①]，其中包括产业发展型、生态保护型、城郊集约型、社会综治型、文化传承型、渔业开发型、草原牧场型、环境整治型、休闲旅游型、高效农业型模式。本研究依据资源利用、精准定位实践、生态循环、高技术实施四个方面探索了乡村绿色发展的实践模式，并对相应的模式规律及运行特点进行了分析，以期更全面的了解乡村绿色发展的内涵和机制。

3.3.1 资源节约模式

资源节约模式，尤其适用于重要资源的减少、开发和再利用。乡村资源丰富，有土地、水等原生资源，其中土地资源是人类从事社会交往、经济生活、体育、文化教育等活动所必须拥有的基本保障资源，是人类生存和生活不可缺少的资源。水对人类的重要性更为明显，地球的水资源有限。发展中，不仅要珍惜水资源，注重节水，保护水的清洁，防止水的泛滥，而且要对水的滥用、水污染、水浪费等水的不当处理采取相应的惩罚措施。我国自古以来就是一个农业大国，拥有大麦、燕麦、早稻、小米、大豆、油菜、卷心菜、南瓜、养马、养蚕、桑树、山楂、梨、枇杷、柿子等独特的农业资源。胡椒、茶和其他作物，甚至这些植物也被引进欧洲和世界各地。充分发挥土地光能、水热等自然资源潜力，缓解人地矛盾，缓解粮食与经济作物、蔬菜、果树、饲料等土地竞争矛盾，提高资源利用率。充分利用空间和时间，采用间套混、铺、

---

① 每种模式分别有一个典型村与之相对应，即：江苏省张家港市南丰镇永联村、浙江省安吉县山川乡高家堂村、宁夏回族自治区平罗县陶乐镇王家庄村、吉林省扶余市弓棚子镇广发村、河南省孟津县平乐镇平乐村、广东省广州市南沙区横沥镇冯马三村、内蒙古自治区西乌珠穆沁旗浩勒图高勒镇脑干哈达嘎查、广西壮族自治区恭城瑶族自治县莲花镇竹山村委红岩村、贵州省兴义市万峰林街道、福建省平和县文峰镇三坪村。

挂、架等立体种植方式和层养的养殖方式，大幅提高单位面积材料产量，缓解粮食供需矛盾。针对不同类型的乡村，结合其地理区位优势，采取分层、分类应用的立体开发模式，比如范明在《试论立体农业》一文中的集约利用模式，详细地区分了不同乡村类型，并针对不同乡村类型的位势特点，给出具体的农业应用方案，便于实践（具体参见表3-1）。开发利用与平面农业相适应的垂直空间，其核心是单种、单层次、多物种、多层次的合理组合，节约资源。

表 3-1 乡村资源集约利用模式

乡村类型	利用模式	农业应用
丘陵山地	河谷低山区	庶-菜-菌；麦-玉-稻；麦-瓜-稻；稻-萍-鸭
	河谷中山区	麦-玉-苕-果
	河谷高山区	林-粮-草-药
平原农田	稻田模式	稻-鱼；稻-鸭；稻-萍-鱼
	庶田模式	庶-鱼；庶-菇；庶-菜；庶-豆；庶-瓜
	旱地模式	桐-粮；桑-鸡；红薯-玉米；棉-麦；小麦-油料
	果园模式	果-粮-油-菜；果-菜-豆；蕉-鱼-菜-禽
	菜园模式	四季豆-番茄；冬甘蓝-莴苣；胡萝卜-菠菜
	林木模式	林-药；胶-茶-豆；胶-香料-药
池塘水体	池塘模式	鱼-蚌；鱼-蟹-龟；鱼-鳖
	海水模式	海带-紫菜；鱼-贝-藻；贝-藻-参；虾-鱼-贝；虾-藻
庭院牧渔	地下模式	贮藏窖、鱼池、阳畦、沼气池
	地面模式	果树间作套种，禽畜层养
	空中模式	阳台花卉，墙面攀缘葡萄、瓜豆类，屋顶蜂、鸽

针对土地资源缺乏，充分发挥区域的高技术优势，发展无土农业：一是直接向植物提供无机营养液，以代替由土壤和有机质向植物提供确保其生长发育所需要的营养；二是采取将太阳能以有氧吸收的方式直接转化为热量的栽培方式。乡村节水模式是在保持区域水环境和生态环境

持续稳定的前提下,通过最大限度地开发利用当地的各类水资源,建设高效的水资源配给系统,构建高效的水分转化利用模式,从而最大限度地满足社会所需要农产品生产的农业技术体系。这种模式的实施过程体现在以下四方面:①开发和应用先进的精准微灌技术。通过先进的喷灌、滴灌、微喷灌和微滴灌等节水技术与设备,提高水、肥的利用率。②大力开辟水源。主要措施是:兴建"北水南调"工程;收集天然降水,建立集水设施;最大限度地收集和储存雨水,用于农业生产。③调整农业种植结构。减少粮食作物的种植,改种和增种对土壤要求低、技术含量高、经济效益好的经济作物等。④推广省时、省力、省能源的免耕种植法。该种植法优势在于不仅节省机械收割秸秆的能源消耗和人为成本,又可减少水资源的消耗,例如,以色列、阿根廷、美国、巴西、加拿大等许多国家都在积极推广,全球至少有6000万公顷的土地采用免耕直播法。

农业废弃物可以有效地被作为资源和能源来利用。丹麦政府非常重视农业废弃物的再利用。在丹麦,农业废弃物主要由畜禽粪便、秸秆和动物尸体组成。在畜禽粪便处理中,粪便不直接循环利用,而是经过沼气发酵后用于农业生产,降低了病害发生率,提高了粪便利用效率。主要做法:一是在每个农场建造两个粪污储槽,一个储存农场排放的粪污,另一个储存沼气池发酵后的沼气残渣和沼气浆。二是选择合适的地点建设沼气系统,沼气系统的一端处理食物残渣,另一端处理畜禽粪便,畜禽粪便来自多个农场。三是未经处理的农业废物被吸入城市卡车,并被运送到消化池进行发酵。其中甲烷主要用于城市供热,同时,产生的沼气残渣和沼气浆,最后都由卡车运至农场,并放置在储罐中储存,沼气残渣和沼气浆用于农业施肥。此外,不能用作饲料的秸秆和动物尸体生产沼气和沼气等清洁能源,利用这些方法生产的能源,在很大程度上取代了丹麦的一次能源。

3.3.2 精准设施模式

乡村绿色发展的精准设施模式是借助技术和改变环境对农业进行精

准时间和空间上的定位和作用模式。这种模式的实施过程体现在以下两方面：一方面，乡村绿色发展是注重保护农业生态环境和实现农业资源的高效利用，采用先进的科技手段和工业装备，对农业进行精准的布局，特别是按照田间每一操作单元的具体条件，精细准确地调整各项土壤和作物管理措施，最大限度地优化使用各项农业投入，以获取最高产量和最大经济效益，同时减少化学物质使用，保护农业生态环境，保护土地等自然资源。如节水灌溉设备、精量播种机械、精量施药机械、提高肥料利用率的技术与装备、低污染高效低毒农药施药技术与装备、秸秆综合利用装备等来保持农业的良性。另一方面，乡村绿色发展通过设施农业的作用模式，创设合适环境，在不适的季节里，通过设施及环境的调节，为农作物创设适宜的生长发育环境，达到早熟、高产、优质的精准生产方式。这种精准的系统工程模式需要生物、农业、环境等跨部门、多学科综合地配合，不仅要修建保证水源，减少水害的高标准水利和防洪设施，还要建造高智能化的玻璃温室，精准的设定温度、水分、光照、营养等。实现科学合理的搭配和调节，从而避免"滥用"和浪费。通过加强科技精准供给，以实际需求为导向，通过技术代际利用，搭建与农业相关的科技信息供求服务平台，整合专利、植物新品种等创新资源。利用现代信息技术实现供需信息的准确匹配和深入分析，建立以需求为导向的应用服务体系，持续提供先进的开发技术，实现优质发展。以自主创新实现、内生增长为核心的绿色发展是乡村振兴的现实路径。根据世界农业形势和国情，借鉴国内外成功经验，完善科学技术精确供给保障机制，打造引领乡村绿色发展的科技力量。例如，荷兰就是依靠精准设施农业的现代农业典范。精准农业是一项创新技术，它鼓励使用计算机设备优化利用现有资源，以产生高质量的产量。目前，由于各种通信技术和媒体的融合，精准农业的实践越来越普遍。温室产业是荷兰最具特色的农业产业，在世界上处于领先地位。为了有效利用有限的土地，采取了一系列适应气候特点和国情的农业发展战略和政策：避免粮食生产需要大量的照明和生产；降低销售价格；充分发挥平坦土地和丰富饲料资源的优势；大力发展畜牧业和高附加值的乳制品和园艺作物。2022年，荷兰温室面积已达1.1亿平方米，占世界玻璃温室面积的四分之一，主要用于种植蔬菜和花卉。通过民间贷款、银行贷款和国外贷款，在7%的耕地上建立了1万公顷计算机自动控制的现代化温室，大力发展适合温室生产的高产值作物品种，温室农业迅速发展。精准农业布局使得荷兰园艺作物能够避开自然气候的影响，在有限的土地上获得可观的经济效益。

3.3.3 生态循环模式

乡村绿色发展的生态循环模式就是以生态学、经济学理论为依据，运用现代科技成果和现代管理手段，在特定区域内所形成的经济效益、社会效益和生态效益相统一的模式。这种模式的实施过程体现在以下两方面：一方面，农业生产过程依据生态学原理，合理地利用生物资源，尤其对生物物质资源的循环利用，节约了资源。农场不用从外部购买原料、燃料、肥料，却能保持高额利润，而且没有废气、废水和废渣的污染。例如，菲律宾玛雅农场生态农业循环模式。另一方面，利用现代技术把家畜粪便、稻壳和发酵菌类混合在一起，并配上除臭装置，用制成的农家肥代替化肥，不但有利于环境保护，而且还生产出许多绿色食品。通过把小规模下水道的污泥和家禽粪便以及企业的有机废弃物作为原料进行处理后投入到甲烷气体发酵设备中，产生的甲烷气体用于发电，剩余的半固体废渣进行固液分离后，固态成分进行堆肥和干燥，液态成分处理后再次利用或排放。此时，排放的废物已基本对环境无害，基本实现了废物的高度资源化和无害化。如，日本的以农家肥为中心的循环农业模式。

另外，欧洲的农业生态学也是生态循环模式的具体实践。20世纪80年代，为了避免资源退化影响，欧洲出现了农业生态学，其目的是为工业化农业的替代品建立科学基础，重新将农业定位为更广泛地实现可持续社会的关键驱动力。农业生态学并没有进一步将农业食品生产从农村社会中分离出来，而是建议加强相互联系，促进农业系统的多功能性。农业生态学框架借鉴了不同的知识传统和学科，包括农民研究、生态学和环境保护主义以及发展理论。同时，认为农业生态学有五个关键因素：①共同进化：不同于社会建构主义的对称思想，农业生态学依赖共同发展或共同进化的社会与自然因素。农业系统本质上是由共同生产、持续地互动、相互转化和社会与自然之间依赖的关系。②当地农民的知识体系：建立在地方、自然和社会的相互依存积累的基础上的资源、实践和知识，这种知识系统也代表着乡村的内生潜力，包括当地群体抵制、提出和积极构建工业现代化和其他替代品的能力。③集体形式的社会行动：建立生产、消费和流通的新模式，包括重新建立不同程度的由中心和外围、城市和农村、生产者和消费者的公民组成的网络，这些网络可以通过供应链发生联系，就像通过不同类型的空间发生一样。④生态和文化多样性：建立在文化和物质复杂性和丰富性基础上的各种发展途径，社会的进步和农业的进步必须以保持这种多样性的方式重新调整。⑤可持续社会：拒绝新自由主义、全球现代化项目的同质化趋势，并将共同进化转向更可持续的生活方式，这些生活方式是基于当地相关农业生态系统无限多样性的内生潜力。

丹麦的乡村发展模式成为国际性的示范模式，主要由于其拥有农业生产率和劳动生产率的原因，特别是拥有农民的高专业素质、政府严格的环境保护立法、农牧结合的农业发展模式、高效的农业组织管理体系、科学的有机废物处理方法，政府大力支持先进高效的农业技术和设备的研发，制定合理的农业补贴政策。其中通过农牧结合循环经济模式确保了农业生态平衡，丹麦农场基本上采取农牧结合的方式，种植业为畜牧业提供饲料，养殖业为畜牧业提供有机肥。在产业结构上，丹麦以畜牧业为主，但丹麦政府规定畜牧业不得任意扩张。法律还规定，农场必须遵守和谐原则，其主要目标是落实平衡和按需施肥的理念，即在需要施肥的耕地上施用肥料，施用的肥料数量不得超过作物生长所需的数量。如果要扩大农场规模，就必须购买更多的农田，并签订施用肥料的合同。

3.3.4 高技术实施模式

乡村绿色发展的高技术实施模式是将技术进步转化为资源循环利用的推动力，在一定的技术政策导向下，按照生态学原理和生态经济规律，有选择地发展高新技术，实现高新技术的绿色化和生态化。技术可行性是乡村绿色发展的基础，其中技术和工艺水平的创新，自然资源的替代品的开发等都需要通过科技进步来实现。熊彼特的技术创新理论认为，技术创新是通过对生产要素、生产条件和生产的组织进行重新组合，以建立效能更高的生产体系，其目的是获得更大的利润。这种模式的实施过程体现在以下两方面：一方面，拥有确保技术支持体系的技术创新机制，便于先进技术的推广和应用。如遗传工程理论、生命周期理论、农业生态管理理论、农业产业生态链理论，农业清洁生产技术、生态管理技术、培育绿色农产品、有机农产品技术、无性繁殖技术、病虫害防治技术、污染监测防治技术、遥感技术、网络信息技术等先进技术在乡村绿色发展中的应用。另一方面，建立高效的绿色技术和信息网络技术咨询与培训，充分利用各种媒体进行绿色循环经济知识的宣传和技术普及，提高广大农民的参与意识。科技人员要深入村镇，将技术带入田间，帮助农民掌握专业知识和生产技术，并且有计划地培养农业技术人员等。在较发达的农业生产区进行信息化建设，使农民能方便快捷地从农业服务网站上获取各种技术服务信息。

（1）绿色高技术实施体系

从大农业的角度对自然资源进行开发、利用和管理。随着农业生态系统的立体化发展，作物在全球陆地碳库中发挥着重要作用，在实现农业景观空间最大化覆被的基础上，调整耕作制度，尽可能采用少耕、免耕等保护性耕作措施，正确应用各种绿色肥料作物，如覆盖作物、施肥作物、防病虫害作物、固氮作物和控草作物。也就是说，农业应充分发挥其作为碳汇的作用，同时注重土壤施肥、保持养分平衡、减少对土壤有机碳的干扰和化肥的使用，以减少碳排放。此外，充分利用现代生物技术，培育和推广优良品种，挖掘和利用"绿色基因"，也是绿色技术体系生产安全、低耗、低质"绿色"食品的重要组成部分。

(2) 蓝色高技术实施体系

蓝色技术与水有着密切关联。首先，蓝色技术需要引导消费者改变食物消费结构，实施海洋工程，在海洋中寻找食物（蛋白），控制畜牧业，减少碳排放；其次，从节水的角度来看，实施旱地节水工程和节水工程可以通过减少水稻种植面积，减少漫滩稻田碳的排放。因为农田水分状况的变化是大气中温室气体排放和吸收的决定因素之一，改变水的状态是减少烟气排放的重要途径。

(3) 白色高技术实施体系

白色表示加工的农产品。农产品加工被认为是农业生态系统"食物链"的一部分。通过在食物链和加工链上增加环节，特别是农产品的原位加工，实现农业副产品在经济中的生态价值增值。后者意味着加工后的废弃物可以及时返回当地的农业生态系统，以保持养分平衡。

(4) 灰色高技术实施体系

灰色通常是指对农业生态系统内部结构的局部认知。通过减少辅助能源输入来减少碳排放；通过对系统物质、能量和信息的输入和输出的捕捉，可以反映系统的功能运行状态的计算机技术。灰色技术系统是现代信息技术的应用，特别是将现代地理信息系统、全球定位系统和遥感系统技术相结合，发展精准农业，处理农业生物和环境问题。只有有了足够的知识和准确度，农业才能真正实现多元的、环境友好的、生态相容的土地利用技术。也就是说，为了提高土地生产力，通过农业生物组合，可以充分挖掘土地承载的农业自然资源潜力，如三维种植。在空间和时间上，重点开发利用立体空间资源，建立农牧业与加工业有机结合的多品种、多层次的农业生产模式，提高农业生产的质量和能源利用率。

多级物质能量利用及有机废弃物再生技术的高技术的实施，就是利用食物链原理。通过食物链环法构建新的食物链，使物质能量由食物链中的不同生物多级转化利用，形成秸秆多级利用技术等无废弃物生产系统。可再生能源开发和生物能源利用技术包含两类技术，一是开发利用太阳能、风能、水力、地热等自然能源利用技术。二是生物能源的再生和循环利用技术，包括沼气池发酵和现代堆肥技术，都是利用植物有机质的能量，其目的是尽量减少甚至消除农业中化石能源的燃烧，并尽量减少农业中的碳排放。

3.4 主要概念与基本逻辑

机会成本是经济学原理中一个重要的概念。很多情况中，都存在机会成本问题。比如，人们选择工作中、在制定国家经济计划中、在新投资项目的可行性研究中、在新产品开发中，乃至乡村发展范式的选择中。因而，对其在不同情景下，具体含义的正确理解，不但有助于人们做出正确合理的选择，而且有利于国家制定科学高效的政策。

3.4.1 机会成本

机会成本是指当把一定的经济资源用于生产某种产品时放弃的另一些产品生产上最大的收益。在进行选择时，力求机会成本小一些，是经济活动行为方式的最重要的准则之一。一般地，生产1个单位的某种商品的机会成本是指生产者所放弃的使用相同的生产要素在其他生产用途中所能得到的最高收入。传统上，经济学家一直把资本定义为生产工具，其中的"生产"意味着"人类的生产"。生态经济学家拓宽了资本的定义，使之包括由大自然提供的生产工具。如果把资本定义为一种可以在未来收获商品和服务流的存量，那么人造资本的存量包括人的身体和思想、人类创造的人造物品，以及人类的社会结构。自然资本则是一种可以收获自然服务和有形自然资源流的存量，包括太阳能、土地、矿物和矿物燃料、水、活有机体，以及生态系统中所有这些元素相互作用下提供的服务。

当增长把人类从空的世界带入满的世界的时，经济服务所产生的福利在增加，而生态服务产生的福利却在减少，增长的机会成本很高。例如，由于把树砍掉做成桌子，这增加了桌子的经济服务功能，解决了能端着饭碗在桌子上吃饭，没必要坐在地板上吃饭的问题，但是损失了林木在光合作用、水土保持、给野生生物提供栖息地等方面的生态服务功能。即使一个人接受生态经济学的基本观点，并且认为经济系统是生态系统的一个子系统，只要这个子系统相对于更大的生态系统而言规模很小，也仍然没有必要停止增长。按照"空旷的世界"的观点，环境不是稀缺性资源，而且经济扩张的机会成本微不足道。但是，实体经济在一个有限的不增长的生态系统里持续不断地增长，最终将导致"充满的世界"经济。按照生态经济学家的观点，目前已经处在这样一个满的世界经济当中。福利来源于两个方面：一方面，人造资本的服务和自然资本的服务，福利放置在圆圈以外。因为它是一个精神的一种体验，而不是一件具体的东西的度量指标，更不是一个物理性的度量指标。另一方面，在圆圈之内，度量指标是物理性的，如果片面地以形而上学、缺乏科学背景为由，在基本的经济层面上反对使用非物理性的度量指标，也同样不可取。

对乡村资源的机会成本的识别和比较，有利于乡村资源的最优化利用和具有长期的持续性。比如，在实施林区天然林和商业林区全面停产政策的背景下，采运工人和加工工人在全面停产补偿政策的干预下，正经历着不同程度的福利变化。现行生态补偿机制下资源机会成本识别不足，对退耕还林、退牧还草工程中的农牧民都将产生不同程度的影响。另外，从资源机会成本的角度来看，需要生态补贴的群体非常广泛。

在乡村，资源机会成本补偿的对象不仅存在于农业、林业、渔业等资源利用链的前端，而且存在于资源利用链的其他环节。从森林生态补偿的角度来看，应充分考虑生态保护对相关产业发展的影响，补偿对象的机会成本包括停产损失和转产损失。因此，从资源机会成本的角度来看，生态补偿的对象不仅关系到资源的直接使用者，而且延伸到整个资源利用链。

在乡村发展的早期，由于大家对生态建设的深度和广度以及资源利用的多样化程度没有达到现在的认知，即在生态补偿实践中，对资源机会成本的综合识别并不明确，更没办法得到充分实施。实施生态保护政策的恢复，将导致当地产业结构的调整，造成固定资产闲置和劳动力过剩，如果不能从资源机会成本的角度充分确定补偿对象，乡村中的一些群体将失去公平的发展机会，陷入较低的福利水平。

在乡村绿色发展的新阶段，农林牧渔业的经济活动正从传统的种植业、畜牧业向加工流通、品牌营销、休闲旅游和生产性服务业转变。特别是在乡村振兴的战略推进下，新乡村产业和新的经营模式拓展了资源利用链，扩大了资源利用群体。在这种情况下，生态补偿政策对于确定资源利用链中的活动和人口是非常必要的。

在整个经济发展过程中，还有一个关键的事实是不言而喻的，即自然资本已经成为生产的一个限制因素，任何经济发展体都不可能视而不见。在一个空旷的世界中，人造资本是一个制约因素，自然资本及其自然资源和服务的流动都有多余的。而现实中，全世界人造资本过剩，自然资本的资源和服务流动已成为制约因素。比如，渔获物现在只限于鱼的数量，而不是渔船的数量；采伐木材的生产受到森林的限制，而不是链锯的数量等。经济逻辑认为，节约投资是一个限制因素，虽然经济整体的逻辑是不变的，但约束的同一性已经改变，人们的行为也必须随之改变。自然资本的概念有助于我们认识到这种新的稀缺模式，并采取相应地改变政策。

在生活中，由于有大量的自然资本，人们也习惯于把其当作免费的自由商品。随着人类经济在有限的生物圈中成长，自然资本变得稀缺。自然资本的减少是大规模扩张的机会成本，而大规模扩张的减少则是维持和保存高水平自然资本的机会成本。如果我们不希望自然资本被市场定价和分配，如果我们认为自然在很大程度上是一种神圣的信任，甚至仅仅是一种重要的公共产品，我们必须将其实际的机会成本保持在接近零的水平。因为经济增长不允许将自然资本减少到过剩水平以下，这意味着从增长型经济向稳定型经济转变。

"绿水青山就是金山银山"是生态价值的发现和生态资源向生态财富转化的诗意表达。意味着良好的生态环境是人类经济活动的内在支撑，揭示了绿色资源或生态环境也具有经济属性的内涵。这就要求在乡村发展中，充分认识自然资源的机会成本，不能以破坏环境和生态为前提，保证环境资本的可持续再生能力，在货币资本的"催化"下，将自然资源形式的商品转化为具有物质财富的商品，协调经济发展与环境保护的关系，走出环境保护与经济发展、环境资本再生产、生态财富积累的双赢之路。

3.4.2 整体大于部分之和

当你选择做某种事情的时候，你不得不牺牲做其他事情的选择。但是，生态经济学的起点与传统新古典经济学存在本质上的不同：在究竟如何看待世界存在的方式这个核心问题上存在不同理解。也就是说，传统经济学把经济（即整个宏观经济）看作一个整体。在某种程度上，大自然和环境都得到了考虑，但它们只被认为是宏观经济的部分或者部门，如森林、水产、草地、矿井、水井、生态旅游点等等。相反，生态经济学则把宏观经济看作一个更大的包含性和支持性整体的组成部分，这个整体就是地球、大气层及其生态系统。经济被看作这个更大的"地球系统"的一个开放子系统。这个更大的系统尽管对太阳能是开放的，但它仍然是有限的、不增长的，而且在物质方面是封闭的。

生态农业系统的稳定性，除了表明系统生产力不易因外部变化而频繁变化外，还包括系统营养能量平衡的动态稳定性和生产经济效益的稳定增长。养分在整个生态系统中的运动是一个封闭的循环过程，养分的流动很难减少或增加。对既有投入又有产出的生态农业系统来说，成为一定范围内封闭的循环系统是不可能的。因此，农业系统的生态平衡不能是静态的。关键是通过系统内物料的综合利用和循环利用，最大限度地降低系统外的养分需求,使养分的进出尽可能保持在较好的动态平衡状态。能源在整个生态系统或任何一个生态农业系统中都是一个单向损失过程,但在主要的损失过程中,仍有部分还原材料回收利用,如农业废弃物经微生物发酵生产沼气。沼气又是一种很好的能源利用方式。因此,在获取和固定太阳能量的同时,应发展生物能量再生,以保持系统能量输入和输出的高水平动态稳定性。经济效益的持续增长是指在计算养分和能量动态平衡的基础上,对投入、产出和多目标循环进行成本效益分析。

在乡村系统中,假设砍伐森林中的每一棵树并出售,按照 GDP 的核算逻辑,出售所得属于可持续收入,而不是不可持续的资本消耗。类似地,捕获每条鱼,或者抽出每桶石油等等,也将其算作收入,而不是自然资本的消耗。如果不考虑森林、渔业或矿藏作为自然资本,就很难纠正这个巨大的错误,其消耗超过某种可持续产量或可接受的消耗率而不被算作收入,因为从长远来看它是不可持续的。当人们不再孤立片面地看问题,既有了整体大于部分的意识,就好像大多数人能够认识到,虽可以卖掉房子和家具,大手大脚地消费几年,但最终还是一贫如洗。

乡村绿色发展系统作为一个包含性和支持性的整体系统,既包含由于增长带来的经济福利增加,又包含环境的污染。同时,其自身的自然资本又具有改善和调节污染的生态服务支持功能。因而,该系统并不是各个子系统的简单加总,而是超越了部分之和。如果经济是一个整体,那么它便可以无限制地扩大。它不会替换任何东西,因此也不会产生机会成本,即不会因宏观经济向无人空间物理性地扩张而放弃任何东西。但是,如果宏观经济是一个部分,那么它的物理性增长就会对有限而不增长的整体的其他部分产生侵占,因而迫使我们牺牲某些东西,即经济学家所称的机会成本。在这种情况下,如果我们选择扩大经济,那么,作为这种扩张的结果,最终所牺牲的自然空间或功能就是机会成本。

关键点在于增长是有成本的,增长不是免费的,因为我们不是在一个虚无的世界里扩张。地球生态系统并不是一个虚无世界,它是持续维持我们生命的包裹体。因此很容易理解，在达到某种程度时，宏观经济的进一步增长所产生的成本可能就会超过它产生的价值。我们把这种增长称为不经济的增长。这将导致我们认识到另外一点，这一点对生态经济学而言是根本的，而且也是它区别于传统经济学的关键点：增长既可以是经济的，也可以是不经济的。对于整体大于部分之和的乡村绿色发展系统而言，要使得经济增长的机会成本达到最小，选择绿色生产、维持绿色、生活绿色和创新机会是最优的发展路径。比如考虑农业生产的整体环节，通过节约用水、节约肥料、节约农药等的清洁生产，科学的施肥，合理的用药，实施减少化肥和农药、提高效率和污染控制技术。同时，调整化肥、农药使用结构比例，从源头上控制作物污染，大力推广商品有机肥、复混肥、农作物专用肥等高产肥料的使用，引导和鼓励农民多施有机肥，以堆肥或有机肥代替化学肥料，提高土壤有机质含量；通过桔梗还田，增加土壤养分，改善土壤保水条件，提高土壤生产力。

乡村绿色发展作为一个复杂的巨系统，其整体的作用大于局部作用之和。以乡村农业生产系统为例，如果大力发展土壤试验配方施肥技术，采取合理轮作、选育抗病品种、使用杀虫灯等措施，减少农药用量，杜绝剧毒、残留农药。利用生物间的关系来预防病虫害，减少农药特别是高残留农药的使用。同时，通过建立经济优化模型，实现农林牧渔业和加工业在系统中的持续发展，就可以提高农业产值，保证生态系统的稳定。生态农业系统的稳定性主要取决于系统结构的复杂性、系统内食物链的数量和长度。生产结构越复杂，食物链越重要，系统就越稳定。如果一个农业生产系统的生产结构非常独特，比如，仅在农业（或仅在畜牧业）中，该系统就不可能非常稳定，当发生自然灾害、病虫害时，系统的生产将受到影响，但如果系统结构复杂，食物链较多，局部变化对整个系统的影响就不大。

通常情况下，由于自然资本是一种自由的公共品，所有人都能平等获得的自然馈赠的礼物，那么为了自由地使用，相对于经济的总体物质需求来说，它必须是非常丰富的。为了抑制经济需求，我们必须从目前的增长模式转向稳定的增长模式。坚持增长意味着自然资本变得越来越稀缺，从而增加了其真正的机会成本。但如果过度使用，会造成大规模破坏自然资源，提高实际机会成本。事实上，如前所述，经济增长即使是当下的经济规模，也同样在不可持续地消耗自然资本，因此可持续的规模显然小于当下的规模。实现这一目标将需要一个非常困难的负增长时期，在可持续的物理规模上促进稳态经济。为了解放或维持它，它必须比经济的总体物质需求更富有。为了抑制经济需求，乡村发展必须从当下的增长模式转向稳定模式，意味着，保持绿色可持续发展是遵循整体大于部分的最优模式，保持增长的目的是使自然资本更加稀缺，从而增加其真正的机会成本。

3.5 本章小结

本章主要研究了乡村绿色发展的理论基础。首先阐述了乡村绿色发展是基于高质量发展的新发展理念和乡村振兴规划背景下提出的概念。接着从人与自然生态和谐理论、人文发展理论和复杂巨系统理论出发，探究了乡村绿色发展的逻辑原理和学理理论，进而对乡村绿色发展的基本命题和相似概念进行了辨析和界定。我们认为乡村绿色发展将对农业的现代化发展起到明显的促进作用，特别对乡村生产中资源集约利用、绿色福利增加、村民生活质量的提高和增加公平就业机会等起到助推作用。通过对相似概念的辨析，深入探究新时代下、新阶段乡村绿色发展的内涵本质和基本特点，进一步探究了节约资源、精准定位实践、生态循环、高技术实施的发展模式。最后，利用经济学机会成本的概念，论述了"绿水青山就是金山银山"的所蕴含的自然资本价值和自然资本与物质资本之间相互转化的逻辑，详细解析了乡村绿色发展模式的必然选择和逻辑依据，为后续的研究做好论证准备。解析具体包含三个层次：其一，"绿水青山"是指自然环境中的自然资源，包括水、土地、森林、化石能源和由基本生态要素形成的各种生态系统，是存在的自然状态的基本资源和生态环境。"绿水青山"具有生态功能和资源供给潜力，这是区域优势的自然形态，是区域优势转化的内生条件，只有拥有绿色的水和绿色的山，才能创造金山和银山，提高生态财富，才能增加物质财富。其二，"绿水青山"也是财富，是原始和基本的财富，是原始的自然财富状态，是人类创造物质财富的前提。"金山银山"是以市场为导向的财富积累，是一种具有经济价值属性和保值增值属性的物质财富形态。促进"绿山青山"向"金山银山"的转化，就是将绿色山区与货币资金购买的生产资料和劳动力相结合，启动绿色产品和生态服务的生产过程，将自然资源形态转变为生产资本和商品资本，最终转变为货币资本的增值形态。其三，生态文明财富观被统一在"绿水青山"的发展观中。两者抽象地统一在事物效用的"使用价值"上，即能够满足人们生存、生活和生产的基本需要。良好的生态环境不仅是一种"公平"的公共产品，更是一种"包容"的人民福祉。绿色的水、绿色的山峦、金银的山峦，是生态文明富饶观的体现，金山银山所提供的物质保障，青山独特的生态保护功能，以及生态产品和服务的供给，都离不开人类的生存和发展。保护绿水和青山，就是重建金山和银山，两者是不同的价值形态，在当下经济环境中拥有同样重要的地位和价值。

第 4 章　乡村绿色发展的经济机理

习近平总书记的"两山"理念和一系列关于绿色发展的经典语句，成为践行乡村绿色发展的思想和行动指南。"治理环境就是解放生产力、改善环境就是发展生产力、保护环境就是保护生产力"，充分论述了环境与生产力的关系。乡村拥有独特的自然生态基础，乡村绿色发展就是保护乡村生态环境，就是深入挖掘乡村的价值和生态资本。治理乡村环境污染，充分认识乡村生态价值和生态服务功能，有利于实现经济效益与生态效益的统一和"天蓝、地绿、水清"的美丽乡村愿景。

4.1 乡村发展系统的绿色特质解析

乡村绿色发展本身就是一个涉及农村经济、环境治理、生态保护等多方面系统性问题。农村生态环境是一个复杂的系统，由多属性、多层次的子组织系统构成，它包括农业生产环境和农村居民生活环境。乡村绿色发展是一个复杂的开放巨系统，其绿色发展要充分考虑系统内部的发展性和协调性。

4.1.1 乡村空间区位系统

阿瑟·格蒂斯和朱蒂斯·格蒂斯在《地理学与生活》中认为区域是对地区进行的概括，并尝试把极其复杂多样的地球表面划分为可识别的组分，尽管各区域之间差异很大，但是它们都享有和地球空间有关的三个共同特征，即区域具有区位，区域具有空间范围，区域具有边界。Lefebvre（1991）在研究空间时，构建了从空间的表征到空间的实践，再到表征的空间式三元辩证分析框架。其中，空间的表征是权力主体所设想的空间，是经过设计形成的概念化空间；空间的实践包括人类改造空间的各种实践行为及其结果，并且可以被直观看到；表征的空间是一个被支配的空间，是相对弱势群体想象和感知到的空间。空间生产理论是空间生产过程的分析框架。

乡村区域是一种特殊区域空间系统，它既具有一种或数种自然特性或文化特性基本一致地区的形式，又具有动态的、有组织的基础相互作用与相互联系的功能。乡村空间区位系统是一种递阶连续系统。此类连续系统中所识别出的每个区域实体可能是一个独立单位，也可能是更大的、同样有效的地域单位的一部分。空间区位内的经济活动被看作是随生产或服务复杂性的增加以及与物质环境距离的增加而排列的一个连续体系。由于区域是靠所划定区域的特征来识别将来要有的组织，是以合为主，所以不但没有排外性，并且有一个联合开展的要求，要继续扩大这个团体与外部的联络，并不是狭隘的划分为此疆彼界，彼此对抗。在乡村区位系统里，系统就像是一个大网，人与人的关系都是自觉的认识人生互依之意。人们的关系是互相承认，互相了解，并且了解自己的共同目标，共同趋向。国家是靠多数人的力量组织而成的，具有一定的特征或对自然、文化或组织内容的概括保持不变。中国自古便有集家而成乡，集乡而成国的家乡国大情怀。因而，乡村空间区位划定边界的基础是研究的特征在地域上的延伸范围。

4.1.2 绿色特质解析

经济的发展一定要充分考虑生态环境的承载力，要把环境治理的手段贯穿于经济发展的始终。在提升经济质量的同时，要加大生态保护力度，倡导绿色生活方式，注重资源节约。把保持资源的节约，强化经济发展与生态环境协调发展，作为维护生态系统平衡的条件，在实现人与自然和谐发展中大力弘扬。乡村区位系统是一个"自然-经济-社会"复合系统，系统中所有的生物与环境具有内在的和谐性。绿色化的目标就是系统各组分之间的互相协调和系统水平的最优化，即具有最大的稳定性和以最少的投入取得最大的经济效益、生态效益和社会效益。因此，乡村发展的绿色特质体现在以下几个方面：第一，绿色化的生产过程。人们在进行生产活动时，需要从人与自然和谐统一的角度来考虑如何使生产的过程绿色化。在注重资源高效利用的同时，就其生产的过程和发展经济的各个环节，一定不能浪费资源，使生态环境按照绿色化的方向发展。绿色化实践就是把粮食生产与多种经济作物生产相结合，种植业与林、牧、副、渔相结合，大农业与第二、第三产业相结合，利用我国传统农业的精华和现代科学技术，通过人工设计生态工程，协调经济发展与环境之间、资源利用与保护之间的关系，形成生态上和经济上良性循环、技术上适宜、无环境污染的生产方式。第二，绿色化的消费模式。政府要加大绿色的消费宣传，让人们从思想上接受绿色化消费模式，鼓励绿色产品和服务的供给需求，扩大绿色产品的市场容量，激励大众进行绿色消费，提升经济增长质量。第三，绿色化的生活方式。绿色的生活方式已经被越来越多的人接受，表现在衣、食、住、行、玩等各个环节，尤其在绿色旅游方面，由于人们的生活质量的提高，深得人们的青睐。如果普及到我们日常生活中就能更加彰显绿色化生活方式的优越性，给经济增长带来新的发展机遇。第四，绿色化的居住环境。绿色化的居住环境已成为当代人生活追求的目标，再加上人们约一半的时间是在自己的住所度过。高质量的居住环境影响人们的生活质量，因此，要倡导人们从自身做起，创建文明健康的生活环境，使人们从改善环境质量，维护生态平衡上下功夫，确保我们的居住环境绿色化。

4.1.3 重要性与价值

关于经济命题，最终都回到了价值原点。同理，乡村绿色发展的重要性是什么？如何测量其价值？创新理论的鼻祖熊彼特认为价值体现了不同商品的数量之间的一种主观等价关系，商品的效用和稀缺性决定其价值大小。亚里士多德最早把价值分为使用价值和交换价值。后来，亚当·斯密用水和钻石的价值悖论进一步区分了交换价值和使用价值。水对人类来说，非常重要，必不可缺，具有无法估计的价值，但它的交换价值很低。然而，稀少却不重要的钻石具有很高的交换价值。因而，对于稀缺的商品，使用价值不能作为交换价值的基础。戈森在研究人类交换规律和行为之间的关系时，提出个人要从一种物品或服务中获得最大限度地满足感，必须把不同的用途分配给该物品，并确保这些物品在不同用途中的边际效用相等。因此，边际效用可以用来解释物品和服务的交换价值。比如，把矿石、肥料、自然资源和劳动力等物品当作不完全消费品，那么它们生产的商品的边际效用可以用来解释其交换价值。基于此，在决定交换价值中的重要性方面，使用价值是否能为交换价值提供基础，取决于稀缺和效用，特别是边际效用在价值决定中的作用。对于乡村生态系统服务的估值，不仅可用货币单位评估其交换价值，还可衡量其使用价值，这便是边际效用价值理论在乡村绿色发展中的重要意义。

乡村具有多种自然属性、经济属性和社会属性，是人类社会活动的主要空间。《国家乡村振兴战略规划（2018—2022）》强调要坚持全面振兴乡村，深入挖掘乡村的多重功能。2021年中央一号文件进一步明确，生态、农业、城市等功能空间要统筹布局。因此，优化农村空间功能布局已成为我国乡村振兴战略的重要组成部分。乡村空间功能布局的优化是对农村空间进行改造和建设，最终实现乡村的多元价值。

关于乡村绿色发展系统中的生态商品和服务价值的重要性和评估方法正逐步被重视。生态系统商品和服务的概念本质上是以人类为中心的：人类作为价值主体的存在，使得基本的生态结构和过程能够转化为承载价值的实体。生态价值、社会文化价值和经济价值以及它们之间的网络关联关系。针对生态系统商品和服务的价值，目前还没有一套规范的科学体系或先进技术来解决估值的重要问题。但是，生态系统服务价值的概念在区分和衡量社会与自然其他部分之间的权衡是可能的，并且在以可持续方式提高人类福利的情况下可以提供有效的指导。虽然现实中人类活动的双赢机会可能存在，但在一个"完整的"全球生态经济系统中，它们似乎也越来越稀缺。因而，乡村生态系统服务的价值显得尤为重要。

在我国乡村发展过程中，普遍面临着多重价值无法有效实现的困境。主要表现在一是乡村产业经济价值低。传统的低附加值农业作为乡村的支柱产业，往往由于其特点不明显，缺乏市场竞争力。而乡村信息的闭塞导致了单一的销售渠道，农产品无法与更广阔的市场对接，乡村经济价值低下。二是忽视了空间的生态价值。由于片面追求经济增长，部分乡村地区忽视生态环境保护，森林砍伐、土壤污染和水土流失频繁发生，乡村生态环境遭到破坏。三是必须挖掘历史价值和人文价值。我国几千年的农业文化起源于乡村，形成了宝贵的历史资源和人力资源。但是，一些村庄忽视了历史和人文资源的保护，大量珍贵的历史建筑和设施遭到破坏，传统工艺面临丢失，许多乡村历史和人文价值遭受不可逆转的损害，迫切需要保护、继承和发展。四是强调社会价值。村民的福利和劳动是乡村社会价值的重要体现，但一些乡村的医疗、教育条件差，生活不便，就业机会少，村民为了更好的生活而离开村庄，加剧了村庄的膨胀和老龄化，乡村社会价值无法得到充分实现。这些问题带来了劳动力外流、乡村老龄化加剧、乡村贫困化等问题，是乡村振兴的主要障碍。因此，在乡村重建过程中，必须充分认识乡村在经济、生态、历史、人文、社会等方面的多重价值。

4.2 乡村绿色发展系统的循环运行机理

乡村绿色发展系统有一个复杂的结构，追求绿色的目的就是使乡村社会经济系统在资源环境约束下，能够最大化地有效配置资源，使乡村多种特质要素合理互动，保证最优化运行，形成良性循环。乡村绿色发展系统作为一个有机整体，对解决资源与生态环境公共产品供给和经济活动需求之间的矛盾起着非常重要的促进作用。比如，促使乡村资源系统、环境系统、经济系统中的各要素的相互协调，发挥功能，保持动态平衡，从而达到系统间要素有序互动的良性状态。Pearce and Turner

(1991) 认为循环经济是指资源可以回收再利用，使生产废物最小化，以及在自然生态资源承载力范围内从事经济活动。乡村绿色发展系统的良性循环包括两个方面（如图4-1）。一方面是内部绿色生产过程的良性循环。另一方面是外部大循环，包括乡村绿色资产、乡村绿色生活、乡村社会福利之间的互动循环。

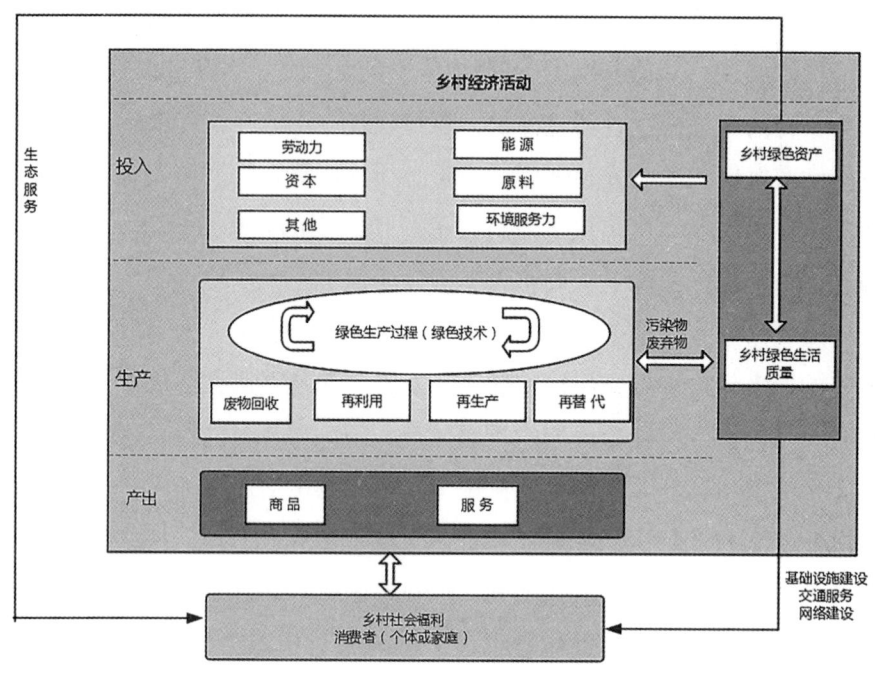

图4-1 乡村绿色发展系统运行机理分析图

乡村绿色作为农业可持续发展的新模式，就是合理利用一切农业生产要素（包括自然资本、物质资本和人力资本），协调农业生产要素之间的发展关系，使农业生产要素在时间和空间上优化配置，达到农业资源永续利用，使农产品能够不断满足当代人和后代人的需求。乡村绿色发展系统类似于循环经济系统的一个子系统，在农业资源投入、生产、产品消费及其废弃的全过程中，把传统的依赖农业资源消耗的线性增长的经济体系，转变为依靠生态型农业资源循环来发展的经济体系。乡村绿色发展系统不同于传统"资源—农产品—废弃物排放"的单流向形式。乡村绿色发展系统倡导的是一种与环境和谐的经济发展模式，它要求把经济活动组成一个"农业资源—农产品—再生资源"的反馈式流程，具有低开采、高利用、低排放的基本特征。所有的农业资源都能在这个不断进行的循环体系中得到合理和持久的利用，从而把农业经济活动对自然环境的影响降低到尽可能小的程度。因此，乡村绿色发展是对农业资源的低开采、高利用，实现农业清洁生产，将生态农业建设和提倡绿色消费融为一体，运用生态学规律来指导农业生产活动，符合可持续发展理念的经济增长方式，是对传统农业经济的否定，是对农业经济传统增长方式的根本变革。它是按照系统论和循环经济学原理，运用科学技术成果和现代管理手段组织农业产业，实现农业资源、环境、经济有机融为一体，良性循环、可持续发展的全新的农业经济发展形式。其基本内涵是：以"以人为本"的科学发展观为指导，统筹处理农业资源利用、经济发展、环境保护中的各种相互关系问题，经农业大系统的经济活动过程有机组合成一个资源→产品→消费→废物→资源的经济循环链。将上一个农业经济环节的污染物和废弃物经过适当处置，转化为下一个农业经济环节的新的资源，农业循环就能够朝着农业资源和农业能源消耗零增长、农业生产环境退化速率零增长这"两个零增长"的目标而努力。因此，这种模式是一种农业资源高效永续利用、生态环境良性循环的农业发展模式。

4.2.1 内循环绿色运行

内循环运行是把乡村生产、生活产生的废物通过回收，有效利用，尤其借助绿色清洁技术，使其再生产，变为能再次利用的能源和资源，并将一部分废弃物再转化为资源投入生产环节，如此往复循环运动。达到废物生产最小化，最终，自然资源经过绿色生产形成经济产品，并通过绿色消费环节为消费者用以满足各种需要；绿色生产过程和绿色消费过程排放进入生态环境的废弃物减少。

在乡村绿色发展的内部循环过程，农业生产过程中产生的废弃物进入生物质产业链循环，通过资本、技术和劳动力的投入生产能源、燃料等有用产品。有用产品作为投入部分进入农产品深加工产业链的循环，另一部分为产业发展提供其他需要，或进入经济活动过程，或形成供求关系以促进农业生产。尹长斌在《循环农业发展理论和模式》中提出了乡村绿色发展循环路径的基本特征，认为内部循环是生物质利用和清洁生产，将"废物"转化为"宝藏"的过程，即完成资源转化为能源的过程，实现资源再生和节能环保。具体的循环路径分为两个方面。一方面，在闭环循环中，一种产品的废物转化为另一种产品的原材料。一个良性循环系统，包括水循环、多层次利用和原材料回收、节能和能源再利用，根据不同对象，建立"三废"控制和综合利用。例如，在农作物生产和畜牧业中，水用于喂养鱼类，养鱼水用于灌溉作物，作物秸秆用于喂养牲畜，牲畜粪便经过高温发酵，转化为沼气肥，沼气肥用于农田施肥。另一方面，在微循环过程中，主要是建立和促进生态家庭经济，典型模式是以有机食物链为平台构建微循环经济。以"种、养、加"和沼气为链构建微循环经济，解决卫生间卫生、畜牧卫生、秸秆气化、污染治理等一系列相关问题，庭院绿化和内部循环利用，改变了废弃物资源再生利用过程，实现了农业废弃物资源的利用。

建设农业循环经济园区、企业和家庭。大力推广节约资源、保护环境的农业技术，因地制宜发展农业循环经济，综合利用畜禽粪便、秸秆、废弃农膜和废弃蘑菇养殖基地。遵循"资源利用、减量化、安全化、生态化"的原则，加强废弃物综合利用。大力发展"畜牧、沼气、种植业"的农业循环经济模式，大力推广农村沼气、沼气渣、沼气浆等供现场使用，通过建设农村生活沼气池，促进畜禽粪便资源利用和商品化。推进秸秆综合利用，大力推进秸秆还田、气化、轻质建材等综合利用，通过经济手段实现秸秆焚烧禁令。

4.2.2 外循环绿色运行

外部大循环是通过乡村的绿色资产、绿色生活、社会福利之间的互动循环来实现的。主要路径是通过环境治理和保护生态，增加资源和生态环境公共产品的供给，即环境和生态服务产品的供给满足人们的绿色福利需求，逐步养成绿色消费习惯、绿色生活方式，减少废物及污染物排放，以更智慧的方式生产和生活。

内部循环完成了废物向能源和资源的转化，实现了资源的再利用和节能，达到了增值的目的。外部循环完成了原材料向产品的转化，实现了三次的附加增值。第一附加值是农产品通过种子、资本、劳动力等生产要素的投入而增加的价值。第二附加值是农产品进入深加工产业链的增值，包括机械、设备、劳动力、资本等投入，一方生产具有使用价值的产品，另一方进入生物质产业链。第三个附加值是具有使用价值的产品进入消费品市场，经过储存、运输、销售等环节，最终被消费者消费。外部循环互动关系是一种跨区域的资源利用关系。通过产品、中间产品和废弃物的交换和利用，使乡村绿色发展体系相互连接，形成相对完整的生态产业网络，实现资源的优化配置，有效利用废物，将环境污染降低到最低水平。外部循环实现了农业经济体制由生产向消费的转变，节约了农业资源。

由图 4-1 分析可知，不论是乡村绿色发展的再生资源的内循环路径，还是外循环路径，乡村绿色发展的物流特征为物质闭路循环以及产业链条的延伸与反馈。尤其内外双循环系统使得产业结构更趋合理，提高了整个系统的功能，不仅表现在废弃物资源再生产和再利用内循环过程中的价值增值，还表现在农产品生产加工的外循环过程中的价值增值。陈阿江等（2020）以河甸村为案例，研究了该村如何从生态贫困到绿色小康的乡村振兴过程，充分验证了内外双重循环的有效实践，成功突破了生态恶性循环，建立起了生态经济系统的良性循环。生态经济系统的良性循环包括生态系统内部的良性循环和经济系统内部的良性循环，以及两者之间的耦合循环。从生态系统内部的循环来看，森林、草地等植被逐步恢复后，逐渐形成了由乔木、灌木和草本植物组成的多元结构，进而形成了植物、动物和微生物组成的生态系统，逐渐趋于动态平衡。从经济系统内部循环的角度来看，农牧结合降低了农民的生产成本，增强了乡村产业发展的内生动力，增加了村民的产出和收入。最终在资本形成的供给和需求两方面分别形成了"高收入—高储蓄能力—高资本形成—高生产率—高产出—高收入"和"高收入—高购买力—高投资诱惑—高资本形成—高生产率—高产出—高收入"两个子循环系统，实现了经济系统内部的良性循环。从两者之间的耦合循环情况来看，"林-农-牧"相互促进的生态农业既发展了经济也保护了环境，实现了"生态-经济"系统之间协同性、一致性和同步性的良性发展目标。

从而，促进自然资源的可持续利用和生态环境子系统内部自然生物的生产、消费、分解的良性循环过程不断演进，共同推动整个"资源-经济-生态环境"系统不断地循环运动，最终解决了经济增长的正反馈机制与生态环境系统的负反馈机制之间的矛盾，因此能够促进"资源-经济-生态环境"系统的良性循环。不同产业之间的水平和纵向整合交互作用，即"资源环境-资产转换"的系统动力学逻辑。不同产业的发展不仅自身存在良性循环反馈机制，而且各个产业之间还会相互促进、交互作用并形成各自良性的子循环反馈机制的增强效应。

4.3 乡村绿色发展系统的作用机制

乡村绿色发展是一个多层次、多部门和多面向的复杂过程。农业、农村、农户以及它们与外部相互作用的网络关系被重新定义，定义形式依赖于乡村，这个特定的具有某种文化内涵属性的载体。同时，绿色发展又是中国共产党在中国传统文化底蕴下，以马克思主义自然观为理论源泉，借鉴西方绿色发展运动的经验教训，并结合我国当前具体国情提出的科学发展理念，对解决新时期新的发展问题有着重要的指导性意义。因而，在高质量发展阶段的新时代，乡村发展不可能孤立完成，要把乡村与城市作为一个有机整体，并使之协调发展，确保人流、物流、信息流等在城乡有机体间自由合理流动，各种资源得到高效利用。陈劲等（2018）认为乡村创新系统是一种社会经济系统，主要解决乡村振兴与可持续发展的问题。它是在创新相关的主体要素和非主体要素、地理要素、时空要素以及协调各要素之间关系的制度、政策和文化等在创新过程中相互依存、相互作用而形成的。乡村创新系统不仅是对区域创新系统概念的深化和完善，也对进一步完善国家创新系统、提升国家创新系统整体效能具有重要的理论和现实意义。在城乡要素高效流动下，使乡村和城市都有更多选择机会和自由，充分发挥乡村的绿色资本和生态服务优势，达到人与自然的和谐共生。依据乡村绿色发展系统的运行机理，其作用机制，包括以下四个方面。

4.3.1 资源集约利用

乡村绿色发展系统是促使乡村资源节减集约化的利用。减量化生产，就是要以最少的资源换取最大的乡村生态的经济效益，比如，乡村土地用地，要节约集约利用，提倡高产优质的绿色农产品。农村土地不仅具有生产功能，而且具有承载功能，不仅担负着粮食安全和农产品供给的重要任务，更是农民的居住地。土地集约利用是提高土地利用质量的动态过程。随着经济的发展和技术的进步，不同历史时期的土地集约利用程度不同。同时，以合理布局、优化土地利用结构、可持续发展的理念为指导，既要实现土地利用效率，又要实现经济效益、社会效益、生态效益和环境效益，即增加土地投入，提高土地报酬。土地集约利用必须提高单位土地的投入产出强度，促进土地集约利用。

乡村资源的集约化利用不只有土地资源，还包括乡村中大量废弃物的集约化利用。以粪便的利用为例，如果粪便不能正确处理和利用，将对环境造成极大的危害。比如，猪粪尿液中含有大量的营养物质和生物质能量，猪粪尿液厌氧发酵是发展种植业和渔业的有用物质，充分利用沼气浆和沼气渣作为肥料或饲料，形成"农林渔牧"的生态农业体系，增加农民收入，有效促进乡村经济发展。因此，要促进规模化养猪业的健康发展，形成"农林渔牧"的生态农业体系，对于专业养猪户来说，必须增强节约资源、保护环境的社会责任感。同时,政府应加强对养猪场污染物排放的监测,制定优惠政策,引导和促进猪粪尿资源的综合利用,完善畜牧业和粪便污水处理技术法规,建立完全工业化配套设施和设备,进一步推动农业废弃物的再利用,建设对生态环境的保护和生产方式、体系结构和发展生态农业的资源集约利用模式。

4.3.2 生态福利增加

乡村绿色发展系统促使生态环境的保护和维持,增加乡村生态盈余。减少农药和化肥的使用,保护生态环境,同时确保农产品的安全和人民的身体健康和生命安全。Groot(1992年)认为生态系统是自然过程和组成部分提供直接或间接满足人类需求的商品和服务的能力。根据这个定义,生态系统作用被理解为生态过程和生态系统结构的一个子集,每种作用都是它所属的整个生态子系统自然过程的结果,详细作用参见表4-1。反过来,自然过程是生态系统的生物和非生物成分之间通过物质和能量的普遍驱动力进行复杂相互作用的结果。调节作用:这组作用涉及自然和半自然生态系统通过生物地球化学循环和其他生物圈过程调节基本生态过程和生命支持系统的能力。除了维护生态系统健康之外,这些调节作用还提供了许多对人类有直接或间接益处的服务。栖息地作用:自然生态系统为野生动植物提供避难所和繁殖栖息地,从而有助于保护生物和遗传多样性和进化过程。生产作用:自养生物的光合作用和养分吸收将能量、二氧化碳、水和养分转化为多种碳水化合物结构,然后由二级生产者使用,以创造更多种类的生物量。这种碳水化合物结构的广泛多样性为人类消费提供了许多生态系统产品,从食物和原材料到能源和遗传材料。信息作用:由于人类进化大部分发生在未驯化的栖息地的背景下,自然生态系统提供了必不可少的作用,并通过提供反思、精神丰富、认知发展、娱乐和审美体验的机会,为维护人类健康做出贡献。

表 4-1 生态系统的功能和作用、商品和服务

功能	生态系统过程和作用	商品和服务
气体调节	生态系统在生物地球化学循环中的作用	O_3 对 UVB 的保护（预防疾病）保持良好空气质量 CO_2/O_2 平衡、臭氧层等
气候调节	土地覆盖和生物的影响气候的中介过程	维持适宜的气候（温度、降水等）人类居住、健康、耕作、DMS 生产
干扰预防	生态系统结构对阻尼环境的影响和干扰	通过珊瑚礁风暴保护通过湿地和森林防洪
水资源调节	土地覆盖在调节径流和河流流量中的作用	排水和自然灌溉运输介质
供水	淡水的过滤、保留和储存	提供饮用、灌溉和工业用水消费用水
土壤保持力	植被根基质和土壤生物群在土壤保持中的作用	耕地维护
土壤形成	岩石风化，有机物堆积	保持天然土壤的耕地生产力
授粉	在花配子运动中的作用	野生植物物种的授粉
生物防治	营养动态关系控制种群	病虫害防治、减少食草作物损害
栖息地功能	为野生动植物物种提供合适的生活空间栖息地	维持生物和遗传多样性
避难所功能	适合野生动植物的生存空间	维持商业收获的物种
托儿所功能	适宜的繁殖栖息地	狩猎、采集鱼、野味、水果等小规模自给农业和水产养殖
原料	将太阳能转化为生物质用于人类建筑和其他用途	用于建筑和制造的木材和毛皮用作燃料和能源的薪柴和有机物饲料和肥料：磷虾、树叶、垫料
药材资源	天然生物群中的各种生物化学物质和其他药用用途	药品和化学模型和工具
观赏资源	具有观赏用途的自然生态系统中的各种生物群	时装、手工艺品、珠宝、宠物、装饰和纪念品的毛皮、羽毛、象牙、兰花、蝴蝶、观赏鱼、贝壳等资源
审美信息	迷人的景观特色	风景路、房屋等景观
娱乐	娱乐用途的各种景观	生态旅游、户外运动等

续表

文化信息	文化艺术价值自然景观	在书籍、电影、绘画、民间传说、国家象征、建筑师、广告等中使用自然作为动机
精神和历史信息	精神和历史的各种自然景观	自然生态系统和历史价值特征的精神遗产价值
科学与教育	科学和教育价值的自然品种	将自然系统用于学校游览 将自然用于科学研究

源自 Costanza（1997）、Groot（1992、2000）等

4.3.3 绿色效益提升

乡村绿色发展系统促使增加绿色福利。在乡村绿色发展的运行机理中内外循环的良性互动，使乡村生态服务体系和功能得到有效保障，使乡村绿色资产的服务价值得以实现，能够提升乡村的生活质量水平。乡村绿色效益充分体现了乡村生态系统的服务价值，包括供给、调节、文化三大服务类型。其中，供给服务涉及提供食物和水等内容；调节服务涉及控制洪水和疾病等内容；文化服务涉及精神、娱乐和文化收益等。英国学者 Banks 和 Marsden（2000 年）在研究威尔士农村地区时，发现利用环境商品和服务具有市场价值的外部性，改变了最大限度地提高土地产量而获得报酬的方式，从而，增加了农民收入。乡村拥有得天独厚地自然资源和可再生资源，乡村系统能直接或间接为人类提供有形和无形的绿色效益，乡村区域也能得到生态系统服务的惠益。同时，人类活动对乡村效益的发挥具有重要影响，而管理好生态系统服务，对乡村地区生态、经济、社会协调发展，实现区域可持续发展战略具有重要意义。在绿色可持续发展背景下，一些学者开始对生态系统服务价值的评估进行研究，从而为乡村区位系统的自然和绿色资本赋予了量化意义。Pol 和 Ville（2009）认为社会创新是一种具有改善生活质量潜力的新理念在乡村地区的实施，对提升乡村绿色效益有积极的推动作用。其中包括教育、社会福利和社会凝聚力以及环境质量等方面的提升。重要的是

提升村民的质量满意度和幸福感,不同于只提高公司绩效的业务创新,它以创造社会价值并积极促进包容性关系为目标。社会创新创造附加或代替经济的社会价值,它们可以通过新颖的治理形式促进更有效地社区发展,并支持集体行动、自治和政治赋权。Nordberg 等(2020)描述了一个关于社会创新提升芬兰乡村地区社会效益的典型案例,特别是社区协调如何扩大当地社区并将其与外部世界联系起来,并结合市场、等级和网络的协调机制,从社会需求、想法、过程、结果和影响方面比较分析了不同类型的网络建设提升机制和效率(具体参见表 4-2),证实了社会创新对乡村发展有强的积极作用[32]。

表 4-2 芬兰乡村地区社会创新对区域发展影响的过程分析

项目	需求	想法	倡议	结果	影响
Oravais 战场	在芬兰及其他地区提高知名度,加强当地社区和身份认同	突出地方历史历史餐厅战场表演	非政府大学企业家	与其他企业家和更广泛的军事历史社区的联系	强
红金区	在西红柿企业的帮助下提高对市政形象的认识	地域饮食文化、地方品牌从原料到美食的多样化	市领导	村协会、市政工作组和当地企业家	弱
桦树和星星	提高对共同遗产的认识加强当地社区,发展芬兰的商业知名度	地方品牌,利用历史故事,组织禧年活动	市领导大学	村协会、市政工作组和当地高校	强
Malax 溜冰场	市内缺乏体育设施	筹资、建设和维护的组织方式	非政府组织国家规定	当地非政府组织和居民、当地社区和更广泛的曲棍球社区	强
旧港	提高对共同遗产的认识,提高地区知名度,发展业务,加强当地社区	突出地方历史、地方品牌、新型公民协会	非政府组织大学领袖	当地人、企业家、市政当局、企业家网络	强

社会创新以不同的重叠方式螺旋加强社区并建立乡村网络,具体可能从以下四方面推动乡村发展,激发活力,提升绿色效益。

第一，村民驱动的社会创新。正如 Oravais 和 Malax 的案例所示。与强大社区和非政府组织密切联系的当地村民可以主动发起集体经济项目，动员和利用公共资金支持项目，从而创造集体商品和发展企业。第二，教育机构驱动的社会创新。正如旧港、Oravais 战场、桦树和星星案例所示。社区及其非政府组织可以以各种方式通过与高校的联系，产生新的资源和力量。高校可以促进本地社区核心的共享知识，使潜在社区活跃起来，并打开本地社区与世界其他地区之间的网络联系。第三，公司驱动的社会创新。正如，Oravais 和 Malax 案例所示。强大的社会创新可能会在某些时候促成公司的建立，对推动发展和提供就业机会方面变得更加重要。在这些情况下，由于社区提供参与和社交活动，持续的社区贡献和业务运营之间的协同作用至关重要。第四，公共组织驱动社会创新。正如桦树和星星案例所示。发展政策尤其可以影响地方战略，公共组织可能会推动一些举措，帮助当地公民发现和激发潜在社区，帮助他们通过与学校的关系以及其他思想和灵感来源来发展创新网络，并以这种方式连接到国家和跨国网络，促进社会活动和创业，从而创造就业机会。

4.3.4 创新机会增长

乡村绿色发展系统促使乡村经济机会增加，尤其通过内部子系统绿色循环使农业的废物和垃圾变成能源和资源加以利用，增加农民效益和乡村创新能力，使乡村更具活力和生气。社会对旅游体验、高质量的产品和高自然价值的环境都有了新的需求，同样的需求为农民和其他农村企业家提供了新的机会。在许多农村地区，只有在重新调整部门活动以加强活动之间的相互关系时，才能发挥这些潜力。农业在这里发挥着至关重要的作用，因为自然栖息地的多样性和景观的美景与土地利用的类型和强度密切相关，为乡村或绿色旅游的发展提供了新的资源基础。Banks 和 Marsden 在研究环境计划对乡村畜牧业方面的影响时，发现了相关环境计划支持并创造了农场就业，特别是通过增加环境工作，并刺激了威尔士乡村地区新企业的发展。通过创新，激发乡村农民的活力，使其精神复苏而激发农民的进取心，进而推广服务中心，及时提供国外绿色技术创新和扩散的最新动态，使乡镇企业对行业领先技术的发展趋势有一个总体的把握，降低乡镇企业绿色技术创新的学习成本。同时，乡镇企业在进行技术创新时也应当以市场需求为参考，以低成本和易于转化推广为条件，确保高新技术可以得到应用和推广。

另外，政府通过战略规划的制定和实施，动员全体人民响应并达成共识，通过为技术创新主体提供信息、政策、公共设施等技术基础服务，引导和帮助创新主体纳入乡村绿色发展的经济轨道，从而为技术转化和应用机制作用的发挥营造良好的外部条件。

注重科技创新，强化科技推广。我国仍属于小农为主的国家，农业标准化、规模化发展程度不高，这严重阻碍了我国农业生产效率的提高。为推进我国现代农业技术应用，需要在以下几个方面进行完善：一是充分利用科研院所的科研条件，鼓励开展以提高效率、改善环境为核心的重大农业生产技术和设施设备的研发和推广，以适应我国不同农业发展阶段、不同发展模式的科技需求；二是农业大省在推进规模化农业发展的同时，在现有农业科技创新的基础上，适当引进发达国家高新技术、高产出畜禽及农作物品种，使我国农业大区保持与世界发达国家同步发展，逐步引领带动其他地区农业发展；三是完善农业科技推广队伍，大力提升科技推广人员专业素质，以地级市或县为单元，以村和规模农业经营组织为服务点，建立科技推广服务网络，确保不同地区小农户和大生产的科技先进性，为提高农业生产效率提供有效支撑；四是对基本农田进行提升改造，如水利设施、农田路网等，使其适应现代农业机械化要求。

Giambasu、Talida 和 Alecu（2014）认为乡村空间不是静态空间而是动态空间，不仅包含地理（地形、土壤、气候等）和人口（密度、增长速度）等要素，还有其构成的动态关系[33]，由中华人民共和国国务院发展研究中心和世界银行集团发表的《2030 年的中国：建设现代、和谐、有创造力的社会》，对绿色发展的含义做了三方面解读：一是碳排放，环境污染与经济增长实现脱钩；二是通过新产品市场、新技术、新投资以及人类的新行为的绿色式创新来促进经济增长；三是形成绿色福利和经济增长相互促进的良态。乡村绿色发展的特质就是发掘并以现代科学方式重新运用传统技术、乡土材料，以减少对自然生态系统的破坏，方便就地取材，方便群众自己动手建设。乡村绿色发展模式既是生态模式也是人文模式，其目的是使自然潜力和人的创造力得以充分发挥。从复杂巨系统理论视角看，乡村绿色发展可看作一种人地关系在时空范围拓展的一种复杂系统。该系统内部包含着各种主体要素构成的结构秩序及其相互关联关系，其中主体要素发生变化，就可能引起内部的结构以及关联的关系发生联动反应，而且作用机制要确保各种结构及相互关系逐步趋于良序，最终使乡村经济系统、乡村生态系统、乡村质量系统、乡村响应系统达到绿色健康状态。乡村创新系统中，创新主体由农民、政府、企业、高校、科研院所、社会创业者等构成，各创新主体以发明者、应用者、管理者、连接者、实践者等多重交叉性身份全面参与到乡村创新过程中，促进系统内基础要素和支撑性要素的协同发展。在这一过程中，创新的实现需要依托技术、制度、网络、文化等多重要素的投入和联动。陈劲等（2018）论述了乡村创新系统的三类传统构成要素，分别是农业科技创新、制度与管理创新、网络中介创新。并提出了以乡村创新系统推动乡村振兴的主要路径，包括农业科技创新、制度管理创新、网络中介创新和社会创新创业，不同路径协同整合，共同推动乡村发展。

4.4 主要概念与基本逻辑

如果按照系统是否与外界互动，即进行能量的双向交换，把系统分为封闭、孤立和开放系统。封闭系统只输入和输出能量，物质只在系统内循环，但不能流经它而输出到系统之外。孤立系统是没有能量与物质的输入和输出。而开放系统，意味着既可以输入和输出物质，也可以输入和输出能量。乡村绿色发展系统便是这样一个系统。对于乡村绿色发展这个开放的系统来说，就好像生态系统一样，流经系统的物质和能量是有限的，而且自身是不会增长的。对于这样的开放系统而言，要保证内部与外部输入与输出达到良性平衡，只有通过绿色的物质流动和绿色的能量循环，才能使系统可持续健康发展。

4.4.1 边际成本

如前所述，乡村生态系统服务对乡村绿色发展具有重要的意义。在努力争取环境与人类活动双赢的当下，乡村生态系统服务越来越稀缺，而边际成本是决定其稀缺性服务价值大小的关键因素。边际成本是指每多生产一个单位的某种东西所产生的额外成本。边际成本与边际效用是两个相逆的概念。我们把额外获得一个单位的物品，而得到的额外的收益或满足度称为这种物品的边际效用。根据边际效用的定义，它符合逐步减少的递减规律，即一个人获得的某种物品越多，每多得一个单位该物品所提供的额外收益或满足度就会越来越少。比如，当一个非常饥饿的人，吃第一块饼子时，感觉非常满足，但当他吃第二块饼子时的满足感就不如第一次大。随着吃饼子数量的增加，所获得的满足度也会越来越小。类似地，边际成本却呈现出逐步递增的规律，每多增加一单位物品，就会有相应的成本支出。这种支出，除了原材料的支出之外，可能随着需求变化，还会有额外的劳动力、技术等生产要素的增加。因而，各种生产要素的收益是递减的。在乡村绿色发展过程中，会产生边际成本递增的现象，即乡村经济效益每扩大一个单位，如果超过某一个阈值，就必须放弃一种更为重要的生态系统服务。即生态系统服务的边际成本将逐步增大，并且，达到一定程度时，不断增加的乡村生态系统服务边际成本最终将降低乡村经济的边际收益。新古典经济学在克服这个难点时，通过比较递增的边际成本和递减的边际收益之间的差距，努力找到两者的交叉平衡点，即乡村各种生产、生活经济活动最优规模的界定点，且保证乡村绿色循环的输入和输出呈现良性状态，保持平衡和可持续性。

无论是对乡村振兴和乡村美的研究，还是对"两山"理念的探讨，都不存在资源如何转化为资产的问题。因此，要更好地构建乡村振兴与美丽乡村建设的解释模型，必须从资源和资产两个角度对两者进行明确区分。资源是由人而非自然来定义的，资源是一个广义的要素，它不仅包括储油、煤炭、矿物元素和活动动物、水和大气、风等自然要素，还包括技术、制度、知识、金钱等人为设计要素。

如果把舒尔茨的"可持续收入流"概念与"财富储备"概念结合起来研究资产概念，就会发现只要能够产生可持续收入流的项目或资源方面，都可以用资产作为定义。当然，如果将要素或资源只局限在财富储备或货币资源方面，那么资产的概念和范围就显得非常狭窄。同样土地、自然资源甚至技术和知识等因素对经济增长的贡献就无法解释。负效用是指为了增加生产和消费所必需的付出，这些付出包括劳动的使用、闲暇时间的损失、资源的枯竭、污染和交通堵塞等。

关于生态资源的负效用和负效用均衡的概念化模型，如绘制的边际效用（双线）和负边际效用（单线）图4-2。边际效用是指从消费一定数量的商品和服务到多消费一个单位所满足的需求的数量。它随着消费的增加而减少，因为首先要满足人们最迫切的需要。负边际效用是指达到每一个额外消费单位所需的付出量，负边际效用随着消费的增加而增加，因为人们可以首先做出最简单的选择。最优消费规模等于边际效用和负边际效用。超过这一点的消费会导致社会失去负效用增长的形式，而不是净负效用所代表的效用增长的利益，增长就会变得不经济。最后，一个非经济增长的人口未达到闲置极限时，他们不会通过增加消费来增加效用，富裕国家的闲置率可能接近极限。此外，一个社会可能会受到生态灾难的破坏，从而导致负效用显著增加，此结果可能发生在达到无效极限之前或之后。因此，在乡村发展中，要充分考虑负边际效用产生的边际成本对乡村绿色发展产生的影响。

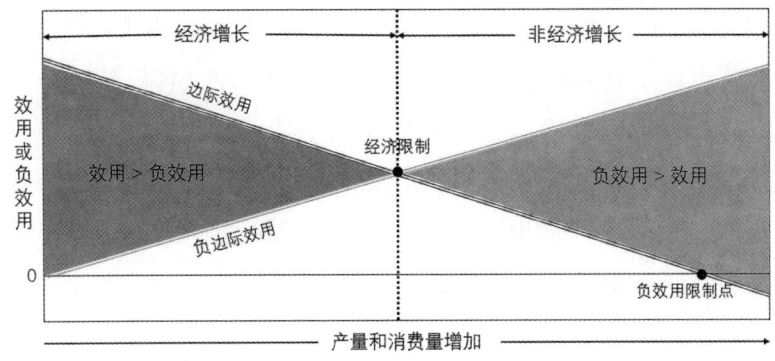

图 4-2 边际效用和负边际效用分析图

4.4.2 输入输出良性循环关系

在乡村绿色发展这个开放系统中，各种能量和物质存在两种形式的流通。一是原材料和能量的线性流通。从矿山、矿井、渔场和农田的低熵源流经乡村经济体又回到大气、海洋、垃圾场的高熵废弃物汇；二是物质和能量的非线性流通。系统通过自身新陈代谢功能进行流通或借助外力，实现高熵废弃物转化为新的原材料和能量进行的流通。无论哪种流通形式，乡村绿色发展努力追求地就是保持在流通中输入和输出良性循环的关系。

一个良好的乡村可持续发展模式应具有四个特点：第一个特征，必须基于一系列要素和资产的转换和积累。无论是自然资源、环境质量等特殊要素，还是货币、土地、劳动力、技术等传统要素，都需要一个稳定的制度机制来转化为资产。第二个特征，地方经济发展的优势应与社会福利事业相结合，使基础设施、养老、教育等社会事业的发展共享经济增长的优势。当然，分享机制应该是明确的，例如，应该明确计算经济利益转化为社会利益的百分比。第三个特征，经济社会发展的社会保障模式选择应以农民为中心，农民不仅具有较强的资产配置能力，而且对发展模式的选择具有主动性和控制性。第四个特征，该模式应具有自我持续性，即累积性、可扩展性和可持续性。

农业是与人们的生活紧密联系的消费产业，具有两个特点：一是与自然生态环境密切相关，参与整个系统的物质循环和能量转换；二是农业产业体系包括农林牧渔业及其农产品加工延伸、农产品贸易与服务业、农产品消费等系统，这些子系统相互依存、相互关联、耦合、集成。这是循环经济所强调的产业结构的综合特征，是构建生态农业产业链的基础。与其他产业相比，农业生态经济系统更容易融入自然生态系统的物质和能量循环过程，建立循环经济发展模式，促进整个农业产业的协调发展。农业循环经济是从农业资源经济学的角度，在已建立的农业资源存量、环境容量和生态阈值的综合约束下，运用循环经济方法组织农业生产活动和农业生产系统的闭环农业生产系统。保护生态环境，提高经济效益。因为区域农业生态经济系统存在总循环量，总循环量取决于系统外投入和系统内消费。如果增加对区域系统的投资，减少消耗，则总流通量将增加，系统压力将增大，从而导致内部其他部分朝着不利的方向发展。比如，在农业生产过程中，化肥的过度使用会导致土壤有机质存量下降，从而导致土壤退化和作物产量下降等。集聚对系统的负面影响促使人们通过改变农业种植方式、垃圾回收利用等多种措施，减少系统总循环量，降低系统循环压力，提高资源回收效率，减少系统投资。反之，如果区域系统投资减少，消费增加，则意味着资源得到有效利用，系统总循环量减少，压力减小，从而使系统各组成部分得到良好发展。因此，农业循环经济的发展测度要从农业生产行为及其效果出发，充分考虑系统的输入、输出和过程。

相反，经济是有限的生物圈的一个子系统。当经济扩张过度侵蚀生态系统时，人们开始牺牲自然资本，比如鱼类、矿物和化石燃料，其价值超过了人类增加的人工资本，比如道路、工厂和电器等。经济系统便会处于非经济增长，一旦达到了一定规模，短期内增长就会变得无意义，因为是无法长期维持的。

因而，农业循环经济发展测度必须兼顾社会、经济和生态效益以及核心技术指标，全面准确地反映农业系统输入、输出终端和运行过程的复杂内容。线性通量概念来源于物理学，不借助外力的输入输出线性流通模型，遵守物质能量守恒和熵定律规律。从原材料输入到废弃物输出的通量流，可以用沙漏做比喻。沙漏本身好比是一个独立的系统，沙漏中沙子的数量是不变的，既没有新沙子输入，也没有旧沙子流出，根据物理中的热力学第一定律，即物质和能量守恒定律，沙漏中的沙子会流入沙漏下方，并且在下方中慢慢积累起来。那么，在乡村生态系统中，物质和能量的输入和输出的流通能量的规模究竟有多大？又会受到什么影响？众所周知，近几十年内，人类行为对地球的生态压力不断上升，甚至超过了生物圈自身的更新速率，这也就意味着自然资本提供维持生命服务的能力在不断下降。而人类对生态系统承载力的需求在日益增加，但生态系统对承载力的供应却日益下降。面对不可持续的发展趋势，一个有效且可行的方式，就是节约乡村绿色发展系统对原材料或能量的输入，即通过充分利用自然资本，从而降低乡村发展系统废弃物的输出来保持平衡。

对于非线性流通模式，依据循环流通模型原理，如果把抽象的交换价值作为循环流通的单位，而且不考虑其他明确的物理条件，就容易忽略系统中的消化功能。乡村经济系统本身是一个经济整体，既有类似于人体的消化系统，又有能维持自身运转的自我更新功能。因而，要保持非线性良性循环流通，一方面，可以通过乡村生态系统自身的新陈代谢，维护和保持良好的生态系统服务功能，达到调节乡村发展系统输入与输出的自然平衡状态。另一方面，借助外力的输入输出的线性流通模型，把乡村发展系统中的高熵废弃物通过更先进的技术，在不降低乡村系统生活质量的条件下，通过降低流通量，对急需解决问题的优先性给出一个更好的排列顺序，从而达到降低边际成本的绿色内循环机制，满足技术、知识等外力输入与乡村绿色发展服务输出效益保持平衡的状态。

4.5 本章小结

本章主要研究了乡村绿色发展的经济机理。首先从乡村空间区位系统、绿色特质的重要性及价值方面，对乡村发展系统的绿色特质进行了详细的解析。众所周知，当过度的经济扩张严重影响到周围生态系统时，人类将开始牺牲自然资本，如鱼类、矿物和化石燃料，而这些资本比道路、工厂和电器等人工资本更有价值，这些资本正是增长所带来的。接着研究了乡村绿色发展的循环机理，特别是，运用边际成本和输入输出良性循环原理，对内循环和外循环绿色运行的不同机理进行了分析。最后，从资源集约化利用、生态福利增加、绿色效益提升、创新机会增长四个角度进一步探究了在此经济机理下的具体作用机制。本研究认为解决好乡村生态环境与乡村生产力的关系，是实现美丽乡村愿景的必要条件。乡村拥有独特的自然生态基础，乡村绿色发展就是保护乡村生态环境、治理环境污染，深入挖掘乡村的价值和生态资本，充分认识其生态价值和生态服务的功能，努力实现乡村经济效益与生态效益的统一。

第 5 章　乡村绿色发展测度指标的构建

在高质量内涵式发展的新时代，人们对美好生活的需要在不断增长和变化，乡村绿色发展的质量需求内涵也随之不断变化。依据第三章和第四章乡村绿色发展的基本内涵、特征及经济运行机理，本章进一步细化乡村绿色发展的具体目标和衡量标准，深入挖掘新背景下乡村绿色发展的关键和核心影响因素，构建科学合理的发展状况和成就的显示性测度指标体系框架，以解决乡村绿色发展能力的识别内容标准问题，即抽象问题具体化的过程。

5.1 乡村绿色发展的衡量维度

在高质量发展的新时代背景下，不论是现在还是未来，乡村绿色发展的目标涵盖四个方面的内容：一是更加节约高效地利用资源。二是更加清洁地生产。三是更加稳定地维护生态系统。四是更加明显地提升绿色供给能力。乡村绿色发展的衡量框架如何构建，如何细化具体衡量标准，充分体现乡村绿色发展的内涵，都需要深入挖掘乡村绿色发展的本真含义。

5.1.1 乡村绿色发展的本真目标

乡村绿色发展是促使乡村各要素系统进行合理的网络配置，并保证其相互关系的动态良好发展。通过系统间的可持续性积极互动，保持长期内生和长期收益，从而创造一个不断扩大的乡村发展周期。同时，切实的经济效益、更广泛的环境和社会文化可持续性效益的结合，会进一步推动生态经济进程的展开，是乡村绿色发展的本真目标。

(1) 资源利用的高效

在乡村绿色发展中有太多不可或缺的资源，如土地、水、光等自然界的原生资源；农业相关的废弃物资源；科技、教育资源等。在乡村经济发展中，资源的高效利用与乡村绿色的发展紧密相连。中国人自古认为"民以食为天"，食自土中来，因此，每一位公民都有责任和义务，珍惜、保养、利用好每一寸土地。同时，"水是生命和农业的命脉"，水资源是人类生存和活动的必备资源。水是可再生的，但水是大气中的成员，地面的水蒸发到大气后再下落至何处是由大气的变幻来决定的。随着科学技术的进步，水资源再生利用的路径已越走越宽广。就目前来看已有三条路径：一是污水净化处理，并达到中水可用的水平；二是海水淡化正在起步；三是科学培育。另外，我国有大量的涉农废弃资源，在高质量发展时代，国家支持倡导物尽其用，变废为宝，政策上支持发展循环经济、循环农业，改变了之前污染社会生态环境，严重地影响甚至伤害到人们的社会生活和清新环境的状态。对于农业废弃物的重（再）生利用，不仅有社会制度和国家政策上的保障，还有技术上的支持，如现在有成套的循环经济、循环农业模式和支撑的科技体系，随时都可获得技术支撑服务及资金支助。

(2) 生产的清洁

农业生产过程和结果中的清洁是乡村绿色发展的本真目标之一。清洁生产倡导大循环农业的生产理念。在具体农业生产实践中，要求农业生产运行实现多层次相互交叉，依照生物圈原理，在生态阈境内遵循减量化、再使用、再循环、无害化的原则创造一个生态良性循环系统，以实现最大程度上的节约和再利用资源。乡村绿色发展系统，作为一个大型复杂的巨系统，其主要运行内容是组织协调好系统内部各要素的交互活动，使各要素为实现整体目标发挥适当作用，最终目的是实现系统整体目标的最优化。在乡村绿色发展的内循环机理下，原始资源和废弃物的各个生产、消费环节都组成了一个有机循环整体，各个生产环节子系统并不是孤立存在的，各环节之间紧密相连，从原始资源的最大化利用生产，到追求生产过程的零排放，再到废弃物的减量化和资源化利用过程，都形成了一个交互性能良好的有机互动结构网络体系，实现循环经济系统的整体经济效益最优化的清洁生产。

(3) 生态系统的稳定

保护自然生态系统，使其处于健康稳定的状态是乡村绿色发展的本真目标之一。在区域经济发展进程中，由于不合理的土地开发和建设等活动，使自然气候变化异常，导致自然生态系统结构简单、自我调节和抗逆性下降等不良生态系统的稳定性问题出现。如何改善和修复乃至重建受损生态系统，如何维持人工及"人工-自然"复合生态系统的可持续发展等，成了各国政府面临的极其重要的问题。而保护自然生态系统，使其处于健康、稳定的状态是开发与利用自然生态系统的前提。同时，使受损生态系统重新达到稳定状态应该是生态系统修复和重建的主要目标。稳定性是生态系统的重要特征之一，也是导致生态系统失衡的重要特征。由于生态系统与自然环境间紧密联系，生态系统内部各组成部分非线性关联，系统状态的涨落特征以及系统内部的时空异质性等复杂特征，使得生态系统的稳定性研究面临许多困难。乡村自然生态系统是以自然要素、自然资源和人工物质要素、精神要素为环境，乡村空间范围内的居民与自然环境系统和人工建造的社会环境系统相互作用而形成的统一体，并与一定范围内的区域保持密切联系的复杂人类生态系统。自然生态环境包括物理、生物环境，如阳光、空气、温度、土地、植物等；人工生态环境包括基础设施、社会服务、生产对象，如建筑物、道路、水、电等还原净化和资源再生功能的系统。环境的价值之一是对生产过程造成的污染的消纳、降解和净化功能。正常情况下，受污染的环境经过环境中自然发生的一系列物理、化学、生物过程，在一定的时间范围内都能自动恢复到原状，称为自然净化功能。乡村自然生态系统不但提供自然物质来源，而且能在一定限度内接纳、吸收、转化人类活动排放到环境中的有毒有害物质，达到自然净化的效果。还原功能主要依靠区域自然生态系统中的还原者和各类人工设施，保证自然资源的永续利用和社会、经济、环境的协调发展。

（4）绿色供给的提升

提升乡村绿色供给能力是乡村绿色发展的本真目标之一。一方面，乡村作为食物链供应的主要来源，除了保证化学药剂添加不超标、有害物质不过量的低层次食品安全的基本食物产品供给之外，在绿色发展理念下，还可以提供使消费者避免滞后性健康安全风险的高层次食品安全。通过绿色品质型食品供给的提升，保证消费者实现食品安全的有效状态，需要不断扩展绿色农产品的生产与消费。绿色农产品外延为广义绿色农产品，即包括无公害农产品、绿色食品和有机食品。另一方面，乡村也是生态系统商品和服务的主要供给者。在"绿水青山就是金山银山"的绿色发展理念下，大力发展与此相关的新业态经济，提升绿色农产品的供给能力。发展新业态，不是要丢掉传统业态，而是对传统业态的提升，把传统业态的提升和新兴业态的打造有机结合。如发展林下经济，以造林、护林的林业部门传统业态为基础，再结合新兴的森林康养、林业碳汇，进行分区康养、精准疗养模式等森林康养新业态，有效提升乡村的绿色生态产品的供给能力。

5.1.2 乡村绿色发展的概念模型

根据第4章中关于乡村绿色发展系统特质的分析和内外循环运行机制的原理，为了更详细地描述和简化乡村绿色发展系统复杂的内部结构，明晰信息属性及不同信息之间的关联关系，构建包含重要信息和内部结构关系的显式表现形式，即概念模型，能更好地识别乡村绿色发展的核心信息和复杂结构关系。通过提取关键信息，进行概念化地抽象，使乡村绿色发展的度量更可行。

（1）农村网络模型

英国学者Murdoch（2000年）提出了农村网络模型，且尝试从两个广泛的角度阐释其网络结构。首先，研究了连接农村空间与农业食品部门的"垂直"网络。网络研究领域集中在标准化和工业效率领域，商品连锁店的工作表明网络是如何由强大的参与者构建的。因此农村参与者发现他们的活动空间仅限于标准化和通用商品的生产。其次，研究了关于创新和学习，并将农村空间与更普遍的和非农业的经济变革过程联系起来的"横向"分布式网络。这项内容主要集中在创新和学习网络领域中，即灵活性、信任和多样性领域。它展示了新的经济网络如何在这样的环境中出现，以及这些网络如何适合参与瞬息万变的全球经济，该经济重视适应和创新。

Murdoch认为农村经济网络具有六个特征，分别是：①内生性特征。农村经济在多大程度上建立在当地资源之上，并根据当地资源组合模式进行组织，以及通过在当地区域范围内对生产的财富进行分配和再投资而得到加强。②新奇性特征。在资源、技术程序、知识体系等方面有新的见解、实践、人工制品或组合，并且在农村运行良好。③社会资本性特征。拥有使该农村区域的人们能够集体行动的规范和网络体系。具体来说，就是个人、团体、组织或机构参与网络、合作和利用社会关系以实现共同目的和益处。④市场治理特征。控制和加强现有市场和建设新市场的机构能力。⑤新的制度安排特征。解决协调问题并支持农村行动者之间合作的新制度体系。⑥可持续性特征。以地域为基础发展，通过重新强调粮食生产和农业生态重新定义自然，并重申农业在维持农村经济和文化方面的社会环境作用。

（2）复化系统概念模型

乡村绿色发展系统是一个巨系统，其内部构造包括四个子系统，分别是乡村经济系统、乡村生态环境系统、乡村生活质量系统、乡村响应系统。同时，这四大系统之间的协调互动关系是保持乡村绿色发展系统良态的必要条件。在高质量发展理念的新背景下，乡村绿色发展系统要素和内部子系统之间要素相互作用的关系概念模型如图5-1所示。内部与子系统之间要素的共生和关联关系，形成了乡村健康发展协调系统体系。其关联协调作用原理如下：在乡村经济系统中人们通过经济和社会活动对环境产生作用，如资源索取、物质消费以及各种产业运作过程

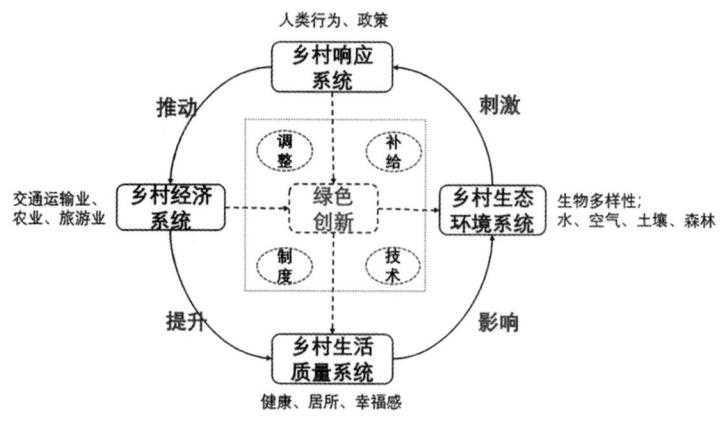

图 5-1 乡村绿色发展概念模型图

所产生的物质排放等。特别是农产品消费后的排泄物无法回归土地必将造成严重环境污染，工业生产过程中所产生的有害物质没有过滤设备而随意丢弃和排放，这些对环境造成的破坏和扰动，引起了关联生态环境系统的环境状态和环境变化，如耕地土壤改变性态、空气质量下降等状态变化。进而引起关联乡村生活质量系统的连锁反应，如人类的生活环境质量下降、健康状况不良等影响。从而，引起乡村政策响应系统的调节、调控、补贴、技术创新、制度创新等方式，如通过乡村社会和个人行动来减轻、阻止、恢复和预防人类活动对乡村环境的负面影响。最终采取对已经发生的不利于人类生存发展的生态环境变化进行补救的措施，如改变过去习以为常的生活生产方式，提倡绿色生产、绿色消费、绿色生活习惯养成的相处方式，要求人类与自然界和谐相处，要尊重自然、保护自然。同时，在乡村以农业为主的生产过程中，生产所产生的废弃物料在所难免，但是完全可以通过科学技术借助绿色技术将可以利用的废料分离出来，进行二次或循环使用。确保以上子系统协调运作，充分发挥其功能，提升生产能力、生态保有维持能力、质量提升能力、机会获得能力。因而，乡村绿色发展系统的概念模型，其目标就是确保乡村及内部经济、生态环境、生活质量、响应系统达到良序状态，增加乡村福利水平。

乡村绿色发展系统的概念模型不仅具有内部子系统和结构，还具有子系统局部子结构和子系统之间的复化交互关系结构。内部的复化相互关系形成了重要的连贯性，对外系统可持续性的维持，需要与系统中的核心关系产生足够的协同作用。这些相互关系的作用结果，编织成一个连贯的复化网格关系，这些复化网格关系本质上是在社会和空间上通过对地方和区域禀赋和机会的一致社会重新定义而构建和强化的。从这个意义上说，它们是针对乡村和区域条件的差异化解决方案，而不是通用解决方案，因此经济绩效成为这些嵌套的生产和消费复化网格关系的结果。这些系统概念开始为更具动态性和比较性的区域分析提供一套新工具方法，也分析展示了不同的区域发展的路径。乡村复化网格关系的展开和重新本地化是乡村经济的动态发展表现，也是生态经济发展更加嵌入和协同过程的一部分。在乡村绿色发展概念模型中描述的复化网格关系中，这个过程本质是跨部门和集成的。因而，复化网格关系为多部门发展和社会行动提供了更开放的渠道。依据不断变化的外部环境，及时协调内部子系统的复化网格结构关系，以更加创新的方式将旅游业、手工艺品生产、消费者的品位和新颖的营销举措联系在一起，与个人重新定位和乡村区域化绿色发展紧密联系。

面对乡村绿色发展的概念模型中概述的不断变化的外部条件，乡村区域能否维持和加强这些复化网格交互关系的发展和路径，乡村区域化的生态经济将如何变得持久和自我维持，需要哪些流程和政策干预来保持复化网格关系随着时间和空间的推移而展开，这种展开如何导致一组更密集的生态经济关系的出现，可能需要追溯重新定位的乡村地区的相关产业复化网格关系的综合功能之间的一些重要的关键性维度和经验联系，以及它们在驱动和展开复化网格关系中的相互作用。

5.1.3 乡村绿色发展的测量维度

由第 4 章分析知，乡村绿色发展被界定为一个有机融合的系统空间，而乡村绿色发展是我国目前发展不平衡、不充分最为突出的领域。

同时也是生态文明建设和全面小康最大的短板,以及落实"两山"理念最主要的抓手,对其进行衡量测度,明确乡村绿色发展的阻力和不足,就显得尤为重要了。解构乡村绿色发展空间中彼此正交、互不相连的方向是度量空间变化状态的前提条件,即明确乡村绿色发展的空间维度,依据第3、第4章的理论基础和经济机理,从乡村绿色发展空间中抽离出彼此不相关的方向维度,能充分体现各系统协调健康的良性状态的向度。乡村经济系统中对应生产能力的要求是各类资源充分利用,生产绿色化的良态模式;乡村生态环境系统中对应的生态保有维持能力的要求是自然生态环境维持和保有平衡的绿色化良态模式;乡村生活质量系统中对应的质量提升能力的要求是人与自然和谐相处,拥有健康和幸福的良态模式;乡村响应系统中对应的机会获得能力是包容、拥有获得公平机会的竞争氛围的良态模式。

(1) 乡村绿色生产能力

生产力是人类劳动的生产能力。绿色生产力意味着,不损害环境或对环境有所改善的劳动能力。绿色生产力就是与环境相关的劳动能力。乡村的生态环境具有生态价值,发挥着生态服务的功能,因而,保护和改善乡村的生态环境,就是保护和发展生产力。乡村绿色生产能力的维度主要考察乡村绿色生产能力的水平,而绿色生产能力是指以节约能源、降低消耗、减少污染为目标,以绿色管理和绿色技术为手段,使生产全过程污染控制,使污染排放物的产生量最少化的一种综合能力。乡村绿色生产是一种更广义的清洁生产,它是建立在有利于乡村生态环境保护的原则上来组织生产过程、创造出绿色产品,以满足绿色消费的生产。乡村有机体空间资源生产能力的具体考察项目有历史性已有能力,包括乡村的能源消费能力、电力和水资源的消费能力;未来的潜在能力,包括绿色能源的生产利用能力、农膜回收利用能力、秸秆循环利用能力;即时性当下环境改善能力,包括环境从业人员的参与能力、环境投资的投入能力。

实现绿色生产的主要途径有四条:一是综合利用原材料和能源等资

源，减少能源消耗，开发二次资源（例如，利用"废渣""废气"等）。节约能源和减少排放与绿色生产力有很紧密的关系，农业和生活对能源的需求是乡村的主要耗能来源，具体包括：农业生产过程中机电对能源的消耗，运输过程中的耗能，化肥使用过程中的能源消耗，乡村家庭生活对能源的消耗。所谓清洁能源是指消耗后不产生或很少产生污染物一次能源和二次能源。包括太阳能、风能、水能、地热、潮汐、沼气、天然气、煤气、电能等。Sharma（2007）研究印度对非常规能源的使用情况发现，通过生物量汽化器和太阳能光伏发电的分散为农村电气化提供了一个可行的长期解决方案[34]。由于不同乡村地理位置、自然条件禀赋差异较大，依据乡村自身的地理资源优势条件，开发清洁能源的应用条件，再利用太阳能、风能等推广沼气、节柴灶等节约非再生能源，充分发挥乡村清洁能源利用的效率。二是在绿色生产过程中防止物料流失，对废物要进行回收循环利用。促进秸秆利用产业化的一系列变革，在木材原料短缺日益严重的今天，秸秆应用产业化广受关注，若能创建以秸秆为原料的新型生态工业，实行建材业、种植业、养殖业、农副产品加工业、秸秆生态工业五业相结合的生态农业的生产模式，生物液体燃料、有机肥、生物饲料等都是秸秆转化的产物，那将是一种新型的产业模式，秸秆的资源优势在这种产业模式下也将迅速转化为巨大经济优势。三是改进设备和工艺流程，开发更佳的生产流程。改善现有设备技术落后的境况，而装备制造业的发展，又将大大提高秸秆综合利用的效率及多样化，提高农户及相关农村合作组织进行秸秆综合利用的积极性，形成良性循环经济。而模式创新又会带动秸秆综合利用水平的提高和产业业态的多样化发展，形成规模化和产业聚焦效应，从而为提升农民收入、增加就业、增加 GDP 等提供保障。四是改进和发展绿色技术，搞好污染防范及末端处理，提高废物利用率。

（2）乡村绿色保有维持能力

美国学者 Daly 和 Farley 在《生态经济学原理和应用》中，对大自然中所有资源进行了分类，将它们划分为非生物资源和生物资源两大类；把矿产资源和化石燃料统称为不可再生资源；并且把化石燃料、矿物、水、土地、太阳能称为非生物资源；把可再生资源、生态系统服务、废弃物吸收称为生物资源。并对大自然提供的 8 种类型的商品和服务进行了分析，将所有提供这些商品和服务的结构和系统统称为自然资本。很显然，这是对地球实际提供的资源数量和复杂性的高度概括。

化石燃料。从实际的角度来讲，化石燃料是一种不可再生的低能源。它们和建筑砖块等物质材料一样非常重要。

矿物。地球提供了固定数量的基本元素，这些元素的组合方式不同，纯度各异，在此简单地称之为矿物。所有的经济活动和生命本身最终都要依赖于各种原材料。我们把以相对纯的方式内含特定矿物的岩石称为矿石。矿物高度集中的矿石是一种不可再生的低熵物质来源。

水。地球提供的水量是固定的，其中淡水只是很小的一部分。地球上所有生命都依赖于水而生存，人类的生命要依赖于淡水而生存。

土地。地球提供一种物理结构以支持人类的生存，这种结构能够捕获太阳辐射和落在它上面的雨水。土地，不仅作为养分和矿物来源的载体，还作为一种物理结构、一种基质或者一个场所，具有某些经济属性，这些属性与土壤的生产力无关。

太阳能。支持系统提供了太阳能，即整个系统所依赖的最终低熵源。

可再生资源。生命能够利用太阳能将水分和基本元素组织成在经济过程中用作原材料的更为有用的结构。只有起光合作用的生物能够直接做到这一点，而且几乎其他所有有机体（包括人类）都依赖于这些初级生产者而生存。这些生物资源传统上被称为可再生资源，只有在它们被利用速度比其再生速度慢时，它们才是可再生资源。很明显，生物资源是可枯竭资源，但其方式与矿产资源不同。

生态系统服务。生物物种相互作用以构建复杂的生态系统，这些生态系统具有生态系统功能。当人类使用这些功能时，我们称之为生态系统服务。许多生态系统服务是人类生存的必要条件。

废弃物吸收。生态系统处理废弃物，并使之对人类无害，而且大多数情况下，再次使之作为一种原材料而成为可再生资源存量。这是一种特定类型的生态系统服务，但是，它的经济特性使得它值得作为一类。

OECD（2011）提出的"资产基础"，既包括生产资产，也包括非生产资产，特别包括环境资产和自然资源，即绿色资产。绿色资产包括土地资源、矿产资源、水资源（包括湖泊、江河流域）、湿地资源、海洋资源、森林资源等。乡村拥有者得天独厚的自然生态资源、自然生态环境应当是人类生产力要素组成不可或缺的部分，是可持续发展的动力，是为人类提供更多优质生态产品的根本前提。Harrison（2014）认为绿色资产和生态系统应作为基础设施结构的一部分，可以支持和维持社会，建立复原力[35]。绿色保有维持维度考察的是乡村绿色资产的占有量和调节维持的能力，即天然存在的自然资源的含有量以及对生态环境压力的分解吸收作用程度。其中自然资源是指自然界天然存在、未经人类加工的资源，是自然界赋予或前人留下的，可直接或间接用于满足人类需要的所有有形之物与无形之物，如土地、森林、水、生物、能量和矿物等。因而，乡村绿色发展的绿色保有维持能力维度的具体考察项目包含两个层面，一是具有乡村特色的耕地面积保有能力。当下改善环境实施的绿色基础设施建设能力（比如：公共绿地面积拥有量），Benedict 和 Macmahon（2002）认为绿色基础设施是环境、社会和经济可持续性所需的生态框架，它是国家的自然生命维持系统，能提供长期生态服务功能，维持生态系统与环境协调平衡的能力（比如：森林覆盖面积）；二是对生态环境的分解吸收能力，尤其对排放到环境中的废气、废物的承载压力的阈值极限。

（3）绿色生活质量提升能力

绿色生活质量维度，考察的是乡村绿色生活的水平。关于生活质量的概念，国内外专家有不同的认知，加尔布雷思提出"生活质量是人们对生活水平的全面评价"。社会学家坎贝尔将生活质量定义为"生活幸福的总体感觉"，既包括个体的感觉也涉及社会环境和自然环境的综合影响。乡村绿色生活质量提升能力维度具体考察两方面：其一，从客观角度，考察乡村周边社会生活的环境质量提升的能力和当下环境中基础设施改善能力，包括乡村公厕建造数目，乡村垃圾处理的能力等。其二，从主观角度，考察乡村村民对居住周边环境的主观感受能力及拥有保护健康意识的能力。保护健康意识能力是指村民在健康保健方面的投入及对生活质量的满意程度。Stöhr 和 Tödtling（1979）认为"生活水平"既要用物质进步来衡量，也要用"生活质量的非物质方面"进行衡量，这当中包括地方与区域凝聚力、个人与群体价值的自我实现、个人与社区参与地方政策决策的机会等。乡村生活方式绿色化是新时期乡村可持续发展的实践模式，是实现乡村振兴生态宜居目标的关键。黄炎忠等（2020）基于634份微观调研数据，探讨农户绿色生活方式的选择偏好，并分析了节约意识与面子观念文化情境因素对农户绿色生活方式参与的影响。研究表明：农户的绿色生活方式选择偏好以节约饮食和使用节能型家电为主，循环利用和生态环保理念类生活方式则相对被忽视，其中节约意识能促进农户的绿色生活方式参与，但面子观念则对农户参与绿色生活方式起到抑制作用。随着农户收入增加，节约意识的培养能有效减弱面子观念对农户绿色生活方式参与度的负向影响。因此，推进乡村生活方式绿色化转型的重心和难点仍然是绿色生活理念的培养，要加强提升高收入农户的勤俭节约意识，培养正确的绿色发展价值观。

乡村绿色生活质量的最终目标是以建设美丽宜居村庄为导向，以农村垃圾、污水治理和村容村貌提升为主攻方向，开展农村人居环境整治行动，全面提升农村人居环境质量。在全面建设社会主义现代化国家的新进程中，只有坚持以人为本、依靠人民、共享发展成果的发展思想，才能树立正确的发展观和现代化观念。实现乡村绿色发展目标，要求始终把人民美好生活的愿望作为奋斗的目标，把促进各国人民共同繁荣放在更重要的位置，促进人的全面发展和社会的全面进步，让广大人民群众有更全面、更安全、更持久的感觉。在农业和农村现代化建设中，要特别注意通过农业和农村治理体制和能力的现代化，大力实施农村建设措施，大幅度提高农业和农村基础设施的质量，促进农业和农村经济的高质量发展。做好公共服务能力和居住环境建设，缩小城乡差距，鼓励农村居民过上优质生活，努力促进农民的全面发展和农村社会的全面进步。

（4）乡村公平机会获得能力

North 和 Smallbone（2000）研究关于影响区域和地方经济竞争力的因素时发现，具有创新性的中小企业和公司在创造外部收入和就业方面对农村经济作出了重要贡献[36]。公平机会获得能力维度考察的是乡村拥有的创新能力和增加就业机会的能力。加强乡村的创造力和生产能力，克服城市化进程中的一些弊端。乡村生产创新能力提升的主要渠道有绿色技术水平和人力资本的提升。科技创新的核心是研究与开发（R&D）活动，也是区域提升自主创新能力的主要途径，它在科技创新中起着关键作用。其中可再生能源的 R&D 投入对乡村能源结构的改善和绿色生产能力的提升同样起着关键的作用。现代农业是以现代科学技术为基础的发达农业，科技是现代农业的核心投入要素。要提高农业科技创新能力，就必须加大对农业的 R&D 投入。尤其是资金方面的投入，投入越多，乡村自主创新能力越强，专利申请数额越多。因而，科技投资是乡村实现现代化的首要推动力和源源不断的后劲。创新是乡村发展的源动力，乡村拥有的科技人员数量以及在科技方面的投资都将促使乡村的创新生成，从而使乡村更具活力和吸引力，带来新的机会和机遇。

同时，受教育程度越高，找工作越容易，也越不容易失业。农民的技能和知识水平与其耕作的生产率之间存在着较强的正相关关系。在乡村，受教育程度越高越容易接受农业新知识，引进新的生产要素，从而能更好地从事农业生产，提升农业劳动生产率，有利于新技术、新产品的引进和种植结构的调整。受教育程度高低，决定了农民使用新的生产要素的态度和能力。具体表现在三方面：其一，提高农民的科学文化素质可以提高农民获取信息的能力，而信息资源的获取有利于降低农民生存的机会成本，使农民做好调整，把握市场需求，及时做出正确的判断。其二，受教育程度越高的农业劳动者能够比较注重产品的质量和差异性，把握市场规律，从而增加收入。其三，拥有较高文化素质的村民可以更快适应市场需要，提高农产品流通效率。

另外，乡村地区拥有丰富的可再生能源资源，种类数量都很大，除了太阳能、风能、地热等自然循环不断补充的原始能源之外，常见的农作物秸秆、植物、人畜排泄物、有机生活废弃物等生物质能资源充足，生物质资源通过合理开发利用都可转化为可再生能源，如沼气资源。通过可再生能源的开发不仅给乡村带来更价廉的能源系统，而且还将创造出更多新的乡村商业模式和就业机会，以及更清洁的乡村环境。

在欧洲著名的乡村发展 LEADER 计划框架下，乡村的社会创新已逐渐被公认为是重要的内容。因为社会创新打破了乡村的边缘化，是促进新内生发展的一个关键参数。正如 Neumeir（2012）所指出的，"基于新内生战略的乡村发展只有在建立、鼓励和支持社会创新的发展基础上才能取得成功"。因而，在最新的由社区主导的欧洲乡村复兴 2014—2020 地方发展（CLLD）领导人框架中，社会创新与空间规划、能力建设、新内生发展方面也同样被认为是非常重要的项目。

5.2 乡村绿色发展核心测度指标的提取

OECD（2011）选择指标监测绿色增长进展的关键原则有三方面：其一，政策相关性。即体现评估价值的重要性和目标性；其二，分析稳健性。即有利于合理分析和在经济建模和预测中的应用；其三，可测量性。即指标应有效且可及时更新。本研究在 OECD、UNEP、WB、GGGI 四大机构关于绿色增长或农业发展相关衡量指标体系中，经过统计分类提取核心要素，组合乡村绿色发展的测度指标。

5.2.1 核心要素的主观筛选

乡村作为区域发展中的一个子系统，乡村绿色发展的内容较丰富，涉及社会、经济、生态、文化等很多方面。不同的方面有不同的主导因素对其产生作用。因此，在综合测度时，应重点分析并选择对乡村发展产生重要影响和代表性的因素，即彰显主导因素的作用。系统不是孤立存在的，子系统之间及与其上层系统之间存在着相互联系。乡村发展是各个要素相互联系构成的一个有机整体。因此，测度指标选取应从宏观到微观层层深入，反映出不同子系统之间及不同测度类型的系统指标。国外研究者对于影响农村绿色发展的指标选取也做了一些研究，其中Toni（2021）为了评估意大利内陆地区应对农村发展的潜力和局限性的影响，选取了劳动强度、多功能性、用水效率、道路密度、年轻农民、旅游功能、优质产品、能源作物、失业率、农场规模、宽带、水文风险、自然保护和森林 14 个指标来描述内陆地区的特征。通过研究，提出改善内陆地区农村发展的三个途径：一是应通过提高农场和林业企业的复原力来评估内陆地区的附加值，以提高国家对全球市场的竞争力和社会经济转型，例如，通过实现农产品差异化与农民的平衡能力和优势，在当地食品链中建立网络和合作机会，实施适应当地障碍和限制的战略，以及平衡农场的绩效和环境保护。二是应加强内陆周边地区内部和之间的连通性。特别是通过改善对生产部门和地方社区框架的连通性和数字化的投资，以广泛提高竞争力和福利。三是应实施基于地方的规划方法。主要通过在决策过程中促进参与式规划和公众咨询，同时改进沟通策略和有效的营销活动，其主要目的是在地方范围内加强合作伙伴关系，并反映意见和将当地社区的看法纳入所采用的战略和活动中[37]。

　　同时，根据绿色发展内涵及乡村区域特质，测度层面要考虑多方面因素。但测度要素多杂，也不利于分析。因而，提取测度核心要素非常必要。关于绿色发展的相关研究，国内外一些机构（团队）已做过许多，鉴于此，借鉴成熟绿色发展指标项目，结合我国乡村区域特质，我们提出包含若干条的乡村绿色发展测度指标集合，再咨询相关领域专家的意见和建议，经过几轮筛选，给出乡村绿色发展核心指标要素条目集合，具体筛选过程如图 5-2，其过程是通过集体主观决策来筛选乡村绿色发展测度指标的核心要素。经过对 OECD、UNEP、WB、GGGI 四大机构相关指标的分析，共抽取 36 项指标，结合我国乡村发展特点及已有文献指标，共归纳整理得到 53 项指标，取两个集合的交集，即公共部分指标，共 18 项，作为原始核心指标集，再依据指标的原始复合计算方法，对原始指标进行解构，分解出原始计算信息要素，即因要素和果要素，共 25 项核心要素。比如，指标集中的原始指标为农村人口占比，按其计算法则，农村人口数除以总人口数，则农村人口数作为因要素，总人口数作为果要素；原始指标 GDP 结构，按其复合计算法则，对应的因要素有区域第一、二、三产业的产值，区域总产值作为果要素。

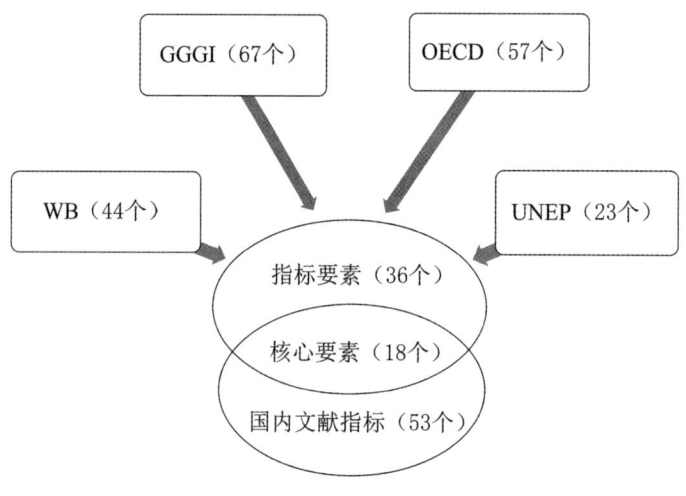

图 5-2　核心要素集合筛选过程图

5.2.2　核心要素的系统聚类分析

乡村绿色发展指标的核心要素，主要指乡村应具备的，能够满足自身可持续发展和社会效益提升需要的必备成本和关键要素。对乡村绿色发展指标核心要素的研究是把生态文明建设落到实处的重要保证，也是适应全球绿色可持续发展趋势、提升我国绿色发展国际竞争力的迫切需要。根据上述分析，由主观筛选法提炼出乡村绿色发展的核心要素信息,即25项核心要素,对其进行科学的分类后,再依据测度需要,进行相关的要素组合,形成针对特定乡村绿色发展需要的测度指标。系统聚类分析法是要素信息科学分类的一个重要法则。因此,对于核心要素的分类,本研究采用系统聚类分析。从分解的文献原始指标交集中提取核心要素作为乡村绿色发展测度指标的组合基础,是主观选取指标的补充,找到核心要素的类别,再结合已有相关数据的原始信息,确定核心要素之间的因果关联和层次关系,从而为乡村绿色发展测度指标的重组奠定基础。

(1) 系统聚类分析的基本原理

系统聚类分析[128][129][130]就是定义一种度量规则,把具有相似或相近的事物归为一类,依次类推,再依据度量法则,即相似性测度,进行事物的归类和合并,最后,把所有事物按相似性测度法则归成几类,从而完成核心信息的分类提取过程。系统聚类的相似性测度定义有绝对值距离、欧式距离、Chebychev距离等,本研究采用欧式距离进行相似性度量。首先,对原始要素变量用公式5-1,进行极差标准化处理。

$$X_{ik} = \frac{x_{ij} - x_{\min}}{x_{\max} - x_{\min}} \quad (公式5-1)$$

然后,再计算欧式相似度距离:

$$d_{ik} = \sqrt{\sum_{i=1}^{m}(X_{ij} - X_{ik})^2} \quad (公式5-2)$$

其中,$i = 1, 2,\dots m$;$m - 1, 2, 3, 4, 5$;$k, j = 1, 2,\dots 25$,$m = 1, 2,\dots 5$,$x_{\max}$和$x_{\min}$分别为i列要素变量的最大值和最小值。

(2) 聚类结果分析

根据欧式测度系统聚类分析原理,运用MATLAB2016a编程对核心要素交集中的原始变量进行系统聚类分析,由聚类图5-3所示,共分为5类。依据5类核心要素的属别和特点,分别命名环境要素、经济要素、资源要素、质量要素及机会要素。

具体要素分类如下表5-1。在25个核心要素集合中,机会要素中的9号为可再生能源R&D支出,质量要素中的16号为健康风险成本,

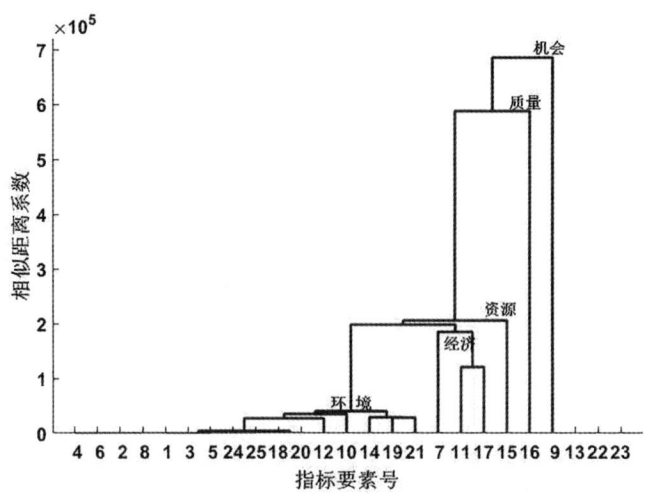

图 5-3 核心要素系统聚类分析图

资源要素中的 15 号为区域面积，经济要素中的 7、11、17 号分别代表人口数量、区域 GDP、第三产业产值（产业结构）中的分解要素，环境要素中的 5、10、12、14、18、19、20、21、24、25 分别代表清洁能源使用量、秸秆循环利用量、农膜回收利用量、能源消耗总量、乡村水电消耗量、环境投资总量、环境就业人员数、秸秆产出总量、农膜使用消耗量、环境专利数量。

表 5-1 核心要素指标分类表

类别	环境	经济	资源	质量	机会
指标要素编号	5、24、25、18、20、12、10、14、19、21	7、11、17	15	16	9

5.2.3 核心测度指标的要素构成

乡村振兴是我国高质量发展下乡村绿色发展的阶段性战略，包含乡村产业的绿色发展、乡村生态的绿色发展、村民生活的绿色发展、乡村村貌的绿色发展、乡村机会的绿色发展。产业的绿色发展意味着把乡村建设成一、二、三产业融合兴旺的发展格局，强化一产对二产、三产的支撑力度，提升二产、三产对一产的反哺力度。宋庆伟等（2016）对我国 2000—2010 年县域农业发展及乡村经济发展进行秩相关分析，发现此阶段我国县域农业发展与乡村经济发展之间的相关性在下降，表明这几年，对一产的反哺发挥了作用，乡村产业结构趋于多元化发展。通过一二三产业的相融相通的乘数效应，拓展了农业发展空间，拉长了农业产业链，提升了农业价值链，完善了农业利益链。

乡村生态的绿色发展意味着把乡村建设成为生态环境优美、宜人善居的空间形态，保护好乡村原有的宝贵财富，即绿色资产，发挥绿色资产的生态服务价值功能。村民生活的绿色发展意味着村民生活富裕，生活品质高，追求物质与精神文明的相辅相成。乡村村貌的绿色发展意味着乡村治理效果好，包括乡村农业污染源的资源有效利用，清洁资源和可再生资源的循环利用。王绍芳（2010）认为科技进步和科技创新是农村生态文明建设的动力，应以科技助推生态农业发展和农村环境治理，以及科技教育提升村民科技素养、拥有获得机会的能力。乡村机会的绿色发展意味着乡村有很强的吸引力，能带来具有高等教育学历或娴熟技术技能的培训师。乡村就业前景乐观，只要有创意，就有创新实践的机会。

乡村绿色发展测度的核心要素包括经济、资源、环境、质量、机会五个方面。每一方面又有相关的因果要素，比如，经济方面的因要素有非农业就业人数、人口数量、人均可支配收入、第二三产业值等，果要素有乡村 GDP、乡村就业总人数等；环境方面的因要素有清洁能源利用量、秸秆循环利用量、农膜回收利用量、能源消耗总量、乡村水电消耗量、环境投资总量、环境就业人员数，果要素有秸秆产出总量、农膜使用消耗量；资源方面的因要素有耕地面积、公共绿地面积、森林覆盖面积，果要素有乡村总面积。质量要素方面的因要素有三废排放量、卫生公厕拥有量、生活垃圾处理量、健康风险成本等，果要素有安全饮用水系数、污水处理率等；机会要素方面的因要素有可再生能源的 R&D 支出、受教育人员数、科技总投入、科技人员数量、果要素有乡村技术专利总数等。

乡村作为一个社会系统，各要素本身不会孤立存在，彼此之间还有相互作用，即不同方面的因要素与因要素之间，因要素与果要素之间，果要素与果要素之间还存在一定的关联关系。比如，就土地要素而言，土地对所有人，包括所有人、控制人或使用者的潜在持久利益通常可以通过多种方式产生。比如，土地作为生产农产品的投入和劳动力的组合，其产品的市场价值扣除相关的生产和交易成本后，是土地所有者可以获得的收入流。当然，土地也可以通过其他使用方式使用，如非农业使用，包括租用以土地要素为基础的工厂或在土地上提供娱乐和旅游服务以及其他渠道，以便土地所有者获得收入。由于我国乡村土地利用的控制规律，不同性质的土地，如基本农田或林地，可以在不同的方向或范围内使用。就劳动力要素而言，潜在的收入流不仅可以凝结为依赖于劳动力投入的产品价值，而且可以通过劳动力接受者直接的劳动力服务交易、向工人支付的劳动力报酬来实现。这意味着农民作为劳动力要素的提供者，可以依靠劳动力要素产生效益。无论是在农业或非农业组织工作中得到的报酬，还是在参与农业生产，如茶叶、竹子或食品生产或非农业生产，如工商企业就业过程中销售产品所得的效益。

劳动力作为一个基本要素，只有在劳动力生产持续的情况下，才能获得持续的收益。一旦劳动者离职或失业，作为一个要素的劳动就很难或不可能给劳动者带来收益，其资产的属性就会下降或不可能成为资产。技术作为一种特殊的要素，往往放大或提高了土地、劳动力甚至资本等要素的生产效率，提高了各种要素的综合生产水平，不仅为技术所有者或控制者带来了持续的收益，而且还为企业的发展带来了巨大的收益。它可以提高其他因素的绩效，特别是当管理者无法区分不同要素投入的产出价值份额时，组织产出的增长可以提高不同要素的投资绩效。比如，农业机械技术的进步将提高劳动生产率，提高单位劳动力的农业生产水平或产量。农业生物技术，特别是优质种子品种，可以提高单位土地面积的农业产量和质量，提高农业投入产出收益。

为了更清楚地区分自然资源与环境因素之间的差异，把自然资源限定为具有生产性或物理性特征属性的要素，而把公众对自然资源划分的主观感受或消费水平，作为一个环境属性。当然，环境要素不仅包括自然资源所带来的美、奇、健等消费属性，还包括人为改造给人类生活带来的便利、清洁、舒适和欣赏。环境质量作为农业生产函数的输入要素，结合要素市场和产品市场的均衡，可以分析环境质量变化后的成本和需求效应，估计生产者的反应。显然，环境也是一个特殊的因素，可以与自然资源等其他因素区分开来。由于环境改善可以极大地改善人类的主观幸福感，一旦公众作为消费者愿意为消费或享受某种环境要素，比如购票等支付一定的货币成本，环境要素就可以转化为能够产生可持续效益的资产。

绿水和青山可以明显地看作是天然元素，如转化为矿泉水和矿产品，有助于经济和社会工业的发展，它作为一种环境要素，也可以直接转化为旅游业等经济效益。土地、资本、技术甚至制度等环境也可以成为经济发展的重要组成部分，不仅可以直接促进经济增长，而且可以增加一个地区的公共收入流动，成为一种重要的资产形式。意味着，必须重新审视环境作为区域发展的一个组成部分和积极因素的理论意义。一般来说，与其他因素相比，环境作为一种要素和资产，具有与社会资本或人力资本更为相似的无形特征，而且由于社会参与者的参与，环境更为复杂。显然，环境作为为社会行为者创造可持续收益的一个基本要素，通常需要采取大量可持续的集体社会行动。当然，很难衡量资源和环境的改善对经济发展乃至政府收入增长的贡献。

以经济方面与机会方面的要素为例，经济的因要素乡村人口数量就与机会的因要素科技人员数、受教育人员数有关联关系；经济的果要素乡村 GDP 与机会的果要素科技投入量有关联关系，其余关系具体如图 5-4。

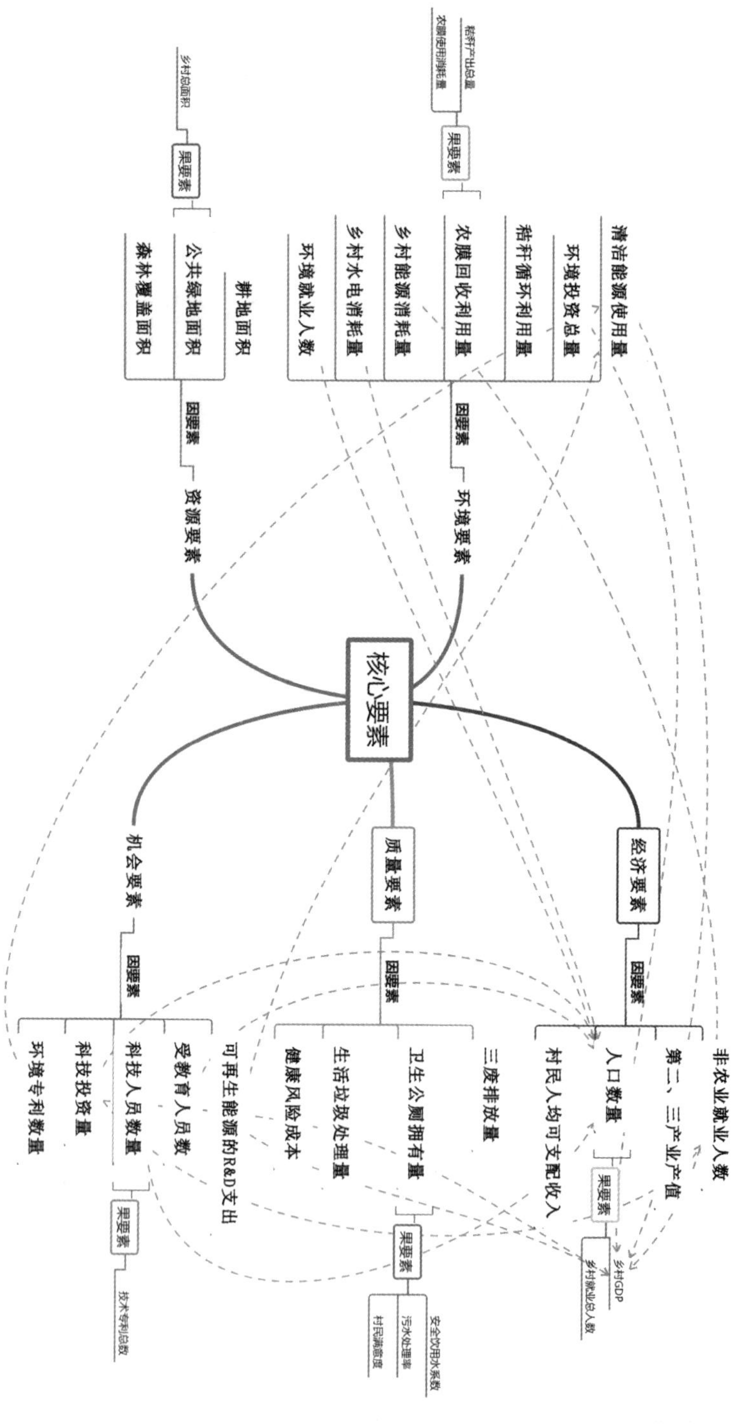

图 5-4 乡村绿色发展测度的核心要素关联结构图

5.3 乡村绿色发展核心测度指标的矩阵架构

经过上述核心指标要素提取过程和对指标要素的分类，结合已有相关文献中相应指标出现的频数统计，依据上述核心要素的因果关系及与其他要素的关联关系，对核心要素进行重组，构建乡村绿色发展的新指标。同时，结合各指标要素的熵权理论和认知盲度范围区间确定指标权重值并进行一致性检验，构建乡村绿色发展能力测度的核心指标体系。

5.3.1 标准选择

乡村绿色发展测度指标必须能够起到直接或间接反映效果，同时还要考虑指标本身的合理性和有效性。总体来说，指标的选取要遵循系统性、可行性、可比性和综合性等几大原则。

（1）系统性和可行性原则

按照系统论的观点，指标要能全面反映系统的总体特征，符合乡村绿色发展涉及的各个方面内涵，经济、资源、质量、环境、机会主要构成要素都要在指标体系中得到反映。选取的指标应该考虑数据获得的难易程度及指标量化的可操作性。就是将各种指标集成为简单明了的综合指标。

（2）可比性和综合性原则

选取的指标其内涵在乡村区域之间具有普遍适用性，以方便进行乡村区域的对比研究。选取的指标要尽可能量化，做到定量测度，有些指标无法做到量化，也可以考虑采用主观测度指标。因此，指标体系构建采取定性与定量结合。刘世锦（2016）认为，实现绿色发展的首要任务是解决生态资本如何量化核算的问题，同时要注重绿色标准，方可实现绿色发展的可操作性。绿色发展理念以人与自然和谐为价值取向，以绿色低碳循环为主要要求，以生态文明建设为基本抓手。综上所述，在指标核心要素构成的主客观分析基础上，依据测量维度，将指标标准分为包含乡村绿色生产、乡村绿色保有维持、乡村绿色生活质量、乡村公平机会四个一级指标。

测度指标是由核心要素中的指标经过重新组合得到的,具体的重组计算方式有三种:一是种属比率法组合。即依据因果要素之间的直接种属关系,选择相对应的因要素与果要素的比率作为测度二级指标标准的内容。比如第二、三产业比重就是相应的第二、三产业生产总值与乡村 GDP 的比值;清洁能源利用率就是清洁能源消耗数量与能源总消耗量之比;耕地面积、公共绿地面积、森林覆盖面积占比,就是乡村的耕地、公共绿地、森林覆盖的面积与乡村面积的比重;三废排放量占比,就是乡村三废各自排放总量与总排放量的比率;环境相关专利占比就是环境专利数量与乡村总专利数量的比率。二是相对比率法组合。即因要素与其他类别中的果要素组合。组合方式也为因要素与果要素之比,比如村民人均可支配收入比重、科技投资比重、环境投资比重分别是村民人均可支配收入、科技投资总额、环境投资总额与乡村 GDP 之比;受教育、环境、科技就业人数占比,是在受教育、环境、科技领域实际就业人数分别与乡村总人数的比率。三是复合比率法组合。即几种相关要素协调组合的比率,比如人均电力消耗量占比是乡村电力消耗总量与人口数量的复合比率;人均用水量占比是乡村用水总量与人口数量的复合比率。

5.3.2 权重赋值

在乡村绿色发展测度指标体系中,由于每个测度指标与同一类别中的其他指标相比,其作用、地位和影响力不尽相同,必须根据每个指标的重要性程度赋予不同的权重。权重反映了各个指标在"指标集"中的重要程度。指标的权重直接关系到这一指标对总体的"贡献性"大小。因此,确定测度指标体系的权重,是乡村绿色发展测度的基础。本研究的乡村绿色发展测度指标体系采用的是主客观相结合的权重赋值法。其基本思想原理为:通过分析乡村绿色发展指标及其相互关系,并分解为若干个独立的层次结构,将采集专家意见的德尔斐专家调查法与模糊分析法相结合,对指标的重要性形成"典型排序",用熵理论对"典型排序"结构的不确定性定量分析,计算熵值和"盲度"分析,对可能产生潜在的偏差数据统计处理,得出同一层次各指标的相对重要性排序,确定出每一层次同类指标重要程度数值,即为核心指标的权重。

乡村绿色发展测度指标体系权重赋值法的具体程序如下:第一步,根据德尔斐法的步骤和要求,通过设计好的《乡村绿色发展核心指标重要性排序专家调查表》采集同领域专家意见,形成乡村绿色发展核心指标排序的专家意见集。在此步骤中,专家的选择非常关键,是乡村绿色发展测度有效性的重要保证。因而,我们选择了20位相关领域的博士或具有高级职称资质的学者或教授组成专家组,通过"背靠背"的匿名征询和反馈方式,由专家自己的知识和经验,独立地给出对核心指标集的重要性"排序"意见的定性判断,最终形成群体专家"排序意见集"矩阵。第二步,为了排除专家排序的不确定性,采用熵理论[131][132]通过求熵值进行分析,其理论依据描述如下:假设有 n 位专家对 k 个指标进行排序,结果对应 n 张排序意见表。其中,第 i 位专家对第 j 个指标的排序设为 I_{ij},则排序意见表就转化为排序意见矩阵:

$$I = (I_{ij})_{n \cdot k}, (i=1, \cdots, n; j=1, \cdots, k),\qquad \text{(公式5-3)}$$

I_{ij} 可取 $\{(1, 2, 3\cdots, j)\}$ 中的任意一个自然数。接着把排序意见值借助熵理论转化为 $[0, 1]$ 中的有效变量 μ_{ij},即找到排序意见阵对应的隶属度矩阵:

$$U = (\mu_{ij})$$

同时,定义 I 对应的隶属函数为:

$$\chi(I) = -\frac{p_n(I)\ln(p_n(I))}{\ln(m-1)} \qquad \text{(公式5-4)}$$

其中:

$$p_n(I) = \frac{m-I}{m-1}, \ I = 1, 2\cdots, j, j+1; \ m = j+2 \qquad \text{(公式5-5)}$$

$$\mu = \frac{\chi(I)}{m-I/m-1} - 1 = -\frac{\ln(m-I)}{\ln(m-1)} \qquad （公式 5-6）$$

其中 j 为最大排序号。于是，n 位专家对第 j 个指标的平均排序，即共同认知度为：

$$\bar{\mu}_j = \frac{\sum_{i=1}^{n} \mu_{ij}}{n} \qquad （公式 5-7）$$

平均认知差距，即认知盲区定义为：

$$D_j = \frac{|\max(\mu_{1j}, \mu_{2j}, \cdots, \mu_{nj}) - \bar{\mu}_j| + |\min(\mu_{1j}, \mu_{2j}, \cdots, \mu_{nj}) - \bar{\mu}_j|}{2}$$

（公式 5-8）

故第 j 个指标的合理认知度为：

$$\alpha_j = \mu_j \times (1 - D_j) \qquad （公式 5-9）$$

根据权重的条件特征，对核心矩阵中的第 j 个指标权重赋值如下：

$$w_j = \frac{\alpha_j}{\sum_{j=1}^{k} \alpha_j} \qquad （公式 5-10）$$

则 $w = \{w_1, w_2, \cdots w_k\}$，$w_1 + w_2 + \cdots + w_k = 1$ 为权向量。

5.3.3 矩阵结构

经合组织界定绿色增长指标的一个自然起点是将经济投入转化为经济产出（货物和服务）的生产领域。他们认为"绿色增长是促进增长和发展，同时确保自然资产能持续提供人类所依赖的资源和环境服务。以推行促进绿色增长政策为目的的政府，需要促进作为基础的投资和创新，并带来新的经济机会的指标；还需要能够帮助提高认识和衡量进步，发现机会和风险的指标。"依照国际上绿色增长的广义内涵，在构建体现乡村绿色发展主旨内容的指标时，不仅要反思乡村已有的绿色发展条件，还要关注乡村现有的绿色发展基础，更要挖掘乡村未来的绿色发展机会。因而，识别和衡量乡村已具有的绿色发展能力、即时存在的绿色发展能力、可挖掘开发的未来绿色发展能力是帮助和促进乡村绿色发展的重要依据。据此，从筛选提取并组合得到的 29 个核心指标集中，在原有生产、消费、自然、生活、机会指标的基本属性之上，又把表征不同发展阶段绿色发展能力的核心指标按衡量维度的能力类别属性，构建了绿色发展能力测度核心指标矩阵表 5-2。其中，每一类二级指标又分为投入型和产出型，再根据指标的属性，分为正向、负向和中性。例如，一级指标乡村绿色生产下的投入型二级核心指标，包括人口密度、非农业就业人数占比、人均电力消耗占比、人均用水量占比、环境就业人数在就业总人数中的占比、科技就业人数在就业总人数中的占比、教育就业人数在就业总人数中的占比、环境投资在 GDP 中的占比，产出型核心指标，包括第二、三产业比重、人均可支配收入占比、农膜回收利用率、秸秆循环利用率、清洁能源利用率。

表 5-2 乡村绿色发展的核心测度指标矩阵表

一级指标	指标类型	二级指标	变量	指标属性	权重
乡村绿色生产	投入	人口密度	X_{11}^*	中性	0.02857
		非农业就业人数占比	X_{12}^*	正向	0.00952
		人均电力消耗量占比	X_{13}^*	负向	0.03809
		人均用水量占比	X_{14}^*	负向	0.03571
		能源消耗量占比	X_{15}^*	负向	0.04292
		环境就业人数占比	X_{16}^*	正向	0.02619
		环境投资在 GDP 中的占比	X_{17}^*	正向	0.02380
	产出	第三产业比重	X_{11}	正向	0.05123
		第二产业比重	X_{12}	负向	0.08105
		人均可支配收入占比	X_{13}	正向	0.04768
		农膜回收利用率	X_{14}	负向	0.02917
		秸秆循环利用率	X_{15}	正向	0.02500
		清洁能源利用率	X_{16}	正向	0.02917

续表

乡村绿色保有维持	投入	耕地面积占比	X_{21}^*	正向	0.05206
		公共绿地面积占比	X_{22}^*	正向	0.02500
		森林覆盖面积占比	X_{23}^*	正向	0.07185
	产出	废水排放量占比	X_{21}	负向	0.03160
		废气排放量占比	X_{22}	负向	0.03160
		固废排放量占比	X_{23}	负向	0.03160
乡村绿色生活质量	投入	村民健康成本占比	X_{31}^*	负向	0.02500
		卫生公厕拥有率	X_{32}^*	正向	0.02500
	产出	污水处理率	X_{31}	正向	0.02500
		饮用水安全评估系数	X_{32}	正向	0.02500
		生活垃圾处理率	X_{33}	正向	0.02500
乡村公平机会	投入	可再生能源的R&D支出占比	X_{41}^*	中性	0.02850
		科技就业人数占比	X_{42}^*	正向	0.02500
		受教育人员数占比	X_{43}^*	正向	0.04587
		科技投资在GDP中的占比	X_{44}^*	正向	0.03778
	产出	环境相关的专利数占比	X_{41}	正向	0.02604

说明：乡村绿色生产中的农膜回收利用率来源于农业可持续发展规划目标①②

5.3.4 测度指标释义

乡村绿色发展的最终目标就是使乡村拥有友好的环境条件，充足

---

① 在"十三五"农业现代化主要指标中，农膜利用率是可持续发展的约束性指标中增幅最大的，年均增速为20%，到2020年达到80%。国务院发布的国发〔2016〕58号《全国农业现代化规划（2016—2020）》，http://www.gov.cn/zhengce/content/2016-10/20/content_5122217.html，2016-10-20。

② 文中提到2030年的实现目标是农业主产区农膜和农药包装废弃物基本回收利用，农业部网站发布的农计发〔2015〕145号，《全国农业可持续发展规划（2015—2030年）》，http://www.gov.cn/xinwen/2015-05/28/content_2869902.html，2015-05-28 10：14。

的自然资源满足乡村的生态服务供给。要实现上述目标，可以通过减少能源的消耗，在生产全过程中采用先进的清洁技术，减少碳排放，把垃圾等废物变为"资源宝"循环再利用。同时，发展生态农业模式，形成乡村绿色生产方式，提升乡村可持续发展的综合能力。据乡村绿色发展的内涵，其核心指标应体现以下的特点：其一，乡村在生产和消费经济活动全过程中，明显减少能源和资源的使用，降低碳排放，最终达到经济增长与能源消耗、经济增长与不可再生资源使用的脱钩状态；其二，促使乡村的绿色财富不断积累，提升乡村可持续的绿色福利，减少代际间在资源利用上的矛盾。

(1) 乡村绿色生产测度指标

Ali 和 Shujat（2000）认为生产力是人类劳动的生产能力。绿色生产力就意味着，不损害环境或对环境有所改善的劳动能力。本研究采用能源消耗量占比，代表乡村农业等产业在生产过程中对能源消耗的需求。同时，人均电力消耗量占比，人均用水量占比，代表了乡村居民最基本的生活消耗能源的水平，是衡量乡村已有能源消费能力的重要指标。另外，乡村环境就业人员比重，即环境就业人数在总就业人数中的占比，代表了乡村目前为改善环境现状所采取的实际措施，是提升乡村绿色生产力的必要条件。

在高质量发展的新时代背景下，随着国家层面振兴乡村战略的提出，越来越多的企业和个人，为了响应国家战略的号召，投身于农村经济发展的潮流中。而在城镇化早期，农村人员外流，乡村人口的流动使乡村人数发生变化。人口的数量及变化反映了乡村经济的特征。人口密度指标表示乡村地区人口占区域总人口的比重，代表了该地区乡村发展人口的稠密程度。随着农村的工业化、城镇化建设步伐的推进，乡村在向城市化发展的进程中，乡村非农业就业者的数量上升也是必然结果。因而，本研究采用乡村非农业就业者占总人口的比重的指标，反映了高质量下，农业农村的现代化进展状况，是衡量乡村绿色发展进步程度的一个重要指标。

经济结构转型是高质量发展阶段的突出特征和本质要求。从产出结构来看，第三产业将取代第二产业，中国经济逐步进入到服务业为主导的经济增长形态。乡村产业结构的构成体现了现有的经济基础和元素特征。乡村地区相关产业生产状况占区域整体的发展比重，即乡村社会各产业的结构特点，代表了该地区乡村经济发展的贡献度。同时，在高质量发展新阶段，发展第三产业是提高乡村居民生活质量的关键条件，本研究采用乡村第二、三产业占乡村地区生产总值比重的相应指标，来衡量乡村社会的基本产业结构的合理性程度及一、二、三产业融合衔接的进展情况。乡村现代化程度如何，乡村居民的经济生活水准可以从侧面反映出乡村发展的实际水平，而村民人均可支配收入是这一现象的最好体现。本研究采用乡村人均可支配收入占人均 GDP 的比重来表征，代表了乡村居民家庭经济发展的水平。清洁能源利用率指标是指乡村清洁能源的消费量占其能源消费总量的比率。但是，由于清洁能源的消费较难统计，本研究在实际测度中采用清洁能源为主要燃料的农户占全部农户的百分比来替代。秸秆循环利用率是衡量以农业为主的乡村绿色生产能力的关键性指标。另外，农膜回收利用率指标又是衡量乡村绿色生产力的重要指标。国家农业部要求，2020 年当季地膜回收处理利用率达 80%以上，继续加大地膜回收捡拾机具、全生物降解地膜产品及其配套农艺技术、高强度地膜、地膜资源化利用等关键技术和设备研发的支持力度。加强回收和资源化利用，构建市场主导、多方回收、公众参与的地膜回收和资源化利用体系。因而，农膜回收利用率可作为衡量乡村未来绿色发展生产力的一个指标。

(2) 乡村绿色保有维持测度指标

本研究采用耕地面积的比重，即乡村地区耕地面积占区域总面积的比重。其中耕地面积计算方式为年初耕地面积，加上当年增加的耕地面积、减去当年减少的耕地面积。当年增加的耕地面积是指本年度内因新开荒（本年度已种上农作物的新开垦荒地）、基建占地还耕、河水淤积、平整土地和治山、治水等原因而增加的耕地面积。当年减少的耕地面积是指本年度国家基建占地（指经县以上政府主管部门批准的因兴修水利、修筑公路、铁路、民航机场、修建工矿企业、建筑机关学校用房实际占用的耕地）、乡村集体基建占地（乡村新建或扩建乡村企业、兴修水利工程、修筑公路、以及建筑办公室和生产设施，如晒场、畜棚、猪圈等基本建设而实际占用的耕地）、农民个人建房占地、退耕造林面积、退耕改牧面积，以及因自然灾害废弃而实际减少的耕地面积。乡村公共绿地面积占比，是衡量乡村绿色基础设施建设的重要指标，代表了乡村绿色资产的一种类型。公共绿地是为了满足乡村居民日照、休闲、游玩等日常所需，在村庄周围设计了供游憩活动和悠闲共享的绿地，包括乡村居民区周边的公园、动物园、花园、陵园、广场绿地、小型游乐园、公共块状和带状的绿化土地。森林覆盖面积占比指标[①]是指乡村森林面积占乡村土地总面积的比率，是反映乡村森林资源和林地占有的实际水平的重要指标。其中，森林面积包括乔木林地面积和竹林地面积，国家特别规定的灌木林地面积、农田林网以及四旁（村旁、路旁、水旁、宅旁）林木的覆盖面积。森林覆盖面积也是反映乡村森林资源的丰富程度和乡村生态平衡状况的重要指标。同时，三废排放量占比指标是衡量乡村基本生态环境质量的重要指标，具有负向性特点，是乡村绿色发展的非期望产出，是增加乡村绿色生态环境压力的指标。作为乡村生态环境的限制性因子，也是衡量乡村绿色生态环境维持的关键指标。

（3）乡村绿色生活质量测度指标

以建设美丽宜居村庄为导向，以农村垃圾、污水治理和村容村貌提升为主攻方向，开展农村人居环境整治行动，全面提升农村人居环境质

---

① 沿用2003年生态县建设指标中环境保护下的森林覆盖率，2007年修订中将森林覆盖率指标细化为对山区、丘陵、平原地区的森林覆盖率要求和对高寒或草原区的林草覆盖率要求。具体参见：（1）国家环境保护总局. 生态县、生态市、生态省建设指标（试行）[J]. 环境保护, 2003（9）: 21-28.（2）陶克菲. 生态建设新指标促节能减排——解读《生态县、生态市、生态省建设指标》修订 [J]. 环境教育, 2008（02）: 35-37.

量。生活垃圾处理率指标是指经处理的乡村生活垃圾量占全部乡村生活垃圾总量的比重。生活垃圾中有一部分含有毒质，大部分会腐烂，散发细菌和恶臭，造成生活环境污染，危害人的身体健康。因此，使用正确方法及时处理生活垃圾是改善乡村生活环境的必要手段。饮用水安全评估系数是衡量乡村基本生存条件的重要保证，是一项检测乡村生活水平的重要指标。邓杜梅等（2019）调查发现厕所革命有助于人民健康水平的提高，尤其在改善农村污水处理设施、生产生活污水等方面，可实现无害化的卫生厕所，从而，提高农村的生态环境质量，提高农村文明程度[133]。目前，我国有些乡村由于地处偏远，基础设施建设较落后。乡村公共厕所的拥有率是衡量当下乡村基础环境设施改善治理效果的一项重要指标。污水处理率指标是经过处理的生活污水、工业废水量占污水排放总量的比重。慕瑜等（2019）研究发现乡村污水从源头进行收集、结合现代一体化设备的科学处理和排放有助于美丽乡村的快速实施和可持续发展，更有利于改善人居生活环境，提高居民的幸福指数[134]。王兵等（2016）运用污水排放数据与个人健康状况相关数据，采用 Grossman 模型研究了污水排放对农村中老年居民健康的影响，发现污水排放会显著提高该地区农村中老年群体患病概率并显著降低健康水平。乡村居民健康成本指标是指乡村村民每年用于看病或为避免健康风险而支出的费用与总收入的比重。这项指标数据通过走访一些村庄，进行调查统计汇总后得到。

（4）乡村公平机会测度指标

OECD（2011）提出经济机会的另一个核心方面是创新和技术。这些都是通过新产品、企业家精神和商业活动推动多要素生产率变化的驱动因素。可再生能源的研发支出占比指标是指可再生能源的研发投入量占乡村 GDP 的比重。通过可再生能源的研发不仅给乡村带来更廉价的能源系统，而且还将创造出更多新的乡村商业模式和就业机会，以及更清洁的乡村环境。绿色创新技术对经济的绿色进步起着非常重要的作用，世界银行把绿色专利作为度量国家绿色增长的一个重要项目。因而，环境相关的专利数占比指标是衡量乡村区域的技术创新能力的一项重要指标。创新是乡村发展的源动力，乡村拥有的科技人员数量以及在科技方面的投资都将促使乡村的创新生成，从而，使乡村更具活力和吸引力，带来新的机会和机遇。本研究采用科技就业人数在乡村就业总人数中的占比和科技投资在乡村 GDP 中的比重来表征乡村当下和未来两项衡量乡村经济机会的核心指标。乡村受教育人员数比重指标是表征乡村未来文明程度和生活水准提升的一个关键性重要指标。乡村人员受教育人数不仅代表乡村人力资本，而且还隐含着乡村人员的学习能力。在已有研究中发现，最成功的学习类型案例，包括三种情景：无论是工程还是绘画，都具有从该地区以外获得的技能和技术专业知识的能力；关于其他地方的故事和"模仿"或对外部地区的简短学习任务的讲故事能力；从嵌入的例子中学习经验知识的能力。乡村的发展不仅仅是需要正式的人力资本。同时，对具有一定学习能力的乡村居民的存在，也是有意义和需要的。正如一位非政府组织领导人解释的那样，"一个农民看到另一个农民所做的事情，比让一个工程师教他要好。" Karen（2016）在研究学习能力对乡村发展的影响关系中发现，最成功的案例，就是发挥不同类型的学习共同作用。他认为学习是在资产中创造了新的意义后，然后借助支持集体行动的力量模式、新的学习能力、共享的愿景和政府的协调系统发生的。此结论发展了学习能力的概念，表明学习必须以多种和强化的方式发生。同时，协调必须跨网络和层次进行，水平和垂直进行，不仅获取知识，而且获取资源。乡村居民生活水平的提高与其学习能力和受教育的多少有一定的相关关系。尤其是乡村居民家庭对其成员在教育及技能培训方面的投入，反映了对教育的重视程度，文化教育程度越高，拥有的经济机会就越多，获取收入的能力越强，生活质量就越高。

5.4 主要概念与基本逻辑

本章关于乡村绿色发展指标的筛选、确定和权重比都依据于熵的基本概念。同时，由于人类要通过劳动与自然生态系统发生物质变换，必然要在从自然生态系统中取走物质和能量，并返还自然生态系统各种废弃物质和能量，产生生态系统与经济系统之间的对立统一关系。因而，各级指标内容与之相联系的逻辑关系遵循自然生态系统中存量与服务均衡发展的关系。

5.4.1 熵概念

在自然界中存在大量的能量，依据能否对外界产生作用，可以分为有效能量和无效能量。所谓"无效"，即不可以用来做功，无效能也被称为束缚能，它只是一种束缚能，这种能量不能转化成动能或热能。比如，质量要素中乡村绿色生产过程中产生的一些废气、固废、废水，没有一个好的方法，能把这些废弃物中的能量转换出来。同时，有效能被称为自由能，可以直接做功，直接被利用，甚至转化成无效能。比如，取暖用的煤矿石，它属于一种自由能，因为可以直接用煤燃烧产生热能，即煤矿石可以通过做有用功转换成热能，扩散到我们周围。而热能是一种束缚能，不能继续做功。当然，还有一些自由能，不仅能产生热能，还能产生其他能量，如汽油、煤油等有效能。类似这样的例子在乡村绿色发展的系统中也存在，环境要素中乡村绿色发展过程消耗的能源，消耗的水电能，甚至还有能进行二次转化的清洁能源。

类似地，无效能和有效能之间的相互转化以及转化方向，可以用物理学中熵概念来表述。词典中把熵定义为"衡量热力学系统中无效能的一个指标"。因此，在乡村绿色发展中用无效能的熵指标来描述系统中产出指标和属性，既表明这种能量的约束大小，又表明有效能转化为无效能的方向。比如，乡村绿色保有维持下的二级指标：废水排放量占比、废气排放量占比、固废排放量占比都属于高熵指标，且熵指标方向属性为负向。同时，依据熵原理，完全再循环利用能量是不可能的。没有任何一种动物能够直接将自己的排泄物再循环作为自己的饲料。没有哪种经济能够直接只重新利用其自身的废弃产品作为原材料。但是，它可以再循环被利用，再循环所需的能量总是比前一循环更大。为了实现这种再循环，需要从系统外部引入补充物，使高熵能转化为低熵能，并被再循环利用。把高熵指标对应的无效能转化为低熵指标对应自由能，以达到绿色循环的发展，也是乡村绿色发展的目标之一。而且，这种转化属性是积极的。因而，在测度指标矩阵中，乡村绿色生产下的产出指标：秸秆循环利用率、清洁能源利用率；乡村绿色生活质量下的产出指标：污水处理率、饮用水安全评估系数、生活垃圾处理率都属于转化熵指标，且方向属性为正向。

5.4.2 存量与服务的均衡

乡村经济系统并不是一个孤立的系统，它本身是一个复杂的巨系统，且始终与外部发生交互的系统，也是自然界的子系统。因而，系统中的各种能量是有限的，其能量的存有量与系统运行服务消耗量的平衡，是保障乡村绿色发展的基本规律。由于自然资本和生态系统可以在一定程度上产生低熵资源和能量流并同化相应的高熵废物，因此在生态限度内的生态影响是合理的、不可缺少的经济投入和副产品。太阳能的存有量在自然系统中很丰富，但其服务系统的流量却十分有限。类似地，像太阳能、风能等清洁能源，虽然在自然系统的存量很多，但是能够被利用的清洁能源却非常少。与此相反，像系统中的耕地、矿油等能量本身的存有量十分有限，但服务系统的用量却很多，直到存量消耗完为止。系统中资源存量多但服务少、资源存量少但服务多的现象是一种不对称性。随着工业化的深入，不够丰富的低熵资源会越来越被需要，短期使用很方便，但是长期使用需要的成本太高，经济收益很少。

乡村绿色发展系统是一个有序的系统，它可以将低熵的物质和能量转化为高熵的废弃物和无效能，并为人类提供"精神上"的满足。另外，不管把什么资源转化为有用的东西，这些东西都不可避免地会解体、腐烂、崩溃或耗散为无用的东西，并以废弃物的形式返回生成资源的可持续系统。因此，经济系统的有序性，即它为人类产生和提供满足度的能力，只能通过稳定的"低熵物质-能量流"而得以维持。孤立系统是指没有物质和能量进出的系统，宇宙就是这样一个系统。相反，地球则是一个物质的封闭系统，辐射能可以进入和离开这个系统，但实际上并没有物质的进出。地球持续地沐浴在低熵的太阳辐射之中，从而使生命的复杂性和有序性得以出现并提高。地球上任何活的东西都是开放系统，能够吸收和排放物质。

当然，乡村绿色发展过程中，生产最终必须以自然提供的资源存量为基础。系统的服务功能遵循平衡方程，即输入等于输出加积累。如果存在积累，经济子系统就会增长。在稳态均衡条件下，输入流应该等于输出流。所有原材料的输入最终都将变成废弃物的输出。系统服务的输入输出强度（即通量）有两个端点：环境源的消耗和环境的污染。忽略通量等同于忽略消耗和污染。与交换价值不同，通量流不是循环的，它是一种从低熵源到高熵汇的单向流。熵是一条单行道，其变化不可逆转，在宇宙中无序只会持续增加。热力学第一定律与数量有关，而第二定律与质量有关。那么整个经济系统的性质都遵循熵的规律。这些资源可以通过生产过程转变成人类可以使用的东西。第一定律也确保了任何经济所产生的废弃物不能简单地消失，而且必须作为生产过程中的一个组成部分加以考虑。

物质向无序变化是一种自然趋势，因此在物质也受到熵定律的约束这个问题上是毫无争议的。不过，只要给予足够的时间，摩擦、侵蚀与化学分解必然使得即便最坚硬的金属都会分解和扩散，并因此变得更加无序。热力学定律与其说是从理论推导而来，不如说是实验的结果。而且隐藏在熵背后的机制至今仍然没有完全得到理解，认识到这一点很重要。在机械系统中，每个作用都会产生一个数量相等、方向相反的反作用，因此机械作用本质上就是可逆的。对熵的一种理论解释来自这样一种努力，即把熵固有的不可逆性和机械力学的可逆性特征协调起来。糖块掉进水里的例子就是最好的解释，当糖以糖块的形式放在货架上时，糖分子并不能自由扩散，这时糖分子只有一种空间状态。

如果在源和汇之间没有熵的渐变，环境就无法达到服务于人类的目的，甚至无法维持人类的生活。技术知识有助于更有效地利用低熵，但它不能消除新陈代谢流或逆转新陈代谢流的方向。当然，利用更多的能量，物质可以通过回收利用从汇回到源。能量只有通过消耗其他能量才能实现循环利用。但是，消耗的能量比通过循环利用所获得的能量还要多。因此，如果考虑价格因素，循环利用能量绝对是不经济的。循环利用还需要利用物质性的手段才能实现收集、浓缩和运输。用于收集、浓缩和运输的机器本身也是通过熵耗散的过程逐渐磨损，即机器的零部件中所含物质成分以从低熵的有用性向高熵的废弃物这一单向流动的方式耗散到环境之中。任何回收利用的过程都必须是有效的。由太阳能驱动的大自然生物地球化学循环对物质的循环利用程度很高。但是，这只能说明人类对大自然提供服务的依赖性，因为在人类经济中还没有与太阳相当的能量来源，而且不能近乎百分之百地循环利用物质。

自然资本作为资本，不会像人力资本，可以直接进入生产函数。相反，它是由自然资本产生的自然资源流动，资源流动直接由劳动力和人力资本转化为产品和废物流动。生产函数必须具有输入流，才能生成输出流。热力学的前两个定律预测了缺乏耐久性的现象，即能量守恒和能量有限，系统从有序到无序，从低熵到高熵。人类通过从环境中吸收有用的低熵资源，如化石燃料和浓缩矿物，并将其转化为高熵的无用废物来生活和制造东西。依据能量第二定律，废物的质量继续增加，直到燃料完全变成无用的碎片。

5.5 本章小结

本章主要是对高质量发展背景下的乡村绿色发展能力测度指标的构建研究。首先阐明了乡村绿色发展测度体系构建的可行性和基本概念、模型的要素构成和作用关系。具体测度指标体系构建流程如下：第一步，从乡村绿色发展空间中抽离出彼此不相关的方向维度。即本书在第3、4章乡村绿色发展的理论和经济机理基础之上，把乡村绿色发展界定为一个有机融合的系统空间。明确空间维度,即解构空间中彼此正交、互不相连的方向是度量空间变化状态的前提条件。第二步,阐述了核心指标的提取方法。即通过主观筛选和系统聚类分析法确定核心指标的要素构成及分类关系。第三步,利用种属比率、相对比率、复合比率三种组合计算方式,构建乡村绿色发展新指标的内容标准。第四步,结合专家排序法和自定义认知盲区测度距离的熵值赋权法确定权重。最终构建了包含乡村绿色生产、乡村绿色保有维持、乡村绿色生活质量、乡村公平机会作为一级指标和相对应的 29 个二级指标的乡村绿色发展的四方面能力测度指标矩阵体系,并对乡村经济系统、乡村生态环境、乡村生活质量、乡村机会获得响应系统所包含的核心指标集中的具体指标含义及度量方法进行了阐释。

第 6 章　乡村绿色发展的测度

在质量效率型集约增长为导向的高质量发展的新时代背景下，乡村绿色发展的增长动力更加多元，不仅实现乡村社区环境保护的稳增长，还要乡村社区不断创新，实现新增长；既要保证乡村发展绿色又要提升发展水平、效率和潜力。科学有效的绿色水平、绿色效率和绿色潜力的测量方法，对识别乡村绿色发展在不同阶段的动力因素和阻力因素就显得尤为重要了。本章在前述章节的基础之上，主要解决乡村绿色发展能力的度量问题。即如何测度乡村绿色发展的水平、效率与潜力，识别真实发展与目标发展要求之间的差距。从而对乡村绿色发展已有实力、快慢程度、未来创新潜质给出定量化的描述。同时，也将运用本章的测度方法实证分析陕西 58 个县域乡村绿色发展能力的时空差异。

6.1 乡村绿色发展的动态度量关系

发展意味着变化和进展。乡村绿色发展能力比较抽象，表现出内隐性和难以检验性的特性，因而，度量乡村绿色发展能力的关键在于寻找一条新路径和新方法，将乡村绿色发展能力进行分解，使其具体化，并对其分能力进行动态度量。

6.1.1 纵向度量区间

纵向度量区间，就是乡村绿色发展的不同指标在时间维度的纵向范围内，不同时间段对应不同的度量区间。每一个度量区间反映乡村绿色发展测度指标所体现的社会、生态、经济现象的发展变化过程。即乡村绿色发展系统中的四个子系统对应的要素及要素间的关联关系发生变化和生成新状态的过程描述，呈现时间域上的动态效应。乡村绿色发展测度就是根据乡村绿色发展的核心指标内容，通过一定的技术和方法，以乡村区域作为测度对象所进行的价值判断。具体来说，就是以提升乡村区域绿色发展的能力为目的，依据相应的核心指标内容，通过特定的方法程序对乡村区域绿色发展的已有能力和潜在能力进行检测，找出反应乡村区域绿色发展的质量和效果的资料和数据，从而，对乡村绿色发展的质量和效果做出合理的判断。

6.1.2 横向度量尺度

采用县域概念能细腻地刻画乡村绿色发展系统的空间格局，增强对乡村绿色发展系统空间差异的认识水平，有利于推动我国乡村绿色发展系统因地制宜的健康发展。县域经济是一个复合概念。从地域分布来说，既包含城镇经济又包含农村经济；从产业特征来看，包含一个县级行政区内农业、工业以及服务业；从资产所有制分析，包括多种体制如国有经济、集体经济、个体经济、私有经济以及混合经济等。它具有开放性、区域性和非均衡性特征。我国目前的县域经济有其自身特色，是一种虽然以行政区域划分地理空间，但实际以市场为导向，以政府推动，并随着人口聚集程度以及区域辐射力不断演化而成的空间经济体。因而，采用县域度量，尺度范围较广。乡村作为区域发展与资源环境保护矛盾冲突最尖锐的地区，研究该类区域绿色发展空间格局与影响因素，不仅是对县域乡村可持续发展的有益探索，更是对因地制宜的县域乡村发展策略的积极响应。县域经济的主要差异特征表现在横向纵向对比及由于外在各种条件引起的乡村绿色发展细微的差别。

6.1.3 面板数据的选择：陕西县域乡村

测度区域的选择一般考虑以下三个因素：第一，要有明显的乡村特征；第二，在整体区域中处在相对重要的区位，对所属区域的整体发展有一定的影响力；第三，各类统计数据相对开放，信息资料易获得。针对以上三要素，本课题选择陕西县域区域为研究对象。

(1) 数据来源

乡村绿色发展评价数据的收集主要来源于两种途径：一是通过直接的问卷调查、访谈获得的原始数据，是评价数据的直接来源，即原始或第一级评价数据。原始数据是根据评价研究预定的目的、要求和任务，运用调查问卷法、电话访谈法、网络调查、实地观察法等有计划、有组织地搜集乡村绿色发展的客观资料的过程。二是官方通过调查并进行加工和汇总后公布的数据，即间接数据或次级的评价数据。间接数据的来源有公开出版和尚未公开发表的统计数据。主要来自官方的统计部门和政府、组织、科研机构，如专业调查咨询机构，数据平台（国家统计局网站、各省市县地区的统计网站、政府官方统计报表、国土资源部、生态环境部对外公开的信息报告和对外公开的年度报告等）。本研究主要数据来源分为两类：一类是陕西省统计局《陕西区域统计年鉴》（2012—2018），《陕西统计年鉴》（2010—2018），《中国农村统计年鉴》（1985—2018）。环境统计数据、污染普查数据、各类统计公报与年报，另一类是走访调查获得的原始数据。

(2) 数据处理

大量搜集来的测度数据资料，并不能直接用来分析，因为这些数据间的差异体现为一种原始的无序的状态，只有经过整理后才能找到数据的规律性。这些统计资料主要是反映测度区域特征的原始资料，相对零星、分散、不系统，只能表明各个乡村区域的具体情况，反映的是事物的表面现象，不能说明乡村区域绿色发展的本质特征，无法揭示发展规律。因此，必须对这些数据进行加工和整理，以反映乡村绿色发展的总体特征。数据整理是数据统计分析工作的中间环节，测度数据整理结果的好坏，是否科学、真实地反映客观实际，将直接影响到统计分析的准确性，影响整个统计测度工作的质量。因而，在此阶段，我们采用了群集、分类和预测三类数据整理技术。群集整理技术就是把无序的数据整理为信息集中的测度数据。如：调查、访谈数据反映对未知乡村绿色发展特点的农户的分析。分类整理技术就是确定乡村绿色发展的测度分层集合。如：把乡村按照绿色发展的维度分成特定的乡村群体。预测技术就是对某些特定的乡村对象和测度目录输入已知值，并且把这些值应用到另一个类似集合中以确定期望值或结果。如：用县域乡村中科技就业人数在就业总人数中的比重、科技投资在 GDP 中的占比等预测经济机会。

6.2 乡村绿色发展水平的测度

测度模型的建立一般采用的方法是综合性指数测度，其数学原理是用各类加权算术平均数来表征综合指数。而平均数有很多种类型，如，算术平均数、几何平均数、调和平均数、众数、中位数等，在不同情境下的实际意义是不同的。根据乡村绿色发展的本征特性和核心要素，对于具有多向度性能的乡村区域绿色发展的能力测度，单一的综合性指数测度法显得较片面。鉴于此，本研究将从指数测度模型、速度测度模型、预测测度模型三方向的视角构建关于乡村绿色发展的水平、效率、潜力的多元化测度模型。

6.2.1 几何加权投入产出比率指数模型

（1）建模基础

这里所提到的综合指数，是一种广义上的指标变量指数，它是一种特殊相对数和绝对数，用于反映在数量上不能直接加总的多个个体（或多个项目）组成的总体的综合变动程度。为了避免算术平均法中少数样本对总体结果的影响，同时考虑到绿色发展四个一级指标之间的网络交互式隐性连接关系，四个一级核心指标之间的联系不是单向的，而是多向的，对于这种交叉式多向交互关系的复杂巨系统，本研究通过对方法集的重新组合得出新的综合指数法，即把投入产出比率法通过加权后再分别运用到几何平均法中，用几何加权投入产出比率平均法构建水平指数模型，目的是对乡村区域绿色发展已有的水平进行价值测度和评估。

(2) 构造模型

如果总水平、总成果等于所有阶段、所有环节水平、成果的连乘积而非总和，则采用几何平均数来构建模型，描述为对各变量值的连乘积开项数次方根。同时，加权几何平均数的空间意义在于具有许多不同属性的物体，由于乡村绿色发展的内涵由多方向决定，而每一维数的权重又有差异，对乡村绿色发展的贡献程度不同，针对这些特性，在测度可操作性前提下，同时也不改变衡量维度间重要性的差异，本研究采取一级指标权重分散到二级指标中的方法，调节权重，从而可兼顾各类指标的重要性程度。对于乡村绿色发展的原始水平的测度可以依据乡村绿色发展的已有实力进行识别，具体可从绿色生产、绿色保有维持、绿色生活质量、公平机会四个能力测量维度构建整合指数，故采用几何加权投入产出比率平均值方法构建其水平测度模型，计算公式为：

$$RGD_{level} = \sqrt[4]{I_{RPC} \cdot I_{NC} \cdot I_{LE} \cdot I_{EO}} \quad (公式6\text{-}1)$$

$$I_k = \frac{\sum_{i=1}^{n} \alpha_{ki} X_{ki}}{\sum_{j=1}^{m} \beta_{kj} X_{kj}^*}, \ (k = 1, 2, 3, 4) \quad (公式6\text{-}2)$$

I_1 I_2 I_3 I_4 分别表示 I_{RPC}、I_{NC}、I_{LE}、I_{EO} 四类指标。其中 n、m 分别表示每类一级指标下对应二级产出和投入指标的个数，其他变量表征含义见表6-1。

表6-1 各变量的描述性含义

变量	表征含义	变量	表征含义
RGD_{level}	乡村绿色发展水平		
I_{RPC}	乡村绿色生产指数	I_{NC}	乡村绿色保有维持指数
I_{LE}	乡村绿色生活质量指数	I_{EO}	乡村公平机会指数
α_{ki}	四类二级产出指标权重	X_{ki}	四类二级产出指标变量
β_{kj}	四类二级投入指标权重	X_{kj}^*	四类二级投入指标变量

又由测度模型，可进一步构造四个维度下对应乡村绿色发展水平的贡献度测度模型，其基本思路是分别用绿色生产、绿色保有维持、绿色生活质量、公平机会四个测量维度构建的指数与乡村绿色发展水平指数的比率来度量，具体计算方法如下：

乡村绿色生产的水平贡献度：I_{RPC}/RGD_{lecvel}

乡村绿色保有维持的水平贡献度：I_{NC}/RGD_{lecvel}

乡村绿色生活质量的水平贡献度：I_{LE}/RGD_{lecvel}

乡村公平机会的水平贡献度：I_{NO}/RGD_{lecvel}

6.2.2 P值相关性检验

构建测度指标体系的基础首先是测度指标的选取，其次是指标的科学性。指标的科学性表现在两方面，一是解释因子与被解释因子之间要存在关联关系，即两者之间要相关。另一方面，不同的解释因子之间不能有共线性关系，彼此之间是相互平行且独立的，即两两之间不能相关。对于前者，在第5章指标的提取和构建章节中已解决，对于后者，本研究采用统计学中的Pearson系数检验测度指标间的共线性问题。

（1）Pearson系数检验原理

Pearson相关系数，即Pearson积差相关系数，简称P值，其取值区间介于0与1之间，值越接近1，正向相关性越强，表明两变量间正向关联程度越高；反之，值越趋于-1，负向关联程度越高。所谓Pearson系数检验，就是计算相关系数值并作显著性检验，适用范围：其一，变量必须是连续的，且保持正态分布；其二，等间距测度的变量。本研究选取的变量都是时间序列变量，按自然年统计，纵向测度的度量空间可以保证等间距性，满足Pearson系数检验的适用条件。关于Pearson系数的值与相关水平范围之间的对应关系见表6-2。计算公式为：

$$r = \frac{\sum_{i=1}^{n}(X_i - \overline{X})(Y_i - \overline{Y})}{\sqrt{\sum_{i=1}^{n}(X_i - \overline{X})\sum_{i=1}^{n}(Y_i - \overline{Y})}} \qquad (公式6-3)$$

其中，X_i，Y_i 表示样本数据变量值，$\overline{X}$，$\overline{Y}$ 表示样本数据平均值。

表 6-2 Pearson 系数与相关程度对应表

$|r|$ 的值	表示意义
0.00–0.19	极低相关
0.20–0.39	低度相关
0.40–0.69	中度相关
0.70–0.89	高度相关
0.90–1.00	极高相关

（2）指标共线性检验

关于共线性检验分析，本研究利用 MATLAB2016a 求解 29 个指标的 Pearson 相关系数，从而检验测度指标的合理性。指标集中前 5 个指标计算结果对应的下三角相关系数矩阵如表 6-3，其中相关系数绝对值最大值为 0.44687，指标 X_{11}^* 与 X_{12}^* 的相关系数为 -0.44687，表明人口密度指标与非农业就业人数占比指标中度相关，而其余相关系数绝对值都小于 0.4，表明指标 X_{11}^*、X_{12}^*、X_{13}^*、X_{14}^*、X_{15}^* 之间彼此的相关性不高，即不存在共线性问题。同理，29 个指标之间是否存在共线性，也可由此判断。

表 6-3 指标 X_{11}^* X_{12}^* X_{13}^* X_{14}^* X_{15}^* 对应的相关系数矩阵表

变量	X_{11}^*	X_{12}^*	X_{13}^*	X_{14}^*	X_{15}^*
	1				
X_{11}^*	−0.37833	1			
X_{12}^*	−0.44687	0.08905	1		
X_{13}^*	−0.38026	0.195272	0.086048	1	
X_{14}^*	−0.29101	0.174895	0.239985	0.153918	1
X_{15}^*	−0.37863	0.290625	0.181806	0.399145	0.243186

6.2.3 陕西县域乡村绿色发展水平的时空差异

绿色低碳是高质量发展中人与自然和谐的基本诉求，是城镇化与新型工业化、农业现代化同步发展的客观要求。在高质量发展背景下，不论是当下还是未来，乡村绿色发展的目标涵盖四个方面的内容：其一，更加节约高效地利用资源；其二，更加清洁地生产；其三，更加稳定地维护生态系统；其四，更加明显地提升绿色供给能力。借助乡村绿色发展测度模型来测度和识别真实发展与目标发展要求之间的差距，对于更好地解决乡村的发展问题、逐步实现振兴乡村的战略有现实意义。

（1）关中地区乡村绿色发展水平比较

关中地区地处陕西中部，从区位经济来看，无论是工业还是农业都属于省内经济较发达地区，其中宝鸡地区森林资源丰富，自然资源条件较好。渭南地区是省内农业较发达区域，是丝绸之路经济带起点段的关键区域，是西北唯一享有三大国家经济区叠加政策的区域。同时，由于数据的可得性及关中区位特点，本研究主要选择关中的宝鸡地区 9 个县域和渭南地区 8 个县域为研究对象，运用前述测度指标体系构建的测度模型，对关中地区乡村绿色发展水平进行测度比较。

宝鸡乡村绿色发展水平趋势图 6-1 显示，在宝鸡地区，太白县绿色发展水平整体最高，岐山县和凤翔县绿色发展水平最低，2000—2017 年连续 18 年太白、千阳、陇县、眉县、扶风的乡村绿色发展水平变化相对平缓，而麟游、凤县从 2006 年一直开始呈现下降趋势，不过，凤县在 2015 年又有了一个小小的回升。拥有森林覆盖率 80.4%以上的凤县，在 2011 年被农业部和国家旅游局命名为"全国休闲农业与乡村旅游示范县"，第二年又被陕西省旅游局命名为陕西省旅游示范县。近年来，凤县主推吸氧康体游、历史古城、红色文化、古羌文化游休闲农业，使得小县城的绿色发展成效逐渐凸显，但乡村绿色发展的整体水平并不高。究其原因，通过走访调查发现，凤县的旅游项目很多，但没有形成核心特色项目，可能发展模式遇到了瓶颈。

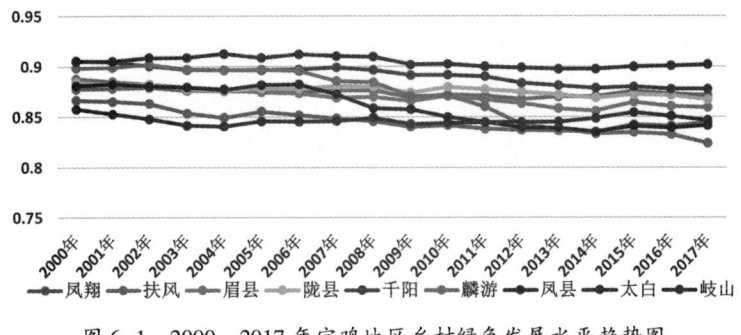

图 6-1 2000—2017 年宝鸡地区乡村绿色发展水平趋势图

渭南地区乡村绿色发展 2000—2017 年趋势图 6-2 表明，蒲城县在渭南地区的绿色发展水平与其他地区有一定的差距，整体发展水平相对最低。通过对蒲城县的实地考察与调查，发现蒲城县虽没有得天独厚的自然资源，但也有悠久的历史建筑和人文资源。作为省级历史文化名城，18 年间被突飞猛进的城市化进程冲击了，缺失对绿色软资源的关注和保护，对历史古迹的保护与规划方案进程缓慢。

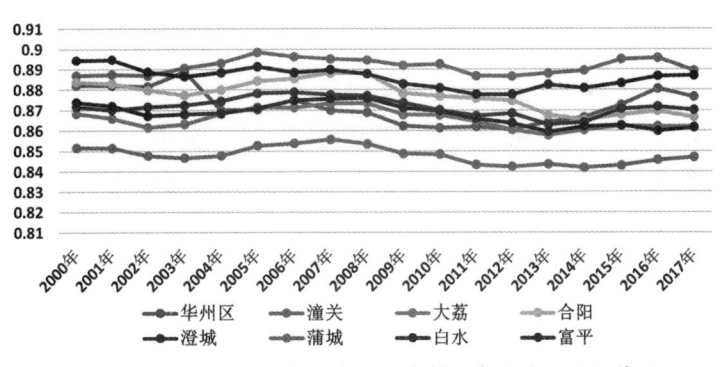

图 6-2 2000—2017 年渭南地区乡村绿色发展水平趋势图

潼关在 2000—2004 年间绿色发展表现一般，但从 2005 年始，一直呈现非常好的发展态势，稳定在渭南地区乡村绿色发展的最前端，远超其他县域乡村。白水县、蒲城县虽都有起伏，但起伏不大，起伏规律类似，2002 年下降转折，2005 年都有一个小小回升，2008 年开始下降，直到 2012 年开始缓慢回升。华州区在 2002 年有一个大的回升，2003 年又有一个大的下降，2004 年下降虽变缓，但一直缓慢降到 2010 年，2011 年才开始回升。

(2) 陕南地区乡村绿色发展水平的比较

陕南地区地处陕西南部,从区位经济来看,北靠秦岭,汉江穿过,天然资源丰富,贫困县区较多。其中汉中地区生物资源丰富,汉文化发源之地,南郑、洋县、镇巴、略阳属于秦巴特困连片山区。安康地区绿色园林资源较多,适居宜住,汉阴、紫阳、平利也是秦巴特困连片山区。商洛地区与河南、湖北两省接临,风景优美,生态环境较好,商州、洛南、丹凤、商南、柞水、山阳属秦巴特困连片山区。本研究主要选择陕南的汉中地区7个县域、安康地区8个县域和商洛地区7个县域为研究对象。

汉中地区趋势图6-3表明,南郑区和城固县在汉中地区的乡村绿色发展中始终处于较低水平,而佛坪县一直呈现较高水平,表现出良好的绿色发展态势,尤其是2002年,达到最高水平,之后开始下降,但连续18年间的绿色发展水平都没有低于92%。2017年,佛坪县在汉中率先脱贫。佛坪乡村表现如此突出,与国家扶贫政策的落实密不可分,尤其是产业技术扶贫方面,通过选拔科技特派员走村入户为老百姓举办专场技术培训、实地教学、反思交流、上门传授种植技术。同时,为扎实推进科技特派员下乡,该县制定并落实《佛坪县深入推进科技特派员制度的实施意见》《佛坪县科技特派员工作管理办法》《佛坪县科技特派员贫困村全覆盖工作实施方案》等文件,与特派员签订了服务协议,按照要求,实现了35个贫困村科技特派员下派全覆盖。其中,洋县、城固县、南郑区2000—2017年乡村绿色发展规律相似,2000—2005年发展平稳,从2005年始,都有一个小幅度的回升,缓慢上升三年后,开始下降,直到2014年又开始缓缓上升。而镇巴县乡村绿色发展水平一直处于缓慢下降趋势,镇巴县域本身是山区,贫困人口较多,一直是脱贫的难点,目前,虽已绝对脱贫,但未来是否存在返贫现象,有很大的不确定性。镇巴县最近几年的发展存在下列问题:县域乡村生态价值和生态服务价值的挖掘不够,生态产品单一,附加值较低,农户增收幅度较小,需要引起重视。略阳县呈现幅度较小的横向S形发展趋势,即先徐徐下降再徐徐上升的周期性变化特点。

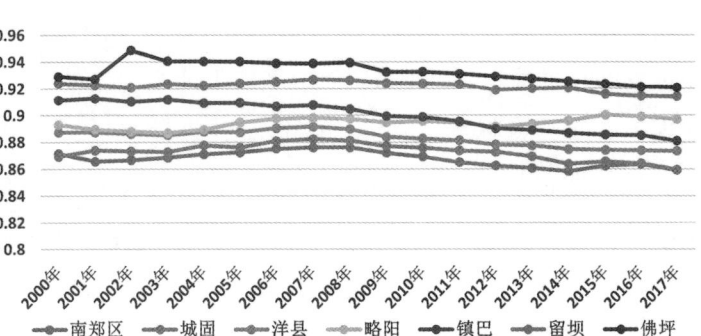

图6-3 2000—2017年汉中地区乡村绿色发展水平趋势图

从安康地区乡村绿色发展趋势图6-4来看，总体较平缓，宁陕县从2000年开始上升，直到2006年达到最高点，之后的十几年中基本上在这个高点处一直持续的发展，表现出比较好的乡村绿色发展态势。镇坪县虽不如佛坪县，但在18年中也表现出来相对较高且稳定的乡村绿色发展水平。另外，旬阳县一直表现出较低且稳定的乡村绿色发展态势。旬阳县由于矿产资源丰富，开发资源较早，早期只注重经济发展，耕地逐渐减少，长期忽视绿色健康发展，导致绿色发展水平较低。同时，岚皋、汉阴、紫阳、白河从2005年开始，绿色发展水平表现出缓慢下降的特点。

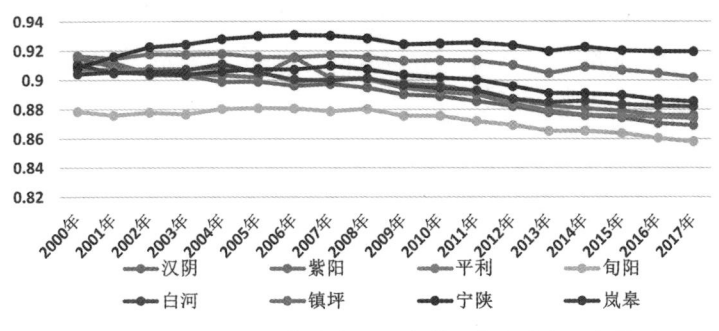

图6-4 2000—2017年安康地区乡村绿色发展水平趋势图

由图6-5显示，商洛地区县域乡村绿色发展差距较小，发展趋势基本接近，2000年开始下降，2002年逐步回升直到2007年，到达最高点，之后开始缓慢下降，到2017年都低于2000年的绿色发展水平。乡村绿色发展趋势图显示，位于陕西省东南、秦岭东段南麓、洛河上游的洛南县绿色发展水平最低，而且18年中呈现下降趋势。通过对洛南县的调查发现，洛南县森林覆盖率68.9%以上，资源多样，历史文化丰富，但生态脆弱性很高，应引起相关部门重视。温晓金等（2016）设置了多适应目标情景的山地社会—生态系统脆弱性评价体系，评价结果显示，在空间差异上，洛南县生态脆弱性程度最高，但如果在农产品生产导向下的生态功能脆弱性相对不会太高。

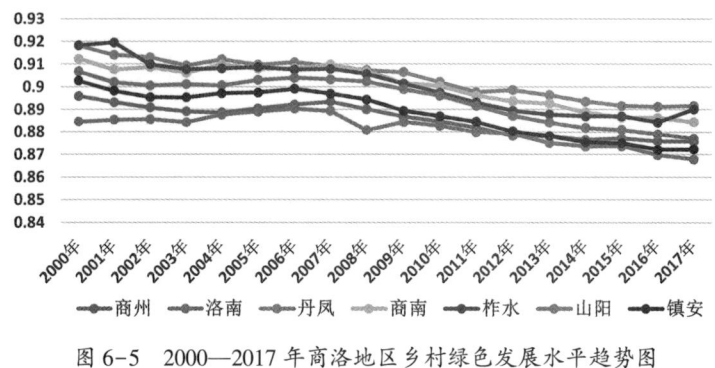

图6-5　2000—2017年商洛地区乡村绿色发展水平趋势图

（3）陕北地区乡村绿色发展水平比较

陕北地区地处陕西北部，革命老区较多。从区位经济来看，与甘肃、宁夏、内蒙古相接，是多民族文化交融之地。其中延安是革命圣地，榆林地区能源资源丰富。本研究主要选择陕北的延安市10个县域和榆林地区9个县域为研究对象。

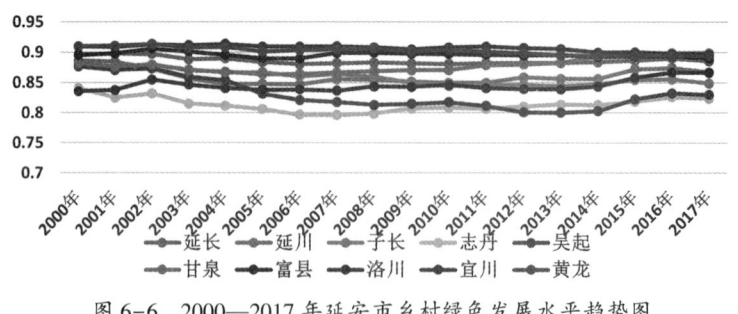

图6-6　2000—2017年延安市乡村绿色发展水平趋势图

图6-6显示，延安市的乡村绿色发展趋势呈现出最稳定的特点，

变化幅度非常小，黄龙、宜川、富县、延长、子长在 2000—2017 年的乡村绿色发展水平变化幅度非常小，在 2016 和 2017 年与 2000 年的水平基本一致。志丹和吴起在 2002 年有一个缓缓下降，直到 2006 年缓慢上升，回升 10 年后，又基本与 2000 年持平。其中志丹县由于早期土地利用不合理，使得耕地面积大幅减少，资源粗放开发，因而，乡村绿色发展水平整体偏低，但从 2009 年开始，由于国家政策的影响，退耕还林等可持续发展政策的施行，乡村绿色发展水平开始逐步回升。彭可茂等（2007）在对志丹县实施退耕还林政策效果的研究中，发现退耕、造林、种草、建园、农田、封禁对乡村绿色发展水平的提升有很大的促进作用，林地覆盖率显著提高，山川更美了。

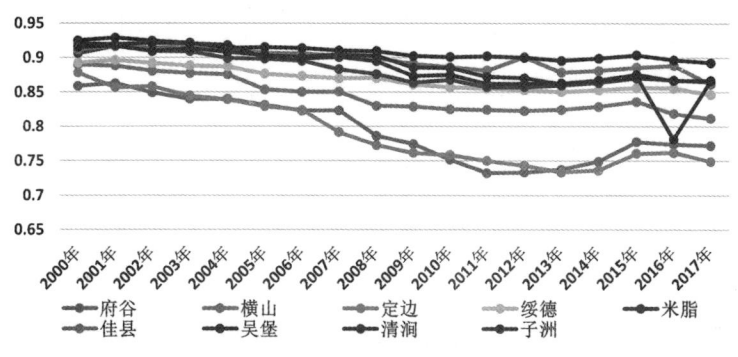

图 6-7　2000—2017 年榆林地区乡村绿色发展水平趋势图

由图 6-7 显示，榆林地区各县域乡村绿色发展水平差异较大，尤其定边和府谷县，绿色发展整体水平较低，2000—2014 年一直呈现下降趋势，2007 年始，下降最快，2013 年府谷开始缓慢上升保持平稳，定边 2014 年开始缓慢上升，基本持平，由于 2007—2011 年下落较快，即使有所回升，也未达到 2000 年的水平，且榆林地区定边和府谷在 2007—2015 年呈现 U 型态势，表明这两个县 2007—2011 年期间乡村绿色发展水平下降很快。经过实地调研，发现这两个县在 2007—2011 年，开发较快，耕地面积减少较突出，但 2012 年之后，重新采取政策干预、治理整改，乡村绿色发展水平开始逐步回升，但回升过程还是很缓慢，由此实践经验可知，制定乡村发展政策之前，要充分考虑区域资源环境的承载能力，即走乡村绿色发展的道路。

（4）陕西县域乡村绿色发展水平比较

综合以上所有因素，陕西省关中、陕南、陕北三个地区的乡村绿色发展趋势图6-8表明，2000—2017年乡村绿色发展水平最高县域是2002年的佛坪，值为0.94874，且表现一直很好，最低县域是2011年的府谷，值为0.73237，整体水平值介于0.73237与0.94874之间，与谭德明等用能值生态足迹法测算的陕西省可持续发展指数为0.75，数值区间范围基本一致[135]。水平数值区间表明陕西省乡村绿色发展水平整体表现较好，在接近1的高段位上，但也不能过于乐观，因为三个地区都呈现出下降的趋势，陕南地区呈现出起伏式下降，有升有降，关中地区虽下降幅度较小，但表现出平稳下降，而陕北地区下降较快，时间间隔较长，且上升较慢。

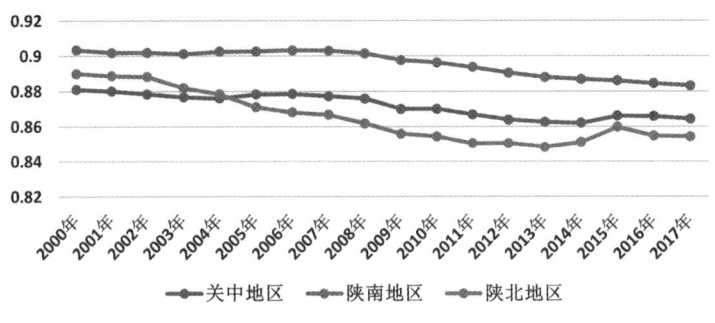

图6-8　2000—2017年陕西省乡村绿色发展水平趋势图

利用前述6.2.1中的计算方法，通过测算2000—2017年面向乡村绿色发展水平的四个维度：绿色生产、绿色保有维持、绿色生活质量、公平机会下的贡献度得到表6-4，结果显示，陕西省对乡村绿色发展水平贡献度排序为：乡村绿色保有维持>乡村绿色生产>乡村绿色生活质量>乡村公平机会。关中地区排序为：乡村绿色保有维持>乡村绿色生产>乡村绿色生活质量>乡村公平机会；陕南地区排序为：乡村绿色保有维持>乡村绿色生产>乡村绿色生活质量>乡村公平机会；陕北地区排序为：乡村绿色保有维持>乡村绿色生活质量>乡村绿色生产>乡村公平机会。

表 6-4　陕西地区 2000—2017 年乡村绿色发展水平四维度贡献度表

地区	绿色生产	绿色保有维持	绿色生活质量	公平机会
关中	0.2943	0.3036	0.2312	0.1709
陕南	0.3004	0.3413	0.2531	0.1052
陕北	0.2813	0.2931	0.2832	0.1424
陕西省	0.876	0.938	0.7675	0.4185

根据 2000—2017 年各个县域乡村绿色发展的实际水平，本研究把乡村绿色发展水平分为四个等级：低水平（小于 0.87）、中水平（大于等于 0.87 小于 0.90）、较高水平（大于等于 0.90 小于 0.92）、高水平（大于等于 0.92）。在连续 18 年中，佛坪县的绿色发展水平表现最优，一直遥遥领先，始终处在高水平阶段；宁陕县表现次之，有 14 次处于高水平阶段；留坝县 13 次在高水平阶段。另外，吴堡县有 3 次，子洲县有 2 次进入高水平阶段。由乡村绿色发展水平阶段统计图 6-9 显示，处于乡村绿色发展低水平阶段的县域，连续 18 年中呈现增加态势，2000 年有 8 个，2017 年增加到了 28 个。处于乡村绿色发展中水平阶段的县域个数基本持平，而处于乡村绿色发展较高水平和高水平阶段的县域个数逐步下降，分别表现为 2000 年较高水平 20 个，高水平 4 个，到了 2017 年较高水平剩余为 4 个，高水平只有 1 个。

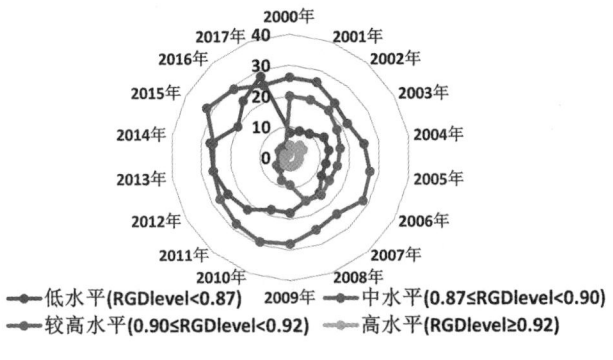

图 6-9　陕西省 58 个县的乡村绿色发展水平阶段统计图

纵观陕西省 2000—2017 年乡村绿色发展水平，不同时期不同水平阶段的乡村绿色发展变化排名具体如下，由乡村绿色发展水平等级阶段饼图6-10（a）可知，2002年处于低水平阶段的乡村县域包括志丹、蒲城、岐山、府谷、洛川、定边、大荔、凤翔、南郑区、富平；处于中水平阶段的乡村县域包括澄城、延川、城固、吴起、旬阳、子长、扶风、凤县、甘泉、华州区、合阳、洛南、陇县、潼关、洋县、眉县、横山、绥德、略阳、白水、商州、延长；处于较高水平阶段的乡村县域包括麟游、镇安、岚皋、富县、太白、千阳、米脂、山阳、平利、宜川、黄龙、白河、紫阳、镇巴、佳县、商南、清涧、汉阴、镇坪、丹凤、柞水；处于高水平阶段的乡村县域包括子洲、留坝、宁陕、佛坪、吴堡。

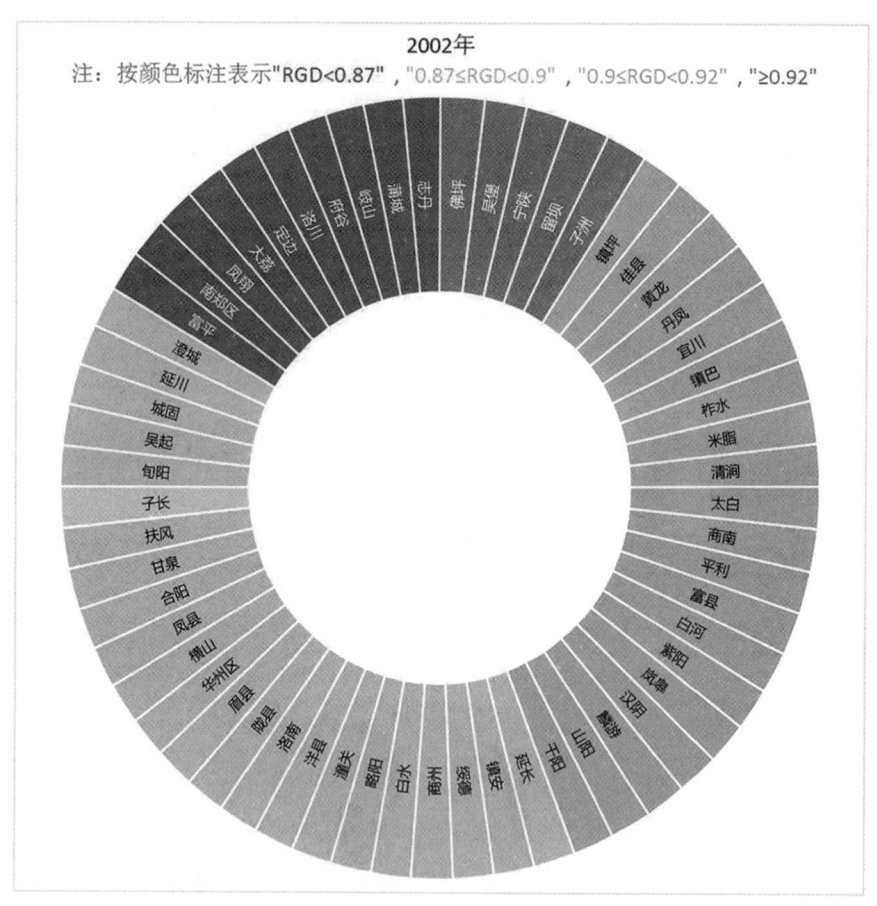

图6-10(a)　2002年年陕西乡村绿色发展水平阶段饼图

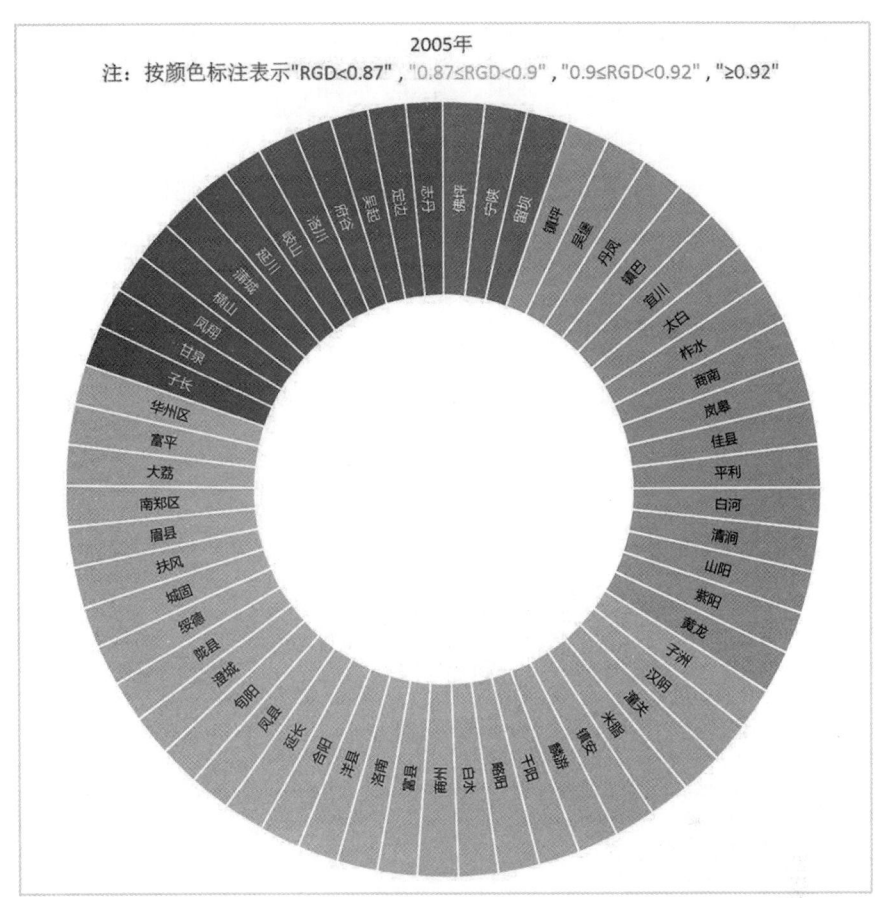

图 6-10(b)　2005 年年陕西乡村绿色发展水平阶段饼图

由图 6-10（b）可知，2005 年，处于低水平阶段的乡村县域包括志丹、定边、吴起、府谷、洛川、岐山、延川、蒲城、横山、凤翔、甘泉、子长；处于中水平阶段的乡村县域包括澄城、大荔、南郑区、城固、富平、扶风、旬阳、合阳、陇县、凤县、眉县、洛南、洋县、白水、略阳、绥德、延长、华州区、商州、潼关、汉阴、子洲、镇安、米脂、千阳、富县、麟游；处于较高水平阶段的乡村县域包括山阳、岚皋、紫阳、商南、白河、黄龙、平利、柞水、太白、丹凤、宜川、镇巴、清涧、佳县、镇坪、吴堡；处于高水平阶段的乡村县域包括留坝、宁陕、佛坪。

由图 6-11（a）可知，2008 年，处于低水平阶段的乡村县域包括定边、府谷、志丹、吴起、横山、洛川、凤翔、岐山、蒲城、延川、凤县、子长、甘泉、华州区、眉县；处于中水平阶段的乡村县域包括大荔、绥德、扶风、富平、南郑区、陇县、澄城、延长、旬阳、城固、合阳、白水、富县、洋县、洛南、商州、米脂、麟游、汉阴、潼关、千阳、略阳、子洲、平利、佳县、镇安；处于较高水平阶段的乡村县域包括白河、清涧、黄龙、山阳、镇巴、岚皋、柞水、商南、宜川、丹凤、太白、吴堡、紫阳、镇坪；处于高水平阶段的乡村县域包括留坝、宁陕、佛坪。

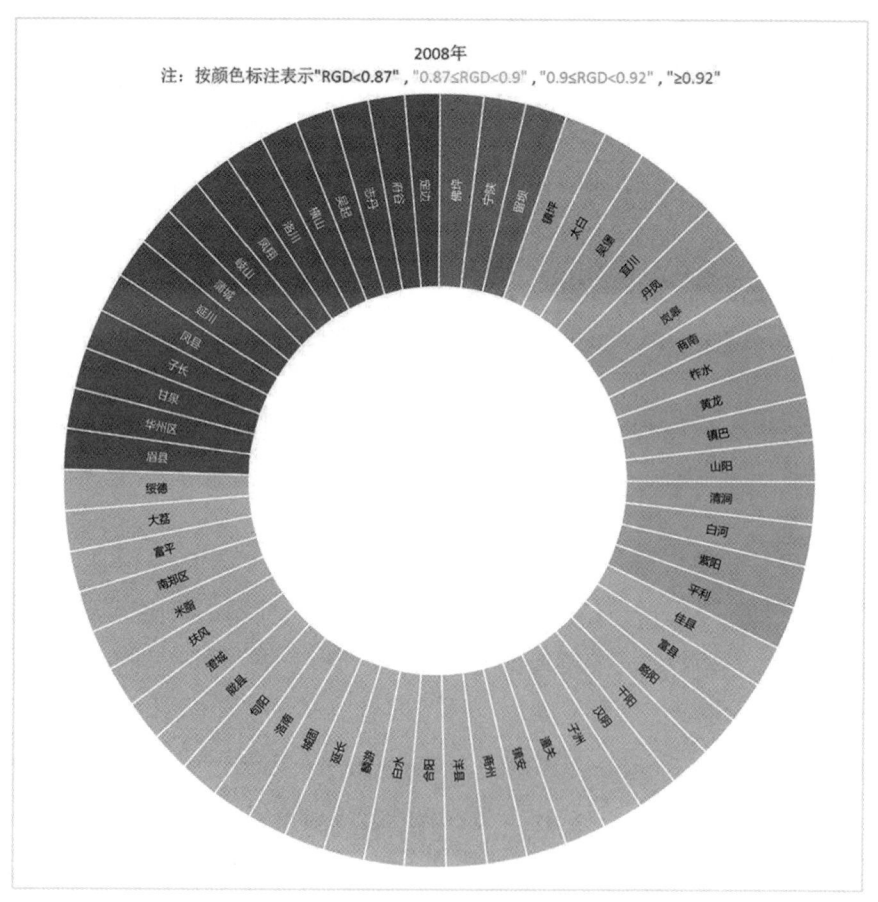

图 6-11（a） 2008 年陕西乡村绿色发展水平阶段饼图

由图6-11（b）可知，2012年，处于低水平阶段的乡村县域包括府谷、定边、吴起、志丹、横山、凤翔、洛川、凤县、蒲城、麟游、岐山、子长、绥德、米脂、延川、大荔、华州区、子洲、南郑区、眉县、富平、扶风、澄城、旬阳；处于中水平阶段的乡村县域包括清涧、城固、合阳、陇县、白水、洋县、商州、洛南、甘泉、镇安、汉阴、延长、千阳、平利、潼关、紫阳、白河、山阳、柞水、镇巴、略阳、商南、富县、岚皋、黄龙、丹凤、太白；处于较高水平阶段的乡村县域包括吴堡、佳县、宜川、镇坪、留坝；处于高水平阶段的乡村县域包括宁陕、佛坪。

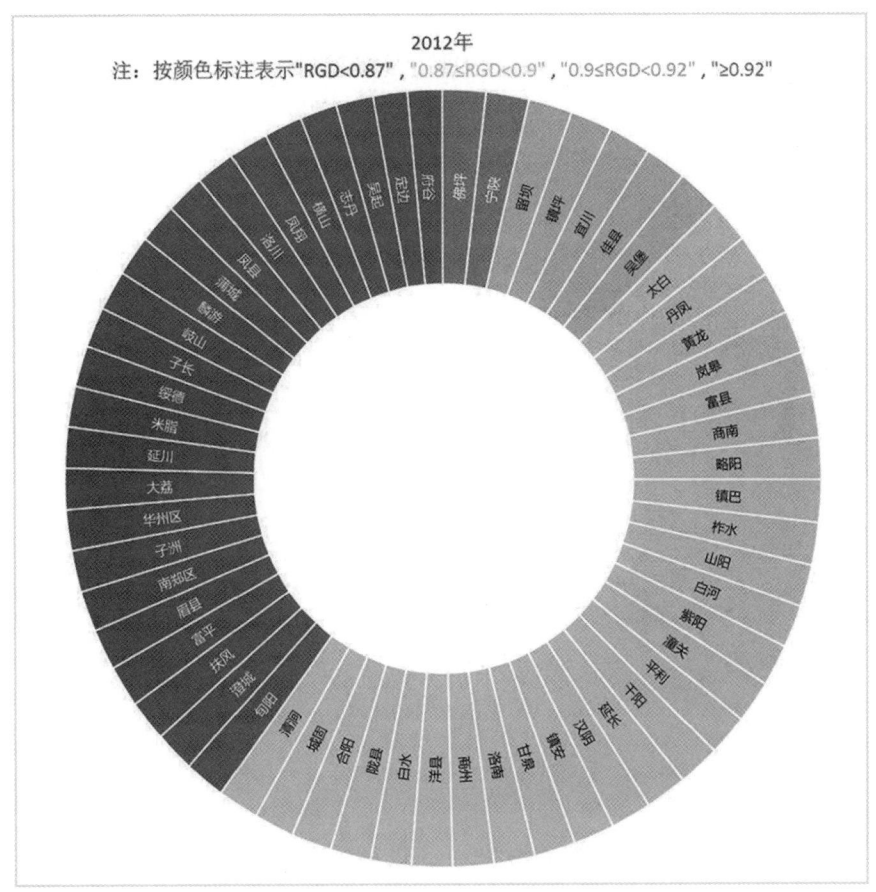

图6-11（b） 2012年陕西乡村绿色发展水平阶段饼图

由图6-12（a）可知，2015年，处于低水平阶段的乡村县域包括定边、府谷、吴起、志丹、横山、麟游、凤翔、凤县、蒲城、洛川、子长、岐山、绥德、眉县、南郑区、大荔、富平、城固、合阳、旬阳；处于中水平阶段的乡村县域包括米脂、澄城、延川、清涧、陇县、华州区、子洲、扶风、洛南、洋县、镇安、汉阴、平利、商州、千阳、白水、紫阳、佳县、山阳、延长、白河、镇巴、柞水、商南、潼关、岚皋、富县、甘泉、丹凤、黄龙、太白、宜川；而处于较高水平阶段的乡村县域有略阳、吴堡、镇坪、留坝；处于高水平阶段的乡村县域包括宁陕、佛坪。

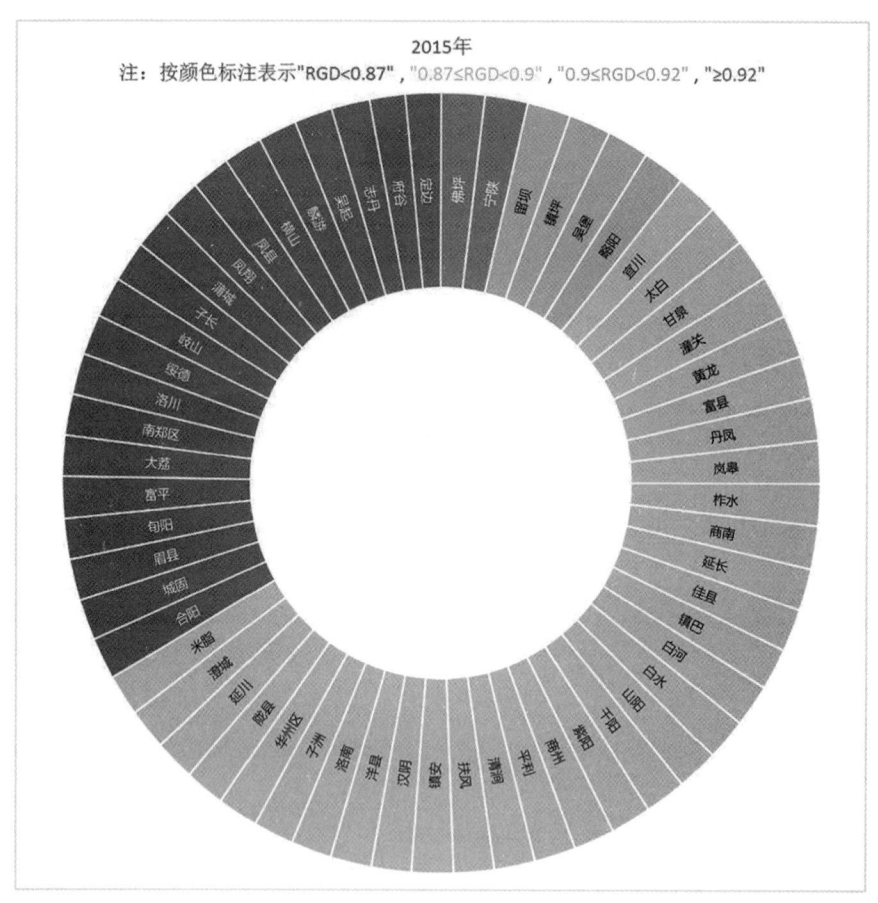

图6-12（a） 2015年陕西省乡村绿色发展水平阶段饼图

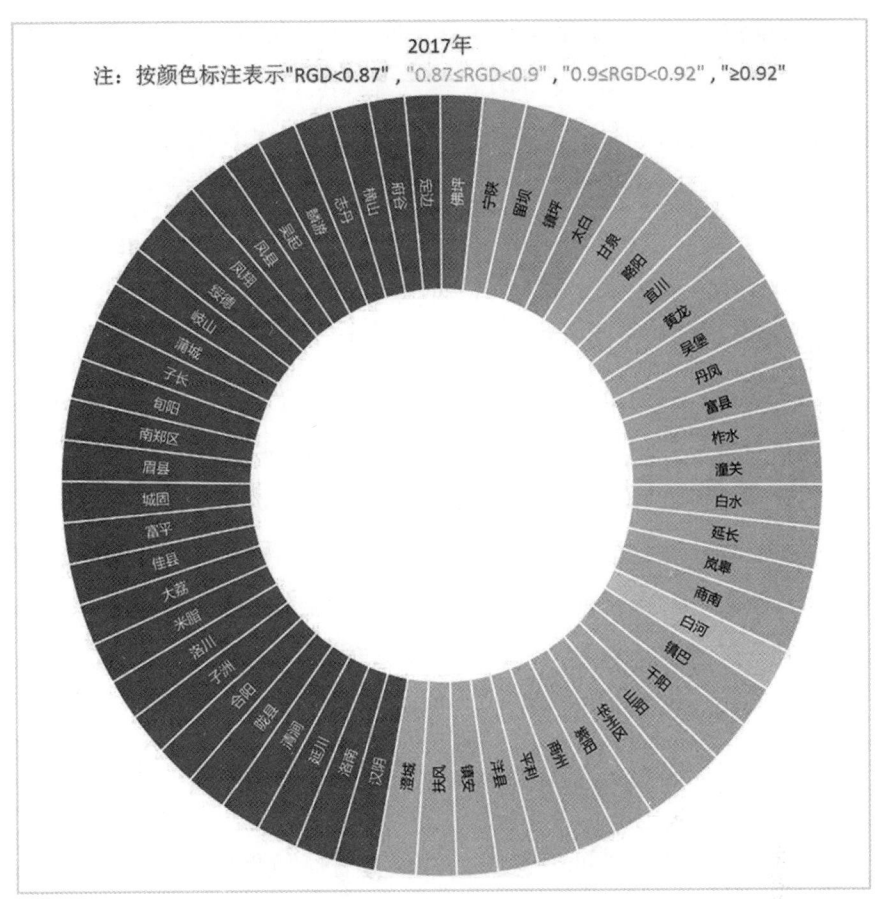

图 6-12（b） 2017 年陕西省乡村绿色发展水平阶段饼图

由图 6-12（b）可知，2017 年，处于低水平阶段的乡村县域有 28 个，分别包括定边、府谷、横山、志丹、麟游、吴起、凤县、凤翔、绥德、岐山、蒲城、子长、旬阳、南郑区、眉县、城固、富平、佳县、大荔、米脂、洛川、子洲、合阳、陇县、清涧、延川、洛南、汉阴；处于中水平阶段的乡村县域有 25 个，分别包括澄城、扶风、镇安、洋县、平利、商州、紫阳、华州区、山阳、千阳、镇巴、白河、商南、岚皋、延长、白水、潼关、柞水、富县、丹凤、吴堡、黄龙、宜川、略阳、甘泉；处于较高水平阶段的乡村县域有 4 个，分别包括太白、镇坪、留坝、宁陕；而处于高水平阶段的乡村县域只有佛坪。

纵观陕西省连续 18 年乡村绿色发展水平，持续高水平绿色发展的县域有佛坪、宁陕、留坝、镇坪；绿色发展水平一直表现不佳的县域有志丹、定边、府谷、吴起；绿色发展水平变化幅度较大的县域有麟游、甘泉、米脂，其中麟游由 2002 年的较高绿色发展水平持续下跌，直到 2010 年处于低绿色发展水平阶段；甘泉由持续 6 年的低绿色发展水平逐步跃升为中绿色发展水平，2017 年已达到中绿色发展水平的最高端；米脂由 2000 年的较高绿色发展水平持续下跌，直到 2008 年处于低绿色发展水平阶段，且持续处于此阶段。由于乡村资源丰富，其中最主要，也是最具有乡村特色的资源便是乡村耕地。陕北地区乡村绿色发展水平整体表现不佳的原因，由陕西省统计数据显示，大部分县域耕地面积在逐步减少，例如陕北榆林地区的吴堡和府谷县。伴随着乡村耕地资源的减少，现有耕地的保护就显得尤为重要了，而乡村对耕地资源的保护却重视不够。经过实地考察，发现除了缺乏有效的耕地保护外，对有限的耕地资源利用效率也不高。

6.3 乡村绿色发展效率的测度

高质量发展背景下的乡村绿色发展具有高效性特征，是绿色经济化、效率最大化的发展。效率测度作为一种管理措施，其目的在于诊断管理中存在的问题，为变革和创新管理方式与方法提供依据，进而实现管理成效的持续性改进。乡村绿色发展效率反映乡村绿色综合能力的集成，是乡村绿色发展水平在速度层面的具体体现，两者之间有着内在的逻辑结构关系，目标都是旨在追求人与自然和谐、经济增长与环境保护融合、经济效益和社会效益及生态效益最大化的社会发展方式的卓越品质。

6.3.1 偏微分数理模型

（1）建模基础

物理学中速度模型可以看作是微积分学中导数定义的原始模型，其基本原理是函数在某点处的导数就是其在该点处的瞬时变化率，比如：瞬时速度就是运动物体的路程函数的瞬时变化率，即物体在某一时刻速度的大小。为了精确描述物体运动的快慢，取很短的时间段 Δt，如果 Δt 非常小，就可以认为 $\frac{\Delta s}{\Delta t}$（位移与时间的比率）是物体在时刻 t 的速度，这个速度是瞬时速度。瞬时速度是矢量，是位移与时间的比值，有方向（物体运动的方向），瞬时速度的大小即速率，也可以叫作瞬时速率。本研究采用类似的思维逻辑，从动态纵向视角来看，乡村绿色发展水平是关于时间的函数，且处于不断地变动中。因而，用乡村绿色发展水平函数的瞬时变化率来表征瞬时水平速度，即乡村绿色发展的瞬时效率。瞬时效率也有方向。正向为高效率，值越大，瞬时效率越高；负向为低效率，值越小，瞬时效率越低。

（2）模型构造

依据前几章的理论基础、经济机理和测度指标体系，影响乡村绿色发展水平函数的一级变量有：乡村绿色生产、乡村绿色保有维持、乡村绿色生活质量、乡村公平机会，假设乡村绿色发展水平的函数形式为：

$$RGD_{level_t} = f(RGD_{pc_t},\ RGD_{nc_t},\ RGD_{le_t},\ RGD_{eo_t}) \quad \text{(公式 6-4)}$$

可构造乡村绿色发展的瞬时效率：

$$RGD_{effic} = \frac{\Delta RGD_{evel}}{\Delta t} \quad \text{(公式 6-5)}$$

且由 5.2 节指标间的多重共线性检验可知，这四个变量之间是彼此独立的，不存在共线性问题。因而，乡村绿色发展效率可分解为四个方向上的效率，即乡村绿色生产效率、乡村绿色保有维持效率、乡村绿色生活质量效率、乡村公平机会效率，对于多元变量的微分形式，采用偏导数定义描述，具体表达式如下：

乡村绿色生产效率：

$$RGD_{rpc-effic} = \frac{\partial(RGD_{level})}{\partial(RGD_{rpc})} = \frac{\partial(RGD_{level})/\partial t}{\partial(RGD_{rpc})/\partial t} \quad \text{(公式 6-6)}$$

乡村绿色保有维持效率：

$$RGD_{nc-effic} = \frac{\partial(RGD_{level})}{\partial(RGD_{nc})} = \frac{\partial(RGD_{level})/\partial t}{\partial(RGD_{nc})/\partial t} \quad （公式6-7）$$

乡村绿色生活质量效率：

$$RGD_{le-effic} = \frac{\partial(RGD_{level})}{\partial(RGD_{le})} = \frac{\partial(RGD_{level})/\partial t}{\partial(RGD_{le})/\partial t} \quad （公式6-8）$$

乡村公平机会效率：

$$RGD_{eo-effic} = \frac{\partial(RGD_{level})}{\partial(RGD_{eo})} = \frac{\partial(RGD_{level})/\partial t}{\partial(RGD_{eo})/\partial t} \quad （公式6-9）$$

其中，RGD_{pc}，RGD_{nc}，RGD_{le}，RGD_{eo}，分别表示乡村绿色生产水平变量、乡村绿色保有维持水平变量、乡村绿色生活质量水平变量、乡村公平机会水平变量，这些都是关于时间的动态变量，为了方便表示，公式6-5至6-9中的t省略了。

6.3.2 数学逻辑推导验证

为了验证上述乡村绿色发展效率模型构造的合理性，本研究借助偏微分数学原理对其构造过程进行逻辑推导验证，为了公式推导方便，RGD_{pc_i}，RGD_{nc_i}，RGD_{le_i}，RGD_{eo_i}分别用变量I_1，I_2，I_3，I_4来表示。

具体推导过程如下：

$$RGD_{effic} = \frac{\Delta RGD_{evel}}{\Delta t} = \frac{d(RGD_{level})}{dt}$$

$$= \frac{d(\sqrt[4]{I_1 \cdot I_2 \cdot I_3 \cdot I_4})}{dt}$$

$$= \frac{(I_1 \cdot I_2 \cdot I_3 \cdot I_4)^{-\frac{3}{4}}}{4} \cdot \frac{d(I_1 \cdot I_2 \cdot I_3 \cdot I_4)}{dt}$$

$$= \frac{I_1^{-\frac{3}{4}} \cdot (I_2 \cdot I_3 \cdot I_4)^{\frac{1}{4}}}{4} \cdot \frac{d(I_1)}{dt} + \frac{I_2^{-\frac{3}{4}} \cdot (I_1 \cdot I_3 \cdot I_4)^{\frac{1}{4}}}{4} \cdot \frac{d(I_2)}{dt}$$

$$+ \frac{I_3^{-\frac{3}{4}} \cdot (I_1 \cdot I_2 \cdot I_4)^{\frac{1}{4}}}{4} \cdot \frac{d(I_3)}{dt} + \frac{I_4^{-\frac{3}{4}} \cdot (I_1 \cdot I_2 \cdot I_3)^{\frac{1}{4}}}{4} \cdot \frac{d(I_4)}{dt}$$

$$= \sum_{i=1}^{4} \frac{(I_1 \cdot I_2 \cdot I_3 \cdot I_4)^{\frac{1}{4}}}{4 \cdot I_i} \cdot \frac{d(I_i)}{dt}$$

$$= \frac{1}{4} \cdot \sqrt[4]{I_1 \cdot I_2 \cdot I_3 \cdot I_4} \cdot \sum_{i=1}^{4} \frac{1}{I_i} \cdot \frac{d(I_i)}{dt} \qquad (\text{公式 6-10})$$

于是得到：$RGD_{effic} = \dfrac{\Delta RGD_{evel}}{\Delta t} = \dfrac{d(RGD_{level})}{dt}$

$$\frac{\partial(RGD_{level})/\partial(I_1) + \partial(RGD_{level})/\partial(I_2) + \partial(RGD_{level})/\partial(I_3) + \partial(RGD_{level})/\partial(I_4)}{4}$$

（公式 6-11）

由公式推导结果可知，乡村绿色发展效率不但分解为四个方向上的效率，即乡村绿色生产效率、乡村绿色保有维持效率、乡村绿色生活质量效率、乡村公平机会效率。而且，乡村绿色发展效率是乡村绿色生产效率、乡村绿色保有维持效率、乡村绿色生活质量效率、乡村公平机会效率的算术平均值。

又由前述效率测度模型，可进一步构造四维度下对应面向乡村绿色发展效率的贡献度测度模型，其基本思路是分别用绿色生产、绿色保有维持、绿色生活质量、公平机会四个测量维度下的效率值与乡村绿色发展效率的比率来度量，具体计算方法如下：

乡村绿色生产的效率贡献度：$\dfrac{RGD_{rpc-effic}}{RGD_{effic}}$

乡村绿色保有维持的效率贡献度：$\dfrac{RGD_{nc-effic}}{RGD_{effic}}$

乡村绿色生活质量的效率贡献度：$\dfrac{RGD_{le-effic}}{RGD_{effic}}$

乡村公平机会的效率贡献度：$\dfrac{RGD_{eo-effic}}{RGD_{effic}}$

6.3.3 陕西县域乡村绿色发展效率的时空差异

依据以上模型，本研究测算出 2000—2017 年陕西 58 个县域乡村绿色发展效率，并分区域绘制出相应的效率对比图。

（1）关中地区乡村绿色发展效率的比较

运用效率模型对关中2000—2017年宝鸡地区9个县域、渭南地区8个县域的测算结果如下。

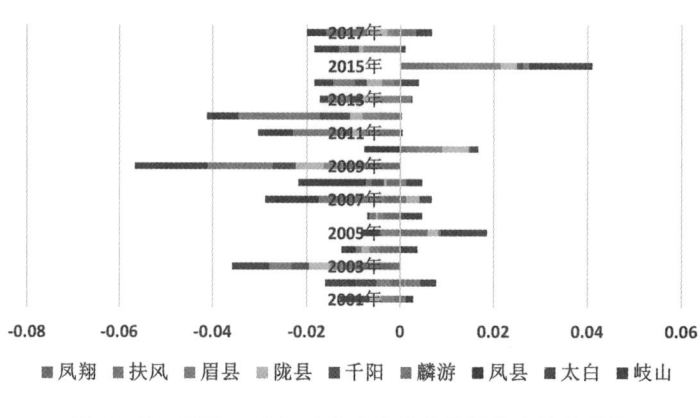

图6—13　2000—2017年宝鸡地区乡村绿色发展效率图

图6-13显示2000—2017年连续18年宝鸡地区乡村绿色发展的效率，既有进步又有退步，且步调也不一致，整体的效率表现为倒退多于进步。其中，除了2009年9个县域乡村绿色发展全部呈现退步状态、2015年9个县域乡村绿色发展全部呈现进步状态。在宝鸡地区9个县域中，眉县在2015年乡村绿色发展效率提升最快，其次是凤翔、凤县、岐山、太白，再其次是扶风、陇县，最后是千阳和麟游。2005年，乡村绿色发展效率表现较优的依次为凤翔、凤县、岐山、陇县、麟游、扶风、太白、眉县。而2010年，效率进步表现较好的依次为陇县、眉县、太白、凤翔。期间，乡村绿色发展的效率退步较多的有麟游（2012和2009年最突出）、凤县（2007和2008年较明显），从乡村绿色发展水平可知，凤县遇到了瓶颈，从发展效率图中又证实了，18年来凤县乡村绿色发展几乎是无效率的。

图6-14显示2000—2017年连续18年渭南地区乡村绿色发展的效率，8个县域的乡村绿色发展除了2005年、2015年全部呈现进步状态以及2009年全部呈现退步状态之外，其他年份在连续17年中表现出

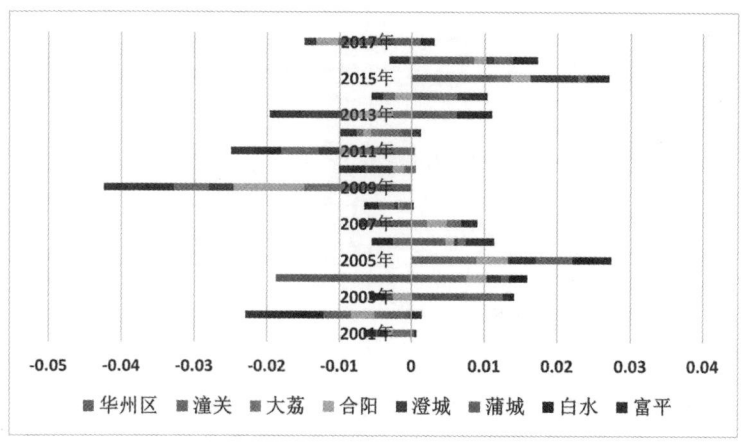

图 6-14　2000—2017 年渭南地区乡村绿色发展效率图

既有进步又有退步。华州区在 2003 年是效率提升较快的县域,但在 2005 年,效率倒退却是很大的,直到 2015 和 2016 年,虽连续两年都有相对较大的提升,但最终效果也不明显。白水在 2002 年倒退明显, 2005 年开始有进步,2009、2010、2011 连续三年效率倒退,直到 2013 年进步较快,2015、2016 年又表现出持续进步。富平县在 2011、 2012 年连续倒退两年后,从 2013 年开始又连续六年进步,2008 年全球金融危机,也影响到各个县域的乡村绿色发展的效率,富平县是唯一进步的一个县域,只是进步甚微,接着又连续五年效率退步。蒲城从 2015 年开始,连续三年一直效率进步,尽管进步甚微,但一直保持,而其他县域却是进步和退步交替出现。蒲城县效率提升究其原因,是国家助力脱贫攻坚政策发挥了作用,由于 2016 年 6 月教育部出台《关于做好直属高校定点扶贫工作的意见》,高校作为各类人才的蓄水池、技术创新的原动力、教育资源的集散地,是国家精准扶贫的中坚力量,其中西安电子科技大学凭借信息技术优势精准帮扶蒲城县。

(2) 陕南地区乡村绿色发展效率比较

运用效率模型对陕南 2000—2017 年汉中地区 7 个县域、安康地区 8 个县域和商洛地区 7 个县域的测算结果如下。

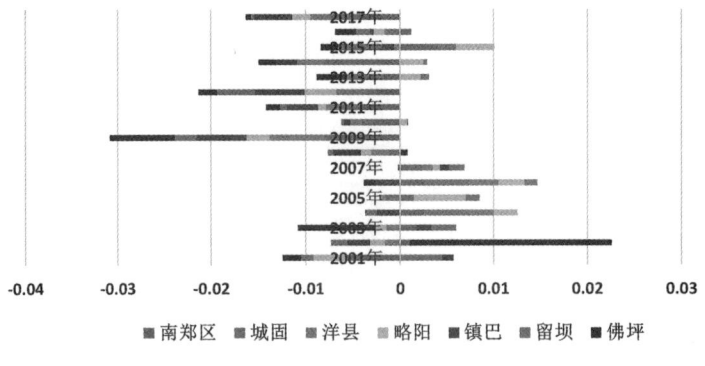

图 6-15　2000—2017 年汉中地区乡村绿色发展效率图

图 6-15 显示 2000—2017 年连续 18 年汉中地区乡村绿色发展的效率。其中，乡村绿色发展效率有 14 年都表现出有进步有退步的，只有在 2009 年、2011 年、2012 年、2017 年这四年汉中地区 7 个县乡村绿色发展效率全在退步。从进步程度来看，2002 年，佛坪县进步程度相当快，远远把其他县域甩在身后，奠定了其在以后乡村绿色发展较优的基础地位。而大部分县域的效率是进步和退步呈现出交错更换的特点。

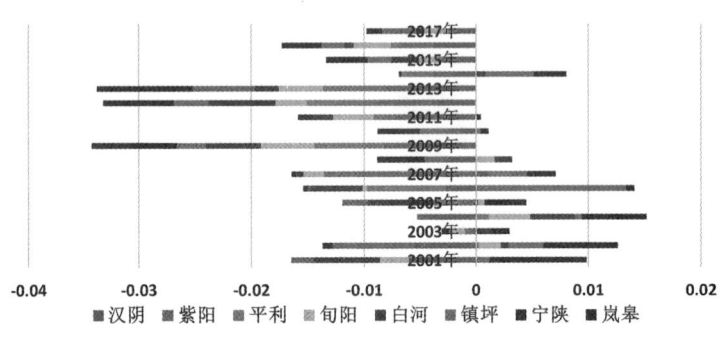

图 6-16　2000-2017 年安康地区乡村绿色发展效率图

图 6-16 显示安康地区 2000—2017 年连续 18 年的乡村绿色发展效率，有六年表现出全部退步，尤其是 2009 年、2012 年、2013 年退步比较明显，而且 8 个县的效率退步程度都很大。其中，平利和岚皋县退步更大，紫阳县在 2006 年的效率进步很明显，但第二年，效率退步也很突出，一进一退，导致紫阳县从 2007 年之后，绿色发展的效率一直很低下，没有

进步过。2000—2017 年连续 18 年来，汉阴的效率也一直没有提高过，只有宁陕表现领先，尤其在 2001 年和 2002 年效率进步明显。

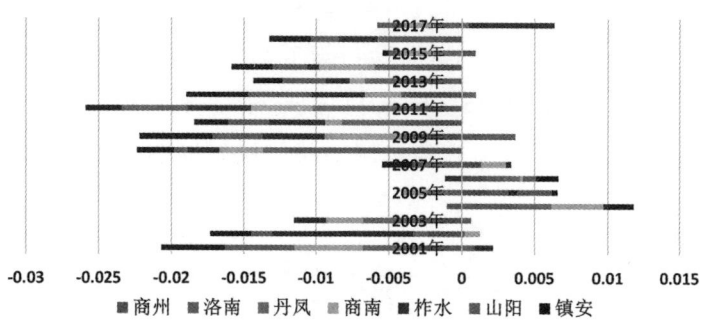

图 6-17　2000—2017 年商洛地区乡村绿色发展效率图

图 6-17 显示 2000—2017 年连续 18 年商洛地区乡村绿色发展效率图。虽然效率进步的年份和程度都非常低，但是有些县还是表现出自己的效率特点，柞水县从 2001 年到 2016 年之间，绿色发展的效率没有进步过，但 2017 年，突然反转，效率不但进步，而且进步非常明显，这一年正是柞水县的追赶超越年，说明全面实施追赶成效显著，致使效率快速提升。

（3）陕北地区乡村绿色发展效率比较

运用效率模型对陕北 2000—2017 年延安市 10 个县域、榆林地区 9 个县域的测算结果如下。

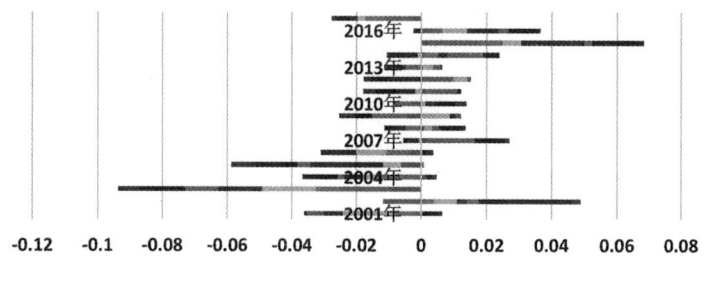

图 6-18　2000—2017 年延安市乡村绿色发展效率图

图 6-18 显示 2000—2017 年连续延安市 18 年乡村绿色发展效率。

整体效率进步多于效率退步。尤其近几年效率进步明显，2015年，10个县域效率都呈现进步态势，其中吴起、延川、洛川的效率进步程度最明显。而在现实中，2018年，吴起进入全国投资百强县的名单，延川入选全国幸福百强榜。从18年效率的增幅来看，志丹开始效率很低，甚至出现负值，但趋势是逐步上升的，尽管效率上升幅度很小，但到2017年效率已明显超越了其他县域乡村，从而说明其绿色发展模式是合理的。

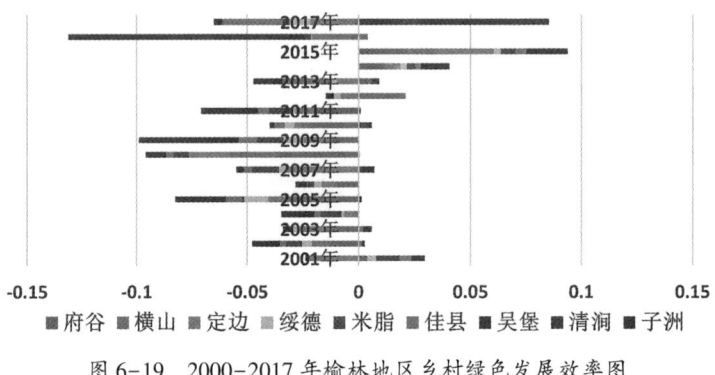

图6-19　2000-2017年榆林地区乡村绿色发展效率图

图6-19显示榆林地区连续18年乡村绿色发展的效率。发现只有在2014年、2015年，效率表现出全部进步的特点，尤其府谷县进步明显，定边只在2015年进步突出。其中，子洲县的效率表现较为反常，2016年效率低下，退步明显，但过了一年，突然反转，效率进步较其他县域明显很多，通过实地调研发现，子洲县效率提升如此快的主要原因是国家精准扶贫山区政策的实施发挥了重要的作用。

Kitchen（2009）在研究绿色经济与山区可持续发展的关系时，发现自上而下的地方农业和社会重组是山区可持续发展的有效途径[38]。付洪良等（2018）利用因子分析法分析浙江美丽乡村生态文明建设的动力作用机理时，也发现政府推动力是一种动力因子[136]。张鸿（2021）从农村发展政策环境、农业发展、医疗养老、生态环境、政府服务五个方面，编制了农村高质量发展的影响因素的识别调查问卷。并对陕西省28个行政村进行了实地调研，共获得727份有效问卷。同时，应用结构方程模型实证检验了影响因素与农村高质量发展的作用机理，并运用 bootstrap 方法分析了相关因素产生的中介效应。结果发现：政府服务、农村生态环境以及支持相关农业发展的政策环境对农村高质量发展影响力较大。农村地区由于居民文化程度相对较低，对政府服务方面的办事程序精简、服务态度改善、不作为与不办事行为的减少更为看重；在生态环境方面，空气质量、生活用水质量、生活垃圾处理等是农村居民的主要关切点；在政策环境方面，居民更希望在惠农补助政策、小农金融贷款、居民再就业政策方面能够出台积极政策，以促进农村高质量发展。因此，我国政府的精准施策在乡村绿色发展中起着非常关键的推动作用。

(4) 陕西省县域乡村绿色发展效率比较

利用 6.3.1 方法，测算了 2000—2017 年陕西 58 个县域乡村绿色发展效率的绿色生产、绿色保有维持、绿色生活质量、公平机会四个维度的贡献度。空间测度结果表 6-5 显示，对乡村绿色发展效率贡献度排序为：乡村绿色生活质量>乡村绿色保有维持>乡村公平机会>乡村绿色生产。关中地区排序为：乡村绿色生活质量>乡村公平经济机会>乡村绿色生产>乡村绿色保有维持；陕南地区排序为：乡村绿色生活质量>乡村绿色保有维持>乡村公平机会>乡村绿色生产；陕北地区排序为：乡村绿色生活质量>乡村绿色保有维持>乡村绿色生产>乡村公平机会。

表 6-5　陕西地区 2000—2017 年乡村绿色发展效率四维度贡献度表

地区	绿色生产效率	绿色保有效率	绿色生活质量效率	公平机会效率
关中	0.23	0.2045	0.3012	0.2643
陕南	0.1253	0.2883	0.3012	0.2852
陕北	0.2678	0.2821	0.2942	0.1559
陕西省	0.6231	0.7749	0.8966	0.7054

(5) 陕西省县域乡村绿色发展效率排名

纵观陕西省 2001—2017 年各个县域乡村绿色发展的效率，有的县域乡村表现出正向提高的特点，有的县域表现出反向倒退的特点，在连续 18 年中 58 个县域乡村中绿色发展效率正向增长排名前十的县域不断在更替变化。2001 年，乡村绿色发展效率排名前十的县域依次为米脂、宁陕、佳县、城固、吴堡、府谷、绥德、富县、清涧、洛川，而乡村绿色发展效率排名后十的县域依次为山阳、岐山、甘泉、南郑区、白河、吴起、汉阴、子长、志丹、定边。2002 年，排名前十的县域依次为佛坪、洛川、富县、志丹、宁陕、宜川、子长、甘泉、太白、镇坪，排名后十的县域依次为富平、汉阴、白水、米脂、紫阳、横山、清涧、柞水、延川、府谷；2003 年，排名前十的县域依次为华州区、清涧、潼关、留坝、佳县、南郑、宁陕、镇巴、大荔、白河，排名后十的县域依次为洛川、佛坪、延长、府谷、凤翔、甘泉、定边、吴起、延川、志丹。其余年份排名见表 6-6。

表 6-6 2004—2017 年陕西省乡村绿色发展效率排名表

时间	顺序	具体位次
2004	前十名	大荔、城固、白河、太白、宁陕、旬阳、商南、洛南、合阳、丹凤
	后十名	定边、子长、清涧、洛川、富县、吴起、吴堡、延川、米脂、华州区
2005	前十名	凤翔、略阳、潼关、岐山、蒲城、凤县、合阳、澄城、大荔、白水
	后十名	白河、延长、佳县、黄龙、府谷、定边、绥德、子洲、横山、吴起
2006	前十名	紫阳、城固、华州区、富平、太白、洋县、略阳、南郑、黄龙、商州
	后十名	延长、绥德、凤翔、白河、定边、子长、平利、府谷、志丹、吴起
2007	前十名	富县、延川、清涧、子长、陇县、合阳、岚皋、甘泉、子洲、大荔
	后十名	凤翔、吴堡、佳县、眉县、华州区、凤县、麟游、米脂、紫阳、定边
2008	前十名	洛川、岐山、志丹、甘泉、旬阳、白河、眉县、延长、黄龙、佛坪
	后十名	商州、子长、吴起、子洲、米脂、洛南、凤县、定边、横山、府谷
2009	前十名	志丹、洛南、吴起、甘泉、洛川、丹凤、横山、凤县、延长、富县
	后十名	太白、绥德、合阳、子长、定边、府谷、米脂、麟游、清涧、子洲
2010	前十名	陇县、眉县、米脂、黄龙、洛川、宜川、扶风、吴起、子洲、凤翔
	后十名	定边、澄城、横山、柞水、绥德、丹凤、佳县、子长、凤县、府谷

续表

时间	顺序	具体位次
2011	前十名	甘泉、延长、宜川、子长、吴堡、岐山、华州区、宁陕、延川、镇坪
	后十名	洛川、蒲城、潼关、吴起、定边、米脂、麟游、清涧、子洲、府谷
2012	前十名	佳县、延川、志丹、澄城、甘泉、府谷、丹凤、子长、岐山、延长
	后十名	岚皋、镇巴、紫阳、凤县、白河、平利、千阳、定边、吴起、麟游
2013	前十名	白水、府谷、华州区、志丹、米脂、扶风、甘泉、略阳、横山、潼关
	后十名	岚皋、麟游、眉县、平利、镇坪、澄城、合阳、清涧、定边、佳县
2014	前十名	府谷、甘泉、清涧、洛川、横山、子洲、镇坪、子长、米脂、岐山
	后十名	平利、洋县、镇安、富县、陇县、商南、凤县、麟游、城固、宜川
2015	前十名	府谷、定边、吴起、延川、洛川、眉县、清涧、横山、凤翔、米脂
	后十名	汉阴、紫阳、旬阳、佛坪、丹凤、镇坪、商南、白河、宁陕、留坝
2016	前十名	吴起、洛川、华州区、志丹、延长、白水、甘泉、佳县、蒲城、延川
	后十名	旬阳、府谷、岐山、汉阴、洛南、眉县、吴堡、清涧、横山、子洲
2017	前十名	子洲、柞水、凤翔、凤县、富平、蒲城、太白、丹凤、清涧、白水
	后十名	城固、南郑区、潼关、子长、延川、横山、麟游、绥德、定边、佳县

Alex Bowen（2014）认为国家在实现自然资本保护的经济增长中发挥着重要作用[39]。Anríquez（2020）研究了拉丁美洲农村和农业政府支出构成对农村福祉的影响，采用计量经济学面板数据方法评估量化了农村和农业支出构成与部门绩效之间的关系，发现政府对公共产品的支出被私人产品补贴取代，阻碍了农村公共支出的发展[40]。将纳税人资金从公共产品转移到补贴会降低农业部门的绩效，而将农村（特别是农业）支出从补贴到公共产品的再分配将获得巨大收益。以上研究论据说明国家对乡村地区在公共产品方面的投入比直接补贴农民对乡村绿色发展的促进作用更大。陕北子洲县由2016年效率最低县，经过一年的努力，在国家加大精准帮扶的政策驱动下，迅速走出贫困，绿色发展效率大幅提升，成为2017年乡村绿色发展效率最高的县域，证实了国家对贫困山区精准扶贫取得了显著的成效。

6.4 乡村绿色发展潜力的测度

6.4.1 数值拟合预测模型

(1) 建模基础

关于乡村绿色发展的未来能力的度量，本研究将从两个方面展开。一方面，根据历史数据，建立合适的拟合模型，利用模型对乡村绿色发展的潜力进行预测。为了选择合适的模型，采用不同的模型进行前期拟合，通过不断地模拟拟合，找到拟合优度最佳的预测模型。由于乡村绿色发展受多方面因素及指标的影响，而且影响关系交叉复杂，表现出很强的非线性特征。因而，在前期的模拟中，主要选择了非线性预测方法，具体包括指数模型、幂函数模型、对数模型、多项式模型对原始数据进行拟合，本研究采用软件 MATLAB2016a 对 58 个县域用不同的模型拟合实验后，发现多项式拟合的效果最优，尽管个别县域的多项式模型拟合优度不是特别高，但相比其他非线性模型，表现相对较好，具体数值拟合结果如表 6-7。

表 6-7　不同函数的预测模型拟合度检验

项目	Model(1)	Model(2)	Model(3)	Model(4)
F 值	14.8743	16.7632	33.0471	8.9743
R^2	0.3925	0.3929	0.5634	0.2049
调整后 R^2	0.3207	0.3218	0.4801	0.0976

(2) 模型构造

根据数值拟合预测理论的基本原理，现实问题中的一些非线性问题在模拟数值计算中，都可近似的转化为不同次数的多项式拟合问题，而较高次的多项式在拟合过程中出现龙格现象的概率较大，可能使模拟结果的误差更大。因而，在实际问题的数值模拟中经常会选用次数较低且合适的多项式来代替复杂非线性函数的拟合问题，其数理理论依据为，用多项式函数：

$$RGD_{level}(t) \approx \sum_{k=0}^{n} a_k t^k \quad \text{(公式 6-12)}$$

近似表示乡村绿色发展的水平函数。

数值拟合法的含义就是找到满足多项式函数与乡村绿色发展水平函数的距离最小，保证近似程度最好，预测效果最优，即使得式子 6-13 成立。

$$\min(\phi(a_0, a_1\cdots, a_n)) = \min(\sum_{i=1}^{N}(RGD_{level_i} - \sum_{k=0}^{n} a_k t_i^k)^2) \quad \text{(公式 6-13)}$$

则对变量 $a_0, a_1\cdots, a_n$ 分别求偏导并令其等于零，得到：

$$2\sum_{i=1}^{N}(RGD_{level_i} - \sum_{k=0}^{n} a_k t_i^n) \cdot t_i^j = 0, \quad (j = 0, 1\cdots n) \quad \text{(公式 6-14)}$$

求解式 6-14 对应的正规方程组得到满足条件的最优解，即预测潜力的最优表达式就找到了。为了进一步对模拟理论的实际阐释进行数值拟合实验检验，本研究继续采用软件 MATLAB2016a 做不同次数的多项式数值拟合实验（实验结果如表 6-8），最终选择 5 次多项式函数模型对 58 个县域的乡村绿色发展未来水平进行预测。为了检验预测模型的可靠性和收敛程度，本研究采用统计理论中的拟合度和截断误差法对其收敛性进行检验，具体原理和过程 6.4.2。

表 6-8 不同次数多项式预测模型的拟合度检验

项目	Model(32)	Model(33)	Model(34)	Model(35)	Model(36)
F 值	24.8762	26.5432	30.8643	34.9765	27.2754
R^2	0.6783	0.7257	0.8204	0.9407	0.7654
调整后 R^2	0.5321	0.6654	0.7421	0.8759	0.6381

6.4.2 收敛性检验

收敛性检验就是验证评价结果（近似值）与真实结果之间的差距。常用的检验方法是拟合优度值检验[137]以及截断误差分析。其中拟合优度值检验作为判断模型的收敛性被广泛应用，其最初思想来源于 Pearson 的 χ^2 检验，基本思想是通过比较样本取各值的期望频数和观察频数的差异来设计统计值进行检验。其中拟合度统计量计算公式为[138]：

$$R^2 = 1 - \frac{\sum_i e_i^2}{\sum_i (Y_i - \bar{Y})^2}, \quad (公式 6-15)$$

$$\bar{R}^2 = 1 - \frac{n-1}{n-k-1} \frac{\sum_i e_i^2}{\sum_i (Y_i - \bar{Y})^2}, \quad (公式 6-16)$$

则模型总体显著性检验统计量 F 的计算公式为：

$$F = \frac{R^2}{1-R^2} \frac{n-k-1}{k} \sim F(k, n-k-1) \quad (公式 6-17)$$

(1) 预测模型的拟合度分析

统计理论中，近似模型的拟合优度值介于 0 和 1 之间，该数值越接近 1，近似模型拟合的越好，说明样本的影响关系越收敛于真实值（Anderson, Sweeney, &Williams, 2013）。因而，在检验预测模型的近似程度时，常常采用拟合优度值来检验近似模型的收敛效果。首先，选用不同类型的非线性函数拟合，其中 Model（1）表示指数函数拟合，Model（2）表示对数函数拟合，Model（3）表示多项式函数拟合，Model（4）表示幂函数拟合。由表 6-7 显示，Model（3）拟合度值是 0.5634，调整后的值是 0.4801，说明多项式模型的拟合优度最高，拟合效果最好，故首选多项式模型进行模拟预测。

其次，由于不同次数的多项式模型在拟合预测中的收敛性差异较大，因此，还需进行不同次数的多项式模型拟合优度的检验，寻找相对较优的多项式模型。其中 Model（32）表示二次多项式拟合，Model（33）表示三次多项式拟合，Model（34）表示四次多项式拟合，Model（35）表示五次多项式拟合，Model（36）表示六次多项式拟合。由表 6-8 显示，Model（35）的拟合度值是 0.9407，调整后的值为 0.8759，拟合度最高，即 Model（35）拟合预测效果最好，故预测模型中选择五次多项式作为最终预测模型。

(2) 截断误差收敛性检验

Anscombe（1973）用反例说明了拟合优度在模型检验中可能存在不一致的结果，即拟合优度检验不一定可靠[41]。王重和刘黎明（2010）也用实例说明了拟合优度检验存在不可靠性。数理统计决策中，截断误差也经常被用于分析预测模型的优劣。鉴于此，本研究把截断误差与拟合优度结合起来分析，再运用软件 MATLAB2016 对预测模型进行截断误差与 R^2 的检验（结果见表 6-9）。结果显示 Model（35）的 SSE 为 0.000152，截断误差最小，说明结果显示 Model（35）的预测效果最好，即五次多项式的预测效果最好，与在 SPSS20 中的检验一致。

表 6-9　潜力预测模型的误差与 R^2 参数检验

	Coefficients(with95% confidence bounds)	SSE	R-square	Adjusted R-square	RMSE
Model (32)	−1.277e−05(−1.733e−05, −8.217e−06) 0.002068(0.001791,0.002346) 0.8449（0.8413，0.8484）	0.001036	0.9652	0.9639	0.004339
Model (33)	7.119e−07(4.66e−07,9.577e−07) −7.578e−05(−9.783e−05, −5.372e−05) 0.003568(0.003005,0.004131) 0.8372(0.8333,0.8411)	0.0006377	0.9785	0.9774	0.003436
Model (34)	−3.348e−08(−4.779e−08, −1.917e−08) 4.662e−06(2.961e−06, 6.364e−06) −0.0002265(−0.0002936, −0.0001594) 0.005584(0.004599,0.006569) 0.8308(0.8265,0.8351)	0.0004506	0.9848	0.9837	0.002916
Model (35)	2.913e−09(2.334e−09,.491e−09) −4.631e−07(−5.488e−07, −3.774e−07) −4.631e−07(−5.488e−07, −3.774e−07) −0.0007339(−0.0008421, −0.0006257) 0.01001(0.008959,0.01106) 0.01001(0.008959,0.01106)	0.000152	0.9949	0.9944	0.00171

6.4.3 陕西县域乡村绿色发展潜力的时空差异

本节运用前述数值拟合法确定的五次多项式模型对陕西县域乡村绿色发展水平进行预测，尤其预测了 2021—2025 年陕西县域乡村绿色发展水平。

（1）关中地区乡村绿色发展潜力比较

运用潜力预测模型对关中 2021—2025 年宝鸡地区 9 个县域、渭南地区 8 个县域的预测结果如下：

从宝鸡地区乡村绿色发展水平预测表 6-10 可知，除了眉县、陇县、千阳之外，其他县域在 2021—2025 年的乡村绿色发展水平呈现下降趋势，未来五年期间，凤县和岐山县下降最快，分别降到 0.5766 和 0.5301，乡村绿色发展情况值得担忧。

表 6-10 宝鸡地区 2021-2025 年乡村绿色发展水平预测表

年份 县域	2021 年	2022 年	2023 年	2024 年	2025 年
凤翔	0.8526	0.8558	0.8574	0.8562	0.8508
扶风	0.8598	0.8451	0.8216	0.7863	0.7355
眉县	0.8693	0.8784	0.8920	0.9113	0.9378
陇县	0.8696	0.8718	0.8755	0.8811	0.8887
千阳	0.8882	0.8982	0.9123	0.9311	0.9554
麟游	0.8200	0.8120	0.7976	0.7733	0.7349
凤县	0.8250	0.7998	0.7553	0.6839	0.5766
太白	0.8974	0.8880	0.8705	0.8414	0.7968
岐山	0.8171	0.7825	0.7278	0.6463	0.5301

从渭南地区乡村绿色发展水平预测表 6-11 可知，2021—2025 年期间，渭南地区县域的乡村绿色发展水平将逐步降到低水平阶段，在陕西省区域中整体水平表现不佳，尤其潼关在 2025 年，将降到 0.4817。又由中国生态环境部《2018 中国生态环境状况公报》结果显示[139]，渭南地区在全国环境空气质量排名中靠后，在全国处于较差水平，这也进一

步证实了，渭南地区的乡村绿色发展水平相对较低，应引起相关部门的重视。从乡村绿色发展的未来潜力来看，蒲城县在高校精准扶贫模式下，找准了发展优势，潜力提升很快。

表 6-11　渭南地区 2021—2025 年乡村绿色发展水平预测表

年份 县域	2021 年	2022 年	2023 年	2024 年	2025 年
华州区	0.8716	0.8574	0.8319	0.7913	0.7309
潼关	0.8543	0.8107	0.7405	0.6345	0.4817
大荔	0.8528	0.8366	0.8073	0.7593	0.6860
合阳	0.8660	0.8601	0.8475	0.8250	0.7884
澄城	0.8602	0.8419	0.8091	0.7562	0.6762
蒲城	0.8478	0.8423	0.8295	0.8058	0.7671
白水	0.8763	0.8582	0.8262	0.7750	0.6981
富平	0.8603	0.8551	0.8439	0.8237	0.7907

（2）陕南地区乡村绿色发展潜力比较

运用潜力预测模型对陕南 2021—2025 年汉中地区 7 个县域、安康地区 8 个县域和商洛地区 7 个县域的预测结果如下：

表 6-12　汉中地区 2021—2025 年乡村绿色发展水平预测表

年份 县域	2021 年	2022 年	2023 年	2024 年	2025 年
南郑区	0.8454	0.8246	0.7889	0.7322	0.6472
城固	0.8565	0.8533	0.8484	0.8409	0.8295
洋县	0.8710	0.8669	0.8588	0.8448	0.8224
略阳	0.8740	0.8438	0.7939	0.7171	0.6048
镇巴	0.8754	0.8694	0.8598	0.8454	0.8242
留坝	0.9087	0.9043	0.8975	0.8874	0.8726
佛坪	0.9221	0.9263	0.9342	0.9471	0.9668

由表 6-12 知，除了佛坪之外，汉中其他县域 2021—2025 年的乡村绿色发展水平呈现下降趋势，到 2025 年，南郑区和略阳将分别降到 0.6472 和 0.6048 的低水平阶段。由安康预测表 6-13 知，除了平利县之外，其他县域 2021—2025 的乡村绿色发展水平呈现下降趋势，但下降的速度较汉中地区缓慢，到 2025 年，旬阳降速最快，将降到 0.7527。

表 6-13　安康地区 2021—2025 年乡村绿色发展水平预测表

年份 县域	2021 年	2022 年	2023 年	2024 年	2025 年
汉阴	0.8659	0.8638	0.8606	0.8556	0.8477
紫阳	0.8768	0.8772	0.8765	0.8736	0.8668
平利	0.8874	0.9012	0.9219	0.9515	0.9917
旬阳	0.8467	0.8353	0.8175	0.7910	0.7527
白河	0.8774	0.8718	0.8622	0.8469	0.8237
镇坪	0.8945	0.8876	0.8778	0.8640	0.8449
宁陕	0.9150	0.9102	0.9024	0.8907	0.8738
岚皋	0.8843	0.8829	0.8803	0.8754	0.8669

表 6-14　商洛地区 2021—2025 年乡村绿色发展水平预测表

年份 县域	2021 年	2022 年	2023 年	2024 年	2025 年
商州	0.8720	0.8652	0.8523	0.8307	0.7970
洛南	0.8543	0.8413	0.8215	0.7925	0.7513
丹凤	0.8916	0.8910	0.8888	0.8840	0.8751
商南	0.8766	0.8676	0.8525	0.8287	0.7928
柞水	0.9047	0.9167	0.9318	0.9501	0.9711
山阳	0.8726	0.8662	0.8545	0.8351	0.8046
镇安	0.8621	0.8499	0.8292	0.7964	0.7469

从商洛地区乡村绿色发展水平预测表 6-14 可知，除了柞水县之外，其他县域 2021—2025 年的乡村绿色发展水平呈现下降趋势，其中，

降速最快的是镇安，到 2025 年，降到 0.7469，其次是洛南，将降到 0.7513。

（3）陕北地区乡村绿色发展潜力的比较

运用潜力预测模型对陕北 2021—2025 年延安市 10 个县域和榆林地区 9 个县域的预测结果如下：

表 6-15　延安市 2021—2025 年乡村绿色发展水平预测表

年份 县域	2021 年	2022 年	2023 年	2024 年	2025 年
延长	0.8897	0.8926	0.8976	0.9058	0.9186
延川	0.8723	0.8697	0.8639	0.8539	0.8385
子长	0.8137	0.7696	0.6987	0.5920	0.4388
志丹	0.8476	0.8709	0.9074	0.9622	1.0412
吴起	0.8863	0.9320	0.9978	1.0901	1.2165
甘泉	0.8962	0.8905	0.8813	0.8683	0.8510
富县	0.9157	0.9449	0.9926	1.0652	1.1705
洛川	0.9135	0.9506	1.0032	1.0758	1.1740
宜川	0.8996	0.9077	0.9224	0.9463	0.9825
黄龙	0.9171	0.9421	0.9814	1.0394	1.1215

从延安市乡村绿色发展水平预测表 6-15 可知，不同于其他地区，该地区乡村绿色发展未来趋势表现较好，如延长、志丹、吴起、富县、洛川、宜川、黄龙都呈现上升趋势，到 2025 年，志丹、吴起、富县、洛川、宜川、黄龙的乡村绿色发展水平都将达到高水平。延川、甘泉虽在降低，但降低趋势也较缓。因而，延安市在 2021—2025 年整体乡村绿色发展未来水平表现向好的方面发展。从志丹县的发展态势，预测其未来乡村绿色发展潜力强劲。

从榆林地区乡村绿色发展水平预测表 6-16 可知，除了子洲县之外，其他县域 2021—2025 年的乡村绿色发展水平呈现下降趋势，而且下降趋势很快。到 2025 年，除了子洲外，其余县域都降到低水平阶段，尤其府谷、横山、定边降速很快，今后，要重点关注这些地区的绿色发展。

表 6-16　榆林地区 2021—2025 年乡村绿色发展水平预测表

年份 县域	2021 年	2022 年	2023 年	2024 年	2025 年
府谷	0.6661	0.5196	0.2744	0.1045	0.1004
横山	0.7292	0.6482	0.5278	0.3569	0.1223
定边	0.6682	0.5633	0.3924	0.1327	0.1025
绥德	0.8226	0.7953	0.7538	0.6938	0.6103
米脂	0.8263	0.7801	0.7068	0.5975	0.4423
佳县	0.7929	0.7211	0.6148	0.4636	0.2558
吴堡	0.8735	0.8539	0.8248	0.7835	0.7269
清涧	0.8537	0.8319	0.7937	0.7325	0.6402
子洲	0.8928	0.9514	1.0449	1.1847	1.3842

利用 6.4.1 介绍的方法，通过测算 2000—2017 年乡村绿色发展潜力的绿色生产、绿色保有维持、绿色生活质量、公平机会四个维度的贡献度，如表 6-17 结果显示，陕西 58 个县域空间对乡村绿色发展潜力贡献度排序为：乡村公平机会>乡村绿色生活质量>乡村绿色保有维持>乡村绿色生产。关中地区排序为：乡村公平机会>乡村绿色保有维持>乡村绿色生活质量>乡村绿色生产；陕南地区排序为：乡村绿色保有维持>乡村公平机会>乡村绿色生活质量>乡村绿色生产；陕北地区排序为：乡村绿色生活质量>乡村公平机会>乡村绿色生产>乡村绿色保有维持。

表 6-17　陕西地区 2000—2017 年乡村绿色发展潜力四维度贡献度表

维度 地区	绿色生 产潜力	绿色保有 维持潜力	绿色生活 质量潜力	公平机 会潜力
关中	0.202	0.2425	0.2312	0.3243
陕南	0.1833	0.3083	0.2032	0.3052
陕北	0.2778	0.1421	0.2942	0.2859
陕西省	0.6631	0.6929	0.7286	0.9154

6.5　主要概念与基本逻辑

关于如何度量乡村绿色发展能力的问题，具体体现在如何测度乡村绿色发展的水平、效率与潜力，找到真实发展与目标发展之间的现实差距，从而，对乡村绿色发展已有实力、快慢程度、未来创新潜质给出定量化的描述。

6.5.1 距离概念

在《数学辞海》中，度量也称为距离函数，它是一个数学概念，指度量空间中满足特定条件的特殊函数。度量空间也叫距离空间，是一类特殊的拓扑空间。弗雷歇将欧几里得空间的距离概念抽象化，于1906年定义了度量空间。在常用的度量空间中，由爱因斯坦的老师俄裔德国数学家闵可夫斯基提出的空间，使用范围较广，闵氏空间不同于牛顿力学中假设没有重力、曲率为零的平坦空间，它是狭义相对论中由一个时间维和三个空间维组成的四维时空空间，即由通常的三维空间和时间组成的一个总体。由于空间和时间是运动着的物质存在形式，而且空间和时间是不能分割的，因此要确定任何物理事件，必须同时使用空间的三个坐标和时间的一个坐标。这四个坐标组成的超空间称为"四维空间"。闵可夫斯基用这种理念，发展了一套对于相对论极为重要的数学工具。

在时空四维空间中，为了更直观形象的表示距离，依据不同的对应法则，定义相应的距离函数。有一些特殊的闵式距离函数，比如，绝对值距离，有时也叫曼哈顿距离、出租汽车距离或街区距离。在二维空间中，这种距离是计算两点之间的直角边距离，相当于城市中出租汽车沿城市街道拐直角前进而不能走两点连接间的最短距离。绝对值距离的特点是各特征参数以等权进行计算，所以也称等混合距离。还有欧氏距离，即欧几里得距离，它是指两点之间的直线距离，欧氏距离中各特征参数也是按等权进行计算。还有切比雪夫距离函数。类似地，在测度乡村绿色发展能力时，我们定义了一个新的特殊的距离函数。首先依据不同的空间维度，运用系统聚类法从原始文献指标集合中提取核心要素。其次，用种属比率法、相对比率法、复合比率法重新组合要素，生成核心测度指标。最后，提出认知盲区距离测度的数学定义，对熵值进行合理的转化，实现了对测度指标的权重赋值，构建了乡村绿色生产、乡村绿色保有维持、乡村绿色生活质量提升、乡村公平机会获得的乡村绿色发展四能力测度指标体系。同时，依据四种能力的不同属性分类并标记对应的序号，在每一能力维度下，定义投入产出比值距离函数，顺利将序数转换为信息数值保留的属性。因为，信息数值比用作分类数据类型保留的信息要多。最后，再利用几何距离概念，即一种特殊的范数，把四能力距离函数等权整合，从而实现乡村绿色发展能力的多维测度。

6.5.2 统计描述

前几章关于乡村绿色发展的理论基础、经济机理的分析，明晰了乡村绿色发展的内涵、目标和衡量维度，由此构建了乡村绿色发展的指标矩阵，为本章定量的描述乡村绿色发展奠定了充分的基础。本章对乡村绿色发展的统计描述包括三个方面：其一，能够体现乡村绿色发展现实水平的统计数值描述；其二，能够反映乡村绿色发展变动效率的统计速度描述；其三，能够预测乡村绿色发展未来变化的统计曲线描述。

水平、效率和潜力三者的测度关系中，水平测度是基础，效率测度和潜力测度是在水平测度的基础之上延伸拓展出来的。因而科学合理的水平测度方法是保证测度有效的重要依据。对于乡村绿色发展现实水平的统计数值的描述，本研究采用统计指数分析的基本原理。在统计分析中，指数描述可以说明研究对象的变动情况，指数分析是常用方法之一。在李洁明、齐新娥编写的《统计学原理》中，把指数的含义分为广义和狭义两种。其中广义的指数是指一切说明社会经济现象数量变动或差异程度的相对数，如动态相对数、比较相对数、计划完成相对数等都可称为指数。狭义指数是一种特殊的相对数，也即专指不能直接相加和对比的复杂社会经济现象综合变动程度的相对数。统计指数理论主要是探讨复杂现象总体综合变动状况和对比关系。本研究构建的乡村绿色发展水平指数，主要指狭义概念的指数。狭义概念的指数具有两个特点：第一，综合特性。综合反映事物变动方向和变动程度，即同一现象总体在各项目间变化的情况往往相差悬殊，指数不是反映一种事物的变动，而是综合反映多种事物构成的总体的变动，所以它是一种综合性的指数。第二，平均特性。由于各个个体的变动是参差不齐的，指数所反映的总体的变动只能是一种平均意义上的变动，分析多因素影响现象的总变动中，各个因素的影响大小和影响程度，即表示各个个体变动的一般程度。

在经济学中，从最初的价格指数到工资变动水平指数、股票指数、商品数量指数、人类发展指数、环境指数等等，随着研究内容的不同，产生了各种不同的内容指数。同时，为了克服指数测度中多种事物计量单位不相同、不能够直接相加的弊端，指数构建的形式和方法在不断地发展变化中。从最初的算术平均数到几何平均数，再扩展到更复杂更广泛地指数形式，比如德国经济学家拉斯贝尔和派许提出的连和比例指数形式的公式，英国经济学家马歇尔和统计学家艾奇沃斯提出马-艾指数，是平均权重的两因素连和比例指数形式。这种指数形式采用中点插值法，保证了取值的不偏不倚，但缺失了很多不同项目属性上的经济意义。后来，美国统计学家费雪在拉斯贝尔公式和派许公式的基础上，对各种指数进行了时间互换测验、因子互换测验、循环测验，发现绝大多数指数不符合这三种测验，唯有两种交叉几何平均指数公式通过测验。这两种交叉几何平均指数公式被称为"理想指数"。

另外，分割指数是度量群体分割程度的统计指标，其理论、方法和应用是西方学术界的研究热点，而国内目前较少有专门针对分割指数的系统介绍和研究。艾小青等（2022年）梳理了相关研究文献，介绍并分析了各种已有分割指数的构建方法及其性质。

上述的各种加权方法的综合指数公式都有其特点和一定的适用条件，由于所研究的社会经济现象极其复杂，任何一种指数形式都不可能一应万全地满足需要。因此，当强调按编制指数的经济意义选择指数的权数或不同维度度量因素时，还要注意根据具体的研究对象和条件选择合适的指数形式的公式。

　　根据乡村绿色发展的内涵，选择一些能反映乡村绿色发展本质内涵的数据，利用统计指数的编制原理，可编制乡村绿色发展指数以反映不同时间、空间的乡村绿色发展变量的平均变动程度以及发展速度。本研究扩展了费雪理想指数形式，采用对各变量值的连乘积开项数次方根几何平均数来构建指数公式，即几何加权投入产出比率平均值方法构建其水平测度模型。具体可从绿色生产、绿色保有维持、绿色生活质量、公平机会四个能力测量维度描述乡村绿色发展水平的经济统计意义。对于乡村绿色发展变动效率的统计速度描述，本研究采用多元偏导数定义分析的基本原理。对于乡村绿色发展未来变化的统计曲线描述，本研究采用函数假设拟合分析的基本原理。研究统计对象在长时间内的变动趋势，是乡村绿色发展水平指数的作用之一。在由连续编制的动态数列形成的指数数列中，可反映事物的发展变化趋势。这种方法特别适合于对比分析有联系而性质又不同的动态数列之间的变动关系，因为用指数的变动进行比较，可以进行长时间的发展趋势分析和比较分析，特别是对未来的动态预测和估计。

　　对于大型高维复杂的数据集来说，为了使提供信息距离的分析，如聚类因子分析、成分分析、多维尺度分析等继续进行下去，统计变量之间的相似性或不相似性的计算就显得尤为重要了。距离分析是对观测统计量之间和统计变量之间相似或不相似程度的一种统计描述和测度，通过对变量之间或一对观测量之间的广义距离的计算，来达到分析其他统计过程的目的。比如，为了对测量变量进行分类式的统计描述，使用距离分析过程来分类。在乡村绿色发展要素的筛选过程中，由于要素太多太庞大，大大降低了测度的有效性，不利于定量的本真分析。因而，我们提出选取核心要素的统计描述，即根据主观提取出来的一些指标要素的特征和属性将它们进行科学的分类。在研究要素之间的属性关系时，相似系数是经常采用的一种方法，性质越接近或距离较近的要素，它们相似系数越接近1（或-1），而彼此无关的或距离较远的要素，它们的相似系数则越接近于 0。

在距离分析中，相似性测度和不相似测度主要用来描述统计变量间的关系。所谓相似性测度是指两变量之间通过定义相似性测度统计量，用来统计两变量之间的相似性，实现变量间的数量化描述。其中 Pearson 相关系数、夹角余弦距离等通常针对定距型统计变量进行描述。距离或相似性度量的选择也可以参数化，其中使用每个不同的度量创建多个模型，具有最适合数据的距离度量和最小的泛化误差的模型可以作为数据合适的接近度度量。针对相似性测度描述特点，选取 Pearson 相关系数是合适且方便有效的。

由此可见，乡村绿色发展测度指标是反映乡村生态经济系统行为和状况的具有数量特征的标准范畴。如果把乡村生态经济系统理解为一个有特定结构和功能的有机整体，那么指标则是测定这一有机整体外部特征和内部变化的标尺。因而，根据统计指标的含义对乡村社会经济现象进行调查和汇总所取得的统计指标数值，并用一定的统计方法描述其对应的特征，能够具体反映乡村生态经济系统在一定时间、地点以及外部环境条件下的表现和变化。需要注意，任何指标如果不和它的数量特征联系在一起，便会失去本身的意义而没有存在的价值。而一定数值如果没有明确的指标含义，则根本不可能反映事物的变化规律，也达不到统计和分析的目的。当然，运用科学的方法得到相关的数值结果，以便更客观的反映乡村绿色发展的现实状况，显得尤为重要。

6.6 本章小结

乡村绿色发展是高质量发展背景下践行乡村振兴战略的有效路径。本章主要研究了高质量内涵式发展的新背景下乡村绿色发展的测度方法。首先，在第 3、4、5 章乡村绿色发展的理论分析、经济机理探究和测度指标的构建基础之上，通过对乡村绿色发展内容属性的深入解析和目标层级关系分析，针对乡村绿色发展的水平、效率、潜力的内在数理和逻辑关系，构建相对应的测度模型，并以陕西省 58 个县域乡村为例，测算了连续 18 年的水平、效率、潜力。通过分类分析和比较，发现陕西省 58 个县域乡村绿色发展的水平、效率及潜力有很大的差异。陕西省乡村绿色发展现状表明，虽然连续 18 年来乡村绿色发展水平指数最低县域为 0.74，但趋势呈现下降状态，且大部分县域效率低下，只有个别县表现向好。同时，未来潜力预测发现，大部分县域未来发展潜力也呈下降趋势，只有 9 个县呈上升趋势，且在关中、陕南、陕北地区的乡村绿色生产能力、乡村绿色保有维持能力、乡村绿色生活质量提升能力、乡村公平机会获得能力四种能力的贡献度显示差异明显。同时，县域乡村绿色发展的水平、效率、潜力方面的时空差异表明，国家政策对乡村绿色发展能力的提升起着非常重要的作用。

第 7 章 乡村绿色发展的影响因素

前几章的理论分析和测度模型构建,以及对乡村绿色发展的水平、效率和潜力的测度,都是建立在测度指标体系下的因素,即假设测度集合中的有限元素为前提且元素间的组合发生概率极低的前提下研究。而现实中影响乡村绿色发展的因素非常多,因素之间彼此也会重新组合,产生新的动力和阻力,且可能随着时空改变而交替变化。因而,在不同阶段不同背景下,哪些是阻力因素,哪些是动力因素,需要进一步的识别和验证。因此,本章主要解决乡村绿色发展影响因素的识别和效应分析问题。

7.1 乡村绿色发展的影响因子分析

高质量发展背景下的乡村绿色发展系统中的经济、资源、环境、质量、机会五个核心要素中的因子交织在系统中,可能发生新的组合对系统产生不确定的影响。如何精准识别其影响效应并做出及时调整,正是实施乡村振兴战略的关键所在。

7.1.1 解释变量与被解释变量

本节把已测算出来的乡村绿色发展水平函数作为被解释变量。影响因素的解释变量将从乡村经济、乡村资源、乡村环境、乡村质量、乡村机会五个核心要素中选取合适的组合因子探究与乡村绿色发展水平的关系,特别是与乡村的绿色生产能力、乡村绿色保有维持能力、乡村绿色生活质量提升能力、乡村公平机会获得能力之间的关联关系。

乡村的绿色生产能力主要通过乡村各产业的绿色环保生产、资源清洁利用等来考察。关于资源能耗方面的解释变量,文献中有两种选法,第一种是直接用原始数据单位 GDP 能耗,如郭永杰(2015)、刘若莎(2017)等;第二种先取倒数,即单位能耗 GDP,如 Kim(2014)、张平淡(2016)提出的绿色化指标中的单位地区生产总值作为表征绿色生产能力中资源利用程度的解释变量。本研究对复合指标建立的基本方法是用产出与投入的比值进行复合。因此,选择第二种指标更合适,即单位能耗 GDP 作为资源利用的解释变量。

乡村完备的基础服务设施和交通出行,将给生活带来很大的便捷,从而提升乡村生活环境质量。乡村基础设施建设对乡村经济发展的影响一直是讨论的热点,并取得了一些成果,其中 Khan&Ansari(2018)认为,要让农村地区获得城市那种集聚经济效益,除了技术,还需要其他努力,包括建立良好的学校、营造宜人的环境、完善交通网络等基础设施。基本达成了基础设施会促进乡村的发展共识。乡村公路密度是乡村交通发展水平的重要标志,也是衡量乡村经济集合中基础设施建设水平的直观因子。本研究选择变量指标农村公路密度作为表征乡村基础服务设施建设水平的解释变量,其计算方法参考杨云峰(1995)的组合形式:各县区的农村公路里程数除以县域面积得到密度。

Grimes(2000)研究了信息社会中乡村地区的发展前景。他认为随着网络技术的发展及大量信息的掌握,缩减了乡村与市场的距离,并提高了乡村地区的对外学习的能力与机会[42]。Senyol 等(2018)认为智慧乡村与信息技术紧密相连,没有先进技术的支持,就无法实现"智慧"的发展目标。只有互联网、物联网等技术达到一定水平,开发出有利于农村发展的专用技术工具,才能有效促进农村社会的智能化发展。比如,气候智能农业(CSA)技术不仅使农业生产能够应对气候变化,而且改善了农民的生计。Bronson(2018)认为智慧农业对乡村绿色发展有很大的作用。比如,John Deere 公司利用传感器和大数据技术调整农业施肥,提高施肥的科学性和效率,不仅提高了农业生产效率,而且防止了化肥的滥用,保护了当地的生态环境。袁宇阳(2021)认为信息技术不仅是一种单一的互联网技术，而且是基于云计算、人工智能、大数据等一系列技术设计的复杂程序。这些高科技技术为乡村提供了强大的创新力量，有助于挖掘乡村的内生发展潜力，扩大发展效益。乡村的信息化能力是衡量现代化水平的一个重要因子，信息化技术创新水平的高低将影响乡村产业发展的效率和模式、乡村就业现状、新的经济机遇、村民的绿色消费和生活方式，故选择变量互联网技术普及用户数与乡村人口数的组合形式，即互联网普及度作为表征信息化水平程度的解释变量，具体计算方法为：互联网与移动用户数之和除以乡村总人数。

另外，乡村生态环境的维持需要多方力量的协调配合。其中乡村碳排放是衡量生态环境的一个关键指标。关于乡村碳排放的计算，根据乡村的产业和自身特点，存在大量耕地等自然资源作为碳汇，而主要碳源是农业生产引起的农膜、化肥、农药等碳排放。因而，本研究选择区域碳排放作为生态环境的解释变量，有关解释变量详细信息参见表7-1。

表7-1 影响因子对应变量的解释

影响因子	解释变量	简记	计算方法	单位
资源利用	单位能耗GDP	EC_{GDP}	地区生产总值/能源消费总量	万元/吨标准煤
基础设施建设水平	农村公路密度	$TM_{highway}$	农村公路里程数/地区面积	公里/平方公里
信息化水平	互联网普及度	IM_{user}	互联网与移动用户数之和/总人数	万户/万人
生态环境	碳排放	EA_{carbon}	碳排放①	吨标准煤

---

① 采用笔者已发表论文中的碳余额法计算。乡村碳余额=乡村碳源−乡村碳汇，其中碳源主要为农业生产产生的碳排放：农膜碳排放系数×农膜量+农药碳排放系数×农药量+化肥碳排放系数×化肥量。乡村碳汇对应的碳吸收主要是乡村自然资产的作用：林地×林地碳吸收系数+草地×草地碳吸收系数+耕地×耕地碳吸收系数。

7.1.2 描述性统计分析

对可能影响乡村绿色发展水平的一些影响因素进行描述性统计，即解释变量的统计描述。对所有的原始数据进行描述性统计分析是建立结构模型分析前的基础工作，目的是检验数据的可靠性及异化性。因此本研究对解释变量及与解释变量相关的原始数据从标准差、平均值、最大值、最小值、中位数、方差几个统计量描述分析，描述结果如表7-2。从结果显示，数据不存在异化性，具有可靠性。

表7-2 解释变量对应原始数据的描述性统计分析

解释变量名称	平均值	中位数	标准差	方差	最小值	最大值
单位GDP能耗	0.919136	0.733602	0.349906	0.122434	0.595725	1.592784
互联网用户数(万户)	75.12493	83.8943	30.77582	947.1512	27.8396	112.7896
公路里程数(公里)	6256.429	6167	925.219	856030.3	4989	7555
农药使用量(万吨)	1.164038	1.085	0.203847	0.041553	0.97	1.756
农用薄膜(吨)	30634.88	27196	8033.238	64532915	20612	42317
化肥使用量(万吨)	176.9131	162.355	41.58203	1729.065	131.05	241.7

7.1.3 空间相关性检验

（1）解释变量间的多重共线性检验

在构建乡村绿色发展的影响关系模型之前，对影响因素之间相关性关系的检验，是保证回归建模有效性的前提。因而，先用第6章的Person值相关性检验方法，利用统计软件 SPSS20.0 对解释变量：单位能源消耗 GDP（EC_{GDP}）、互联网普及度（IM_{user}）、公路密度变量（$TM_{highway}$）之间的关系进行检验。由表7-3相关性结果矩阵显示，互联网普及度（IM_{user}）与公路密度变量（$TM_{highway}$）有较弱的相关性，相关系数为0.209，其余任何两个变量之间都不相关。故单位能耗GDP、互联网普及度、公路密度三个变量之间两两独立，通过统计意义的关系检验，因而，可以作为影响因素关系中的解释变量。

表 7-3 单位能耗 GDP、互联网普及度、公路密度之间的关系检验

Variable	EC GDP	IM user	TM highway
EC GDP	1	0.089	0.116
IM user	0.089	1	0.209*
TM highway	0.116	0.209*	1

注："*"表示在5%水平上显著性相关

（2）解释变量与被解释变量的相关关系检验

由实证结果（表7-4）显示，单位能耗 GDP、互联网普及度、公路密度三个解释变量与被解释变量存在极强的相关性。其中，单位能耗 GDP 与乡村绿色发展水平的相关性最强，相关系数 0.798，在 1%水平上显著相关，公路密度与乡村绿色发展水平的相关性呈现 5%水平上负相关。

表 7-4 解释变量与被解释变量之间相关性检验

Variable	EC GDP	IM user	TM highway
RGD level	0.798**	0.596*	-0.1847*
EA carbon	-0.642**	0.086	0.231

注："**"和"*"分别表示在1%和5%水平上显著性相关

7.2 乡村绿色发展的影响关系分析

依据乡村绿色发展的内涵，乡村对于能源的消费能力，清洁能源的开发利用能力，自身拥有的自然资本的变化量，农村基础环境和基础设施的改善程度，能给乡村带来新的经济增长机会的创新驱动因素等，都将对乡村绿色发展的效果产生不同程度的影响。

7.2.1 基于 C-D 生产函数的内生结构关系拓展

影响乡村绿色发展的因素多而复杂，有正向影响，也有反向影

响。每种因素的影响程度如何，大小如何度量，都是需要解决的问题。以绿色技术的影响为例，其影响机制表现为：当突破性的绿色技术（秸秆利用技术、生物质能源的研发利用技术等）提升时，对乡村产业生产效率和环境改善等将产生很大的影响，从而提升乡村整体的绿色发展水平。又如村民有了很强的环境保护意识，积极主动地爱护周边的生态自然资产，养成良好的低碳生活习惯，有利于乡村生态系统的维持。村民也更能够享受到生态系统提供的生态服务，从而提升乡村的绿色发展水平。这些都是乡村绿色发展的正向影响因素。当然，也存在反向影响因素，如非清洁能源的消耗，垃圾的不规范处理利用等都将产生大量的污染物、污染气体，影响空气质量，由于碳排放引起的空气质量的改变，将很大程度上影响村民的生活质量，甚至对村民健康造成威胁，将阻碍乡村的绿色发展，从而降低乡村绿色发展的水平。因此，本研究尝试构建影响关系模型，探究乡村绿色发展影响因素的程度大小。研究经济增长的经典模型就是柯布-道格拉斯生产函数，其基本公式如下：

$$Y(t) = f(K, L, A) = A(t)K^{\alpha}L^{\beta} \quad \text{（公式7-1）}$$

其中主要涉及两个自变量：劳动力 L 和资本 K，t 为时间变量，A 为其他生产因子，如技术进步等。指数分别表示劳动力与资本相对于经济增长的弹性，即两个投入要素对经济增长的贡献大小。以数学原理考察此关系式，生产函数模型表明，经济增长变量 Y 与劳动力变量 L 和资本变量 K 之间是非线性函数关系。为了估算弹性值，可通过非线性问题的线性化方法来解决，即对公式7-1左右两边同时取自然对数，再对时间 t 求导，得到公式7-2，7-3。

$$\ln Y = \ln A + \alpha \ln K + \beta \ln L \quad \text{（公式7-2）}$$

$$\frac{d(\ln Y)}{dt} = \frac{d(\ln A)}{dt} + \alpha \frac{d(\ln K)}{dt} + \beta \frac{d(\ln L)}{dt} \quad \text{（公式7-3）}$$

便得到著名的表征技术进步的索洛方程：

$$\frac{\Delta Y}{Y} = \frac{\Delta A}{A} + \alpha \frac{\Delta K}{K} + \beta \frac{\Delta L}{L} \qquad (公式7-4)$$

其中 $\frac{\Delta Y}{Y}$，$\frac{\Delta K}{K}$，$\frac{\Delta L}{L}$，$\frac{\Delta A}{A}$ 分别表示经济、资本、劳动力以及技术进步的相对增长率。C-D生产函数只含有两个投入要素，索洛方程也只涉及投入要素对经济产出的一阶影响，这些都限制了其在乡村绿色发展中的直接应用。

内生发展有利于培养乡村持续的发展能力。1983年联合国教科文组织指出"内生的"发展是一个国家合理开发其内部资源的发展。黄高智（1988）认为内生发展的本质是内部产生的发展。Wojtasiewicz（1996）认为内生发展是一种自下而上的地方发展，是基于对地方资源和内生潜力的利用。构建给定空间系统的本地和区域资本，包括所有当地需求和发展可能性，即材料、自然、经济、金融、人力和文化资源。张环宙等（2007）将内生性发展归纳为以当地人为开发主体、培养当地的发展能力、保护生态环境、保护文化的多元性和独立性、建立能体现当地人意志的组织、扩大地方自治权力等等。褚颜魁等（2019）通过对三种农村贫困治理模式的剖析，探索了农村贫困治理有效运行的机理。农村贫困地区的稳定脱贫，必须坚持内生性发展，遵行"资源输入—资源承接—资源内生"的路径，借助外援资源催生内生资源，实现贫困地区的可持续性发展。ADAMOWICZ（2020）在农村发展理论概念中，特别关注可持续和平衡发展，这是制定实际发展计划和确定新的理论方法的基础。后者包括智慧农村概念、复原力概念、地方发展规划、自下而上的内生发展和开放发展的新内生理念，得出的结论是，LEADER和LEADER+新内生理念是支持农村发展的有效形式，特别是在欧盟与中东欧国家第五次延伸之后。关于欧洲乡村内生发展理念的比较见表7-5。

表 7-5　欧洲乡村内生发展理念比较

发展理念	概念内容	特点	相关因素
智慧村	通过农村地区的创新、教育和研究活动可实现的一种经济进步，创造新的创收机会，改善产品和服务提供，导致当地社区的整体加强，改善农村地区的生活质量	自下而上的发展，更有效的实现技术创新；制定农村地区的发展战略和政策；有助于建立在合作网络基础上发展的地方创新系统，连接来自各部门的企业和在地方系统内和邻近城市地区运作的其他实体；有利于提高各地方和区域系统领域的竞争力	地区的社会经济结构特征（人力资源、人力资本、流动性、资本资源、位置和市场）；自然和环境资源（自然环境资产、景观和文化遗产）；联系和合作网络（当地市场、信息和通信技术基础设施、社会资本以及与外部环境的合作）
内生发展	是一种自下而上的地方发展的综合方法，利用本地资源和内生潜力来建立一个特定空间系统的地方和区域资本	注重当地的需求和发展的可能性；侧重于农村地区与小城镇和经济中心之间的共生关系	物质、自然、经济、金融、人力和文化资源。一个重要的发展因素是当地社区的活动状况，包括领导人、精英和机构的活动和社会资本的水平
新内生发展	由于外源因素激活内生资源潜力的新修正局部发展形式；对外部创新流入开放，基于与外部行动者的合作，以及由于外部资金的贡献和各种形式的使用而成为可能	提高当地经济的效率和发展潜力，并建设当地实体，通过当地社区及其行动者就远景目标进行合作的能力；农村地区转型、稳定和发展的主导形式；更加开放	领导方案下的地方行动小组，外来资源

说明：来源于 ADAMOWICZ（2020）乡村发展概念的相关内容整理[43]

如前所述，影响乡村绿色发展的因素有很多。本研究认为除了乡村劳动力就业人员与乡村固定资本之外，乡村拥有的绿色自然资本，如森林、湖泊、耕地等；乡村的信息化程度，如互联网的普及、移动电话的使用；乡村的基础设施建设，如公路、铁路的建设水平等因素都将对乡村绿色发展产生影响。Romer（1986）认为内生增长理论的核心是非竞争性的经济知识用途及其创造的投资驱动促使经济增长。知识被认为是生产中的一种投入,可以提高边际生产率[44]。Smulders(1995)内生增长理论的第二个信息是增长需要投资,非竞争性市场机制通常产生知识、基础设施等次优投资水平[45]。因此,要实现可持续增长,要求环境政策在资源节约、减排和开发环境友好型技术方面,保证一定的水平。鉴于此,本章通过对C-D生产函数中的技术进步A进行分解,以研究资源利用强度、信息化水平和交通基础设施建设水平方面的技术进步对乡村绿色发展的影响。同时,Forristal(1994)认为多层次内生变量系统模型的扩展使统计学在其他学科中能更广泛地被应用[46]。因而,在C-D生产函数的基础上,为了避免变量之间的相互交叉影响和增加结构关系的合理性,本研究采取逐步扩展法,即从单变量的因果检验开始,检验通过,再行两个变量的结构检验,检验再通过,继续三个变量的结构检验。

(1)增加单个变量的拓展模型

$$\begin{cases} RGD(t) = f(K,L,E) \\ RGD(t) = f(K,L,I) \\ RGD(t) = f(K,L,F) \end{cases} \quad (公式7\text{-}5)$$

构建乡村绿色发展水平函数:

$$\begin{cases} RGD(t) = \mu_1 K^{\alpha_k}(t) L^{\alpha_L}(t) E^{\alpha_{Ener}}(t) \\ RGD(t) = \mu_2 K^{\alpha_k}(t) L^{\alpha_L}(t) I^{\alpha_{Info}}(t) \\ RGD(t) = \mu_3 K^{\alpha_k}(t) L^{\alpha_L}(t) F^{\alpha_{Foun}}(t) \end{cases} \quad (公式7\text{-}6)$$

拓展的单变量索洛方程为:

$$\begin{cases} \ln(RGD(t)) = \ln(\mu_1) + \alpha_k \ln(K) + \alpha_L \ln(L) + \alpha_{Ener} \ln(E) \\ \ln(RGD(t)) = \ln(\mu_2) + \alpha_k \ln(K) + \alpha_L \ln(L) + \alpha_{Info} \ln(I) \\ \ln(RGD(t)) = \ln(\mu_3) + \alpha_k \ln(K) + \alpha_L \ln(L) + \alpha_{Foun} \ln(F) \end{cases}$$

(公式7-7)

(2)增加两个变量的拓展模型

$$\begin{cases} RGD(t) = f(K,L,E,I) \\ RGD(t) = f(K,L,E,F) \\ RGD(t) = f(K,L,I,F) \end{cases} \quad (公式7\text{-}8)$$

构建乡村绿色发展水平函数：

$$\begin{cases} RGD(t) = \mu_1 K^{\alpha_k}(t) L^{\alpha_L}(t) E^{\alpha_{Ener}}(t) I^{\alpha_{Info}}(t) \\ RGD(t) = \mu_2 K^{\alpha_k}(t) L^{\alpha_L}(t) E^{\alpha_{Ener}}(t) F^{\alpha_{Foun}}(t) \\ RGD(t) = \mu_3 K^{\alpha_k}(t) L^{\alpha_L}(t) I^{\alpha_{Info}}(t) F^{\alpha_{Foun}}(t) \end{cases} \quad (公式7\text{-}9)$$

拓展的两个变量索洛方程为：

$$\begin{cases} \ln(RGD(t)) = \ln(\mu_1) + \alpha_K \ln(K) + \alpha_L \ln(L) + \alpha_{Ener} \ln(E) + \alpha_{Info} \ln(I) \\ \ln(RGD(t)) = \ln(\mu_1) + \alpha_K \ln(K) + \alpha_L \ln(L) + \alpha_{Ener} \ln(E) + \alpha_{Foun} \ln(F) \\ \ln(RGD(t)) = \ln(\mu_1) + \alpha_K \ln(K) + \alpha_L \ln(L) + \alpha_{Info} \ln(I) + \alpha_{Foun} \ln(F) \end{cases}$$

$$(公式7\text{-}10)$$

(3) 增加三个变量的拓展模型

$$RGD(t) = f(K,L,E,I,F) \quad (公式7\text{-}11)$$

构建乡村绿色发展函数：

$$RGD(t) = \mu K^{\alpha_k}(t) L^{\alpha_L}(t) E^{\alpha_{Ener}}(t) I^{\alpha_{Info}}(t) F^{\alpha_{Foun}}(t)$$

通过对索洛方程的拓展，得到：

$$\ln(RGD_t) = \ln(\mu) + \alpha_K \ln(K) + \alpha_L \ln(L) + \alpha_{Ener} \ln(E) + \alpha_{Info} \ln(I) + \alpha_{Foun} \ln(F) \quad (公式7\text{-}12)$$

其中，E,I,F 分别表示能源消耗强度、互联网普及度、公路密度的投入变量，各项对数前的系数 $\alpha_K,\alpha_L,\alpha_{Ener},\alpha_{Info},\alpha_{Foun}$ 分别是资本、劳动力、能源消耗强度、互联网普及度、公路密度投入变量对乡村绿色发展影响的弹性系数。以上三类模型是静态模型，讨论能源消耗强度、互联网普及度、公路密度三方面相关的变量对乡村绿色发展水平的影响程度。

为了进一步推出动态模型，可以通过再引入时间趋势变量 $\iota=t-t_0$，将上述三类模型进一步拓展，以引入单个变量 X 为例，用超越对数函数将索洛方程拓展为带有时间趋势的模型：

$$\begin{aligned}\ln RGD_t = &\mu + \alpha_\iota \iota + \alpha_\pi \iota^2 + \alpha_K \ln K_t + \alpha_L \ln L_t + \alpha_X \ln X_t \\ &+ \alpha_{KL} \ln K_t \ln L_t + \alpha_{KX} \ln K_t \ln X_t + \alpha_{LX} \ln L_t \ln X_t \\ &+ \alpha_{KK}(\ln K_t)^2 + \alpha_{LL}(\ln L_t)^2 + \alpha_{XX}(\ln X_t)^2 \\ &+ \alpha_{Kt}(\ln K_t)\iota + \alpha_{Lt}(\ln L_t)\iota + \alpha_{Xt}(\ln X_t)\iota \end{aligned}$$

（公式7-13）

由弹性微分法求得每一种投入变量 X 的弹性系数，则 X 的产出弹性为：

$$\frac{d(RGD)/RGD}{d(X)/X} = \frac{d(RGD_t)}{dX_t} = \alpha_X + \alpha_{KX}\ln(K_t) + \alpha_{LX}\ln(L_t) + 2\alpha_{XX}\ln(X_t) + \alpha_{Xt}\iota$$

（公式7-14）

其中 α_{KX}，α_{LX}，α_{XX} 分别是资本、劳动力、投入变量 X 对乡村绿色发展影响的弹性系数。

7.2.2 加权最小二乘回归法建模求解

7.2.1 中拓展模型的参数求解，面对大量数据需要求出相应的模型参数，即影响程度的弹性系数，相当于求解大型联立矛盾方程组。在统计回归检验中，依据最小二乘原理求满足条件的最优解。由于原始数据中可靠性和精度有差异，因而，采用加权最小二乘回归法，其优势在于可根据各数据的可靠程度以及重要性的不同，采用有差异的权重。如果数据具有较高可靠性或精度较高，则赋予数据较大的权重，即克服统计意义上的异方差问题。加权最小二乘原理的数理基本思想如下：

第一步，确定影响因素变量（解释变量）与被影响变量（被解释变量）。设 y 为被影响变量，$X = \{x_1, x_2 \cdots, x_k\}$ 为影响变量集，影响因素变量和被影响变量的数据值有 N 组。

第二步，选择近似方程 $y^* = \alpha_0 + \alpha_1 x_1 + \alpha_2 x_2 + x \cdots + \alpha_k x_k$

（公式7-15）

然后求真实值与近似值的距离的平方和的最小值，即：

$$\phi(a_0, a_1, \cdots, a_k) = \sum_{i=1}^{N} w_i (y_i - y_i^*)^2 = \sum_{i=1}^{N} w_i \sum_{i=1}^{N} (y_i - a_0 - a_1 x_{1i} - a_2 x_{2i} - \cdots - a_k x_{ki})^2$$

（公式7-16）

的最小值。

第三步，用公式 7-16 分别对 a_0，a_1，$\cdots$，a_k 求偏导并令其为零，得到：

$$\begin{pmatrix} \sum_{i=1}^{N} w_i & \sum_{i=1}^{N} w_i x_i & \cdots & \sum_{i=1}^{N} w_i x_i^k \\ \sum_{i=1}^{N} w_i x_i & \sum_{i=1}^{N} w_i x_i^2 & \cdots & \sum_{i=1}^{N} w_i x_i^{k+1} \\ \vdots & \vdots & \vdots & \vdots \\ \sum_{i=1}^{N} w_i x_i^k & \sum_{i=1}^{N} w_i x_i^{k+1} & \cdots & \sum_{i=1}^{N} w_i x_i^{2k} \end{pmatrix} \begin{pmatrix} a_0 \\ a_1 \\ \vdots \\ a_k \end{pmatrix} = \begin{pmatrix} \sum_{i=1}^{N} w_i y_i \\ \sum_{i=1}^{N} w_i x_i y_i \\ \vdots \\ \sum_{i=1}^{N} w_i x_i^k y_i \end{pmatrix}$$

（公式7-17）

第四步，求解方程组 7-17 的最小二乘解，便得到上述 7.2.1 中内生结构模型中的弹性系数的数值近似值。具体操作利用统计软件 SPSS20.0 和 MATLAB 编程结合求解。

7.2.3 有效性检验

本研究采用 SPSS20.0 求解检验，先用单变量统计回归法检验，主要分析单位能耗 GDP、互联网普及度、公路密度三个变量分别对乡村绿色发展水平的影响程度。其次，再用多变量统计回归法检验，对乡村绿色发展的水平与能源消耗强度、互联网普及度、公路密度的关系进行有效性检验。

（1）单变量拓展模型检验

①单位能耗 GDP 对乡村绿色发展水平影响关系的检验

由相关性检验可知，单位能耗 GDP 与乡村绿色发展有很强的负向相关性。因而，可继续对单位 GDP 的能源消耗量与乡村绿色发展的关系用单变量的回归法进行检验，进一步确定其因果关系。表 7-6 显示，单位能耗 GDP 对乡村绿色发展水平的回归关系方程为：

$$\ln(RGD_{level}) = -0.028156 \ln(Ec_{GDP}) - 0.16172 \quad \text{（公式7-18）}$$

表明乡村每增加 1 个单位能耗 GDP，乡村绿色发展水平就会降低 0.028156 个单位（通过 P 值检验）。

表 7-6　单位能耗 GDP 对乡村绿色发展水平影响的检验

Item	Coefficients	S.E	t Stat	P-value	Lower 95%	Upper 95%
Intercept	−0.16172	0.007965	−20.3037	1.82E-19	−0.17796	−0.14547
Ln(EC_{GDP})	−0.028156	0.007623	3.693829	0.000849	−0.032611	−0.013722

② 互联网普及度对乡村绿色发展水平影响关系的检验

由相关性检验可知，互联网普及度与乡村绿色发展水平有强相关性。类似的强相关性也同样被国外研究者证实了。Woods（2013）认为中小企业之间的直接网络联系以及嵌入式组织之间的直接网络，在农村网络方面做出了重大贡献。特别是在那些制度体系不足的落后地区，增加了网络的嵌入式组织，盘活了地区经济。Bock（2016）认为在获得当地无法获得的资源和社会基础设施方面，农村地区的连接和网络是新内生性方法一个关键参数。因而，可继续对互联网普及度与乡村绿色发展水平的关系用单变量的回归法进行检验，进一步确定其因果关系。互联网普及度对乡村绿色发展水平的回归关系方程为：

$$\ln(RGD_{level}) = 0.007086 \ln(IM_{user}) - 0.05746 \quad （公式7-19）$$

表明乡村每增加 1 个单位的互联网普及度，乡村绿色发展水平就会升高 0.007086 个单位，检验结果如表 7-7 所示。

表 7-7　互联网普及度对乡村绿色发展水平影响关系的检验

Item	Coefficients	S.E	t Stat	P-value	Lower 95%	Upper 95%
Intercept	−0.05746	0.047028	−1.22179	3.81E-74	−0.15212	0.037204
Ln(IM user)	0.007086	0.004635	1.528948	7.60E-06	0.016416	0.002243

③ 公路密度对乡村绿色发展水平影响关系的检验

擅长数学的德国经济学家杜能在《孤立国同农业和国民经济的关系》著作中提出了农业区位理论的雏形。他假设了一个孤立国以及一些条件，建立了一个同心圆模型，提出了整个孤立国家的生产布局应以城市为中心，由内向外依次布置六个不同的圈，每个圈都有自己的主要产品和相应的农业体，通过对其与周边环境互动关系的互动模拟计算。除了土地资源的性质外，耕地与农产品市场的距离在决定各圈耕地利用和管理模式方面更为重要，这说明城乡距离即交通距离也是影响农村经济发展的重要因素。Darabi（2019）从区域关系的角度构建了空间经济模型。借助农业区位理论确定农业用地的位置，然后将农作物的产量交易给城市。运用农业区位理论，确定农村土地利用面积、市场和农作物绝对区位。空间经济模型突破了农业区位理论和产业区位理论的静态分析方法。它不仅可以解释城乡区域经济的不平衡，而且可以描述城乡经济的发展和演变，为城乡经济研究提供了有效的工具。空间经济模型主要用于描述经济活动在分离的现实世界中所处的位置。杜能认为空间经济学涉及的主要模型是经济规模、不同标准微观经济学和运输成本等要素。在本研究中，又由相关性检验可知，公路密度与乡村绿色发展水平有弱关联性。因而，可继续对公路密度与乡村绿色发展的关系用单变量的回归法进行检验，进一步确定其因果关系。公路密度对乡村绿色发展水平的回归关系方程为：

$$\ln(RGD_{level}) = 0.00135\ \ln(TM_{highway}) - 0.07274 \quad （公式7-20）$$

表明乡村每增加1个单位的公路密度，乡村绿色发展水平就会降低0.00135个单位，具体检验结果如表7-8所示。

表7-8 公路密度对乡村绿色发展水平影响关系的检验

Item	Coefficients	S.E	t Stat	P-value	Lower 95%	Upper 95%
Intercept	-0.07274	0.012752	-5.70436	8.02E-07	-0.09841	-0.04707
Ln(TMhighway)	-0.00135	0.002298	-4.50597	4.51E-05	-0.00498	-0.00101

④碳排放对乡村绿色发展水平影响关系的检验

碳排放对乡村绿色发展水平的回归关系方程为：

$$\ln(RGD_{level}) = -0.04315\ \ln(EA_{carbon}) + 0.093953 \quad （公式7-21）$$

表明乡村每增加1个单位的碳排放，乡村绿色发展水平就会降低

0.04315 个单位，具体检验结果如表 7-9 所示。

表 7-9 碳排放对乡村绿色发展水平关系回归参数表

Item	Coefficients	S.E	t Stat	P-value	Lower 95%	Upper 95%
Intercept	0.093953	0.008723	10.77066	9.68E-09	0.075461	0.112445
Ln（EAcarbon）	-0.04315	0.001675	-25.7587	1.88E-14	-0.0467	-0.0396

⑤乡村村民可支配收入对碳排放的影响关系检验

通过前述影响乡村绿色发展水平的因子的研究发现，碳排放对乡村绿色发展水平的影响最大。因而，在高质量发展阶段，减少乡村的碳排放，增加乡村的绿色环境福利，是当务之急。同时，乡村的碳排放除了农业生产是产生碳排放的主要来源之外，还有间接的原因。乡村村民可支配收入与碳排放也有关联关系，关联程度如何，也直接关系到乡村绿色发展水平的提升以及乡村全面发展进入小康社会的衡量依据，其因果关系为：

$$\ln(EA_{carbon}) = 0.322 \ln(RR_{income}) + 2.576 \quad （公式7-22）$$

表明乡村居民每增加 1 个单位的收入，乡村碳排放就会增加 0.322 个单位。其中 R^2 检验达到 0.9039，拟合效果较好，具体拟合参数见表 7-10。

表 7-10 陕西农村居民人均收入对乡村碳排放拟合参数表

Coefficients（with 95% confidence bounds）	SSE	R-square	Adjusted R-square	MSE
0.322（0.2524, 0.3917）				
2.576（1.984, 3.168）	0.04171	0.9039	0.8952	0.06158

（2）增加两个变量的拓展模型检验

①单位能耗 GDP 和互联网普及度对乡村绿色发展水平影响关系的检验

在研究乡村绿色发展的影响因子时，由 7.2.1 节的结构影响关系拓展模型，先引入两个变量，考察其影响关系。首先，引入变量单位能耗

GDP 和互联网普及度，进行方差分析结果（见表 7-11），模型通过显著性检验，显著性水平为 1.64×10^{-17}，可继续进行参数估计。

表 7-11　单位能耗 GDP、互联网普及度对乡村绿色发展水平影响关系的方差分析

项目	df	SS	MS	F	Significance F
回归分析	2	0.021675	0.010838	63.01536	1.64E-17
残差	85	0.014619	0.000172		
总计	87	0.036294			

由多元统计回归检验，单位能耗 GDP、互联网普及度对乡村绿色发展水平影响关系中，单位能耗 GDP、互联网普及度都通过了 P 值检验，影响程度分别为 -0.00101 和 -0.0238。参数见表 7-12。

表 7-12　单位能耗 GDP、互联网普及度对乡村绿色发展水平影响关系的参数表

Item	Coefficients	S.E	t Stat	P-value	Lower 95%	Upper 95%
Intercept	-0.00869	0.011241	-0.7731	0.441607	-0.03104	0.01366
Ln(EC GDP)	-0.00101	0.002621	-0.38681	1.69E-08	-0.00623	0.004198
Ln(IM user)	-0.0238	0.00213	-11.1775	2.27E-18	-0.02804	-0.01957

②互联网普及度和公路密度对乡村绿色发展水平影响关系的检验

重新引入互联网普及度和公路密度两个变量进行多变量统计回归检验。由方差分析可知，回归模型的显著性水平值为 3.03E-19，可继续进行参数估计，具体参数见表 7-13。

表 7-13　互联网普及度、公路密度对乡村绿色发展水平影响关系的方差分析

项目	df	SS	MS	F	Significance F
回归分析	2	0.022986	0.011493	73.40591	3.03E-19
残差	85	0.013308	0.000157		
总计	87	0.036294			

由表 7-14 互联网普及度、公路密度对乡村绿色发展水平影响关系的参数表显示，互联网普及度和公路密度对乡村绿色发展的影响都通过了 P 值检验，影响程度分别为 -0.03186 和 0.014288。

表 7-14 互联网普及度、公路密度对乡村绿色发展水平影响关系的参数表

Item	Coefficients	S.E	t Stat	P-value	Lower 95%	Upper 95%
Intercept	−0.10529	0.034794	−3.02616	0.003277	−0.17447	−0.03611
Ln(IM user)	−0.03186	0.003409	−9.34495	1.08E−14	−0.03863	−0.02508
Ln(TMhighway)	0.014288	0.004891	2.921416	0.004462	0.004564	0.024013

③单位能耗 GDP 和公路密度对乡村绿色发展水平影响关系的检验

最后,再把单位能耗 GDP、公路密度引入扩展模型,并用多元统计回归法检验。由方差分析得,模型显著性水平为 2.99E−06,通过模型检验,可继续进行回归系数的估计,具体参数见表 7-15。

表 7-15 单位能耗 GDP、公路密度对乡村绿色发展水平影响关系的方差分析

项目	df	SS	MS	F	Significance F
回归分析	2	0.009388	0.004694	14.82907	2.99E−06
残差	85	0.026906	0.000317		
总计	87	0.036294			

表 7-16 显示了单位能耗 GDP、公路密度对乡村绿色发展水平影响关系。乡村单位能耗 GDP、公路密度对乡村绿色发展水平的影响程度都通过了 P 值检验,且乡村单位能耗 GDP、公路密度对乡村绿色发展水平的影响程度分别为−0.00173 和−0.02234。

表 7-16 单位能耗 GDP、公路密度对乡村绿色发展水平影响关系的参数表

Item	Coefficients	S.E	t Stat	P-value	Lower 95%	Upper 95%
Intercept	0.083384	0.040239	2.072229	0.041274	0.003378	0.16339
Ln(EC GDP)	−0.00173	0.003555	−0.48632	0.001272	−0.0088	0.005339
Ln(TM highway)	−0.02234	0.004144	−5.3911	6.18E−07	−0.03058	−0.0141

(3)增加三个变量的拓展模型检验

由两个变量对乡村绿色发展影响的推导,发现单位能耗 GDP 始终是负向影响,表明单位能耗 GDP 是乡村绿色发展的限制因素,而其他

两个变量有时为正向影响,有时为负向影响,表现出不确定的状态。鉴于影响乡村绿色发展水平的因素是多方向交叉的影响,继续采用 7.2.1 节构建的模型,应用 7.2.2 中的加权最小二乘统计回归法检验多变量的综合影响,结果显示如表 7-17,多元回归方法估计影响因子的弹性拟合效果较好,拟合优度是 0.918272,调整后的值为 0.889128。

表 7-17 单位能耗 GDP、互联网普及度、公路密度对乡村绿色发展水平影响关系拟合表

回归统计	
Multiple R	0.947509
R Square	0.918272
Adjusted R Square	0.889128
S.E	0.000050

同时,又结合方差分析,该模型的显著性水平较高,用单位能耗 GDP、互联网普及度、公路密度对乡村绿色发展水平的影响程度是有效的。具体结果见表 7-18。

表 7-18 单位能耗 GDP、互联网普及度、公路密度对乡村绿色发展水平影响关系的方差分析

项目	DF	SS	MS	F	Significance F
回归分析	3	0.001856	0.000619	24.64537	3.98E-08
残差	54	0.000728	2.51E-05		
总计	58	0.002584			

最后,由回归分析数据表 7-19 可知,单位能耗 GDP、互联网普及度、公路密度对乡村绿色发展水平影响的弹性系数分别为 -0.00932、0.00803、-0.00413,即表明单位能源 GDP 消耗对乡村绿色发展水平的负向影响最大,公路密度对乡村绿色发展水平也呈负向,而互联网普及度对乡村绿色发展水平呈正向影响,表明每增加 1% 的每万元单位 GDP

能源消耗和1%的公路里程，乡村绿色发展水平将相应地降低0.00932%和0.00413%。反之，每增加1%的互联网普及度，乡村绿色发展水平将增加0.00803%。

表7-19 单位能耗GDP、互联网普及度、公路密度
对乡村绿色发展水平影响关系的参数表

Item	Coefficients	S.E	t Stat	P-value	Lower 95%	Upper 95%
Intercept	-0.06956	0.030331	-2.29324	0.029274	-0.13159	-0.00752
Ln(EC GDP)	-0.00932	0.001747	5.334265	1E-05	-0.015746	-0.006293
Ln(IM user)	0.00803	0.005768	1.39164	1.59E-14	0.01982	0.00377
Ln(TMhighway)	-0.00413	0.006019	-0.68554	4.9844E-05	-0.01644	-0.002184

7.3 乡村绿色发展的内生影响因素分析

本研究选取乡村资源利用、乡村基础设施建设水平、乡村信息化水平、乡村生态环境四方面的相关因素探究影响乡村绿色发展的因子，确定四方面的表征变量分别为单位能耗GDP、互联网普及度、公路密度、乡村碳排放，结合陕西乡村的实际，分别以关中、陕南、陕北县域乡村的影响程度为例，采用统计学中散点图和拟合法，利用软件MAT-LAB2016a分析其对乡村绿色发展水平的影响程度状况。

7.3.1 能源消耗强度对乡村绿色发展的内生影响

（1）能源消耗强度对乡村绿色发展水平的影响分析

资源的有效利用对乡村绿色发展有一定的影响。为了考察资源消耗和区域经济对关中地区乡村绿色发展的作用机理，本课题研究了单位能耗GDP与区域乡村绿色发展水平的关联关系，影响曲线见图7-1。研究表明单位能耗GDP与关中乡村绿色发展水平呈现很强的关联性，即随着单位能耗GDP的增加，乡村绿色发展水平逐步降低，表明关中单位能耗GDP对乡村绿色发展水平有负向影响。

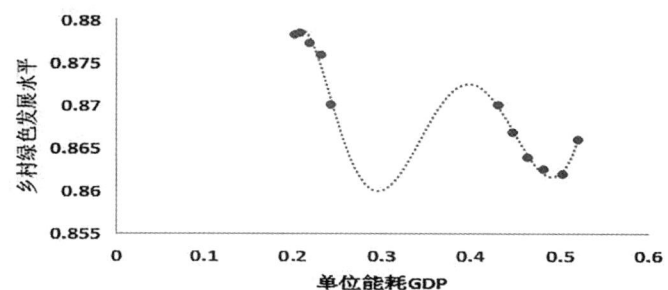

图 7-1 关中地区单位能耗 GDP 对乡村绿色发展水平的影响曲线

从曲线图 7-2 显示，单位能耗 GDP 对陕南乡村绿色发展的负向影响很明显。随着单位能耗 GDP 的增加，陕南乡村绿色发展持续在降低。在 0.3 至 0.4 区间，陕南乡村绿色发展水平基本保持不变，但随着单位能耗 GDP 的增大，陕南乡村绿色发展水平下降加快，还未出现拐点。因此，对陕南地区的资源消耗利用一定要考虑对乡村绿色发展的影响，资源消耗利用仍是限制陕南乡村绿色发展的主导因素，对陕南地区要加强提升其绿色生产能力。

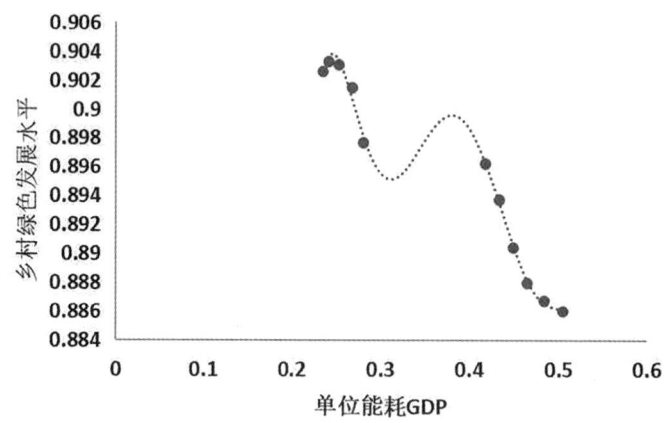

图 7-2 陕南地区单位能耗 GDP 对乡村绿色发展水平的影响曲线

陕北地区由于早期资源开发较严重，整体乡村绿色发展水平较低。图 7-3 显示，单位能耗 GDP 对陕北乡村绿色发展的影响分为两个阶段：前期，随着单位能耗 GDP 的增加，陕北乡村绿色发展水平逐步下降，且单位能耗 GDP 保持在 0.4 至 0.6 之间。当单位能耗 GDP 在 0.65 左右，出现了拐点，随着单位能耗 GDP 的增加，陕北乡村绿色发展水平开始回升。由此说明，只要对资源合理开发、合理利用，在资源有限的前提下，也可以实现乡村的绿色发展。

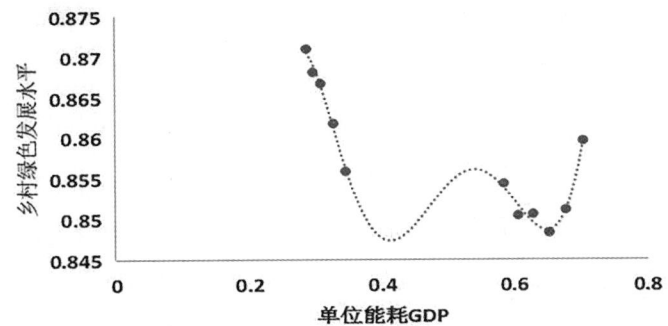

图 7-3　陕北地区单位能耗 GDP 对乡村绿色发展水平的影响曲线

乡村的能源消耗与绿色发展并未脱钩，而且相关性很强且呈现周期性变化。从图 7-4 看出，关中、陕南、陕北都呈现出两阶段特征：在第一阶段中，关中、陕南、陕北类似，随着单位能耗 GDP 的增加，乡村绿色发展水平一直降低，未出现拐点；在第二阶段中，关中和陕北影响的相关规律类似，随着单位能耗 GDP 的增加先缓慢降低到拐点后再增加，而陕南则不同，还未出现拐点，即随着单位能耗 GDP 的增加，乡村绿色发展水平还在降低，表明陕南县域乡村的资源利用、经济增长与乡村绿色发展之间还存在较强的不协调关系，特别是经济增长对能源消耗的依赖性还很强。

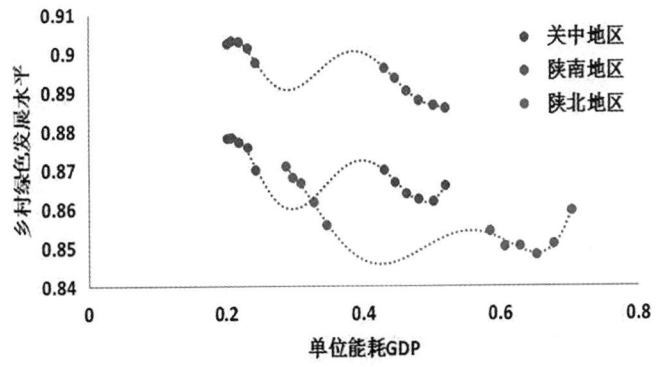

图 7-4　单位能耗 GDP 对陕西乡村绿色发展水平影响对比图

(2) 能源消耗强度对乡村绿色发展效率的影响分析

由单位能耗 GDP 影响因子对乡村绿色发展效率的对比图 7-5 可见，乡村能源消耗对乡村绿色发展效率中不同地区的影响差异较大。从整体来看，关中、陕南既有正向影响，也有负向影响，影响幅度变化较大。而陕北始终是负向影响，说明陕北地区单位能耗 GDP 对乡村绿色发展的限制并没有得到很大的改善。特别是，该因子影响了陕北地区的乡村绿色发展的效率，是阻碍陕北乡村绿色发展的主要因素。另一方面，从效率影响图可见，效率改变的幅度是交替出现的。关中、陕南的改变幅度正在逐渐缩小，而陕北改变幅度较大，说明单位能耗 GDP 对关中、陕南地区的乡村绿色发展效率的影响正逐步减小，而对陕北乡村绿色发展效率的提升起到关键性的作用。

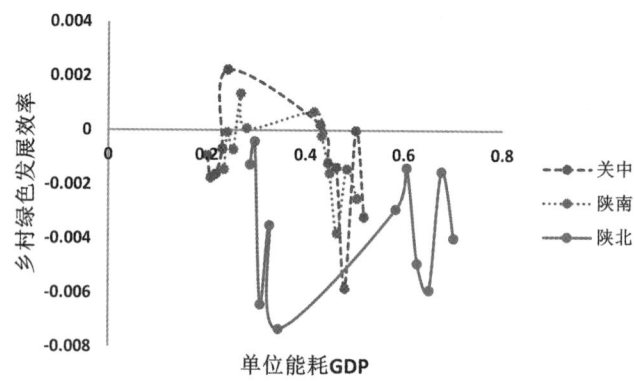

图 7-5　单位能耗 GDP 对陕西乡村绿色发展效率影响对比图

(3) 能源消耗强度对乡村绿色发展潜力的影响分析

由单位能耗 GDP 对乡村绿色发展的潜力影响因子对比图 7-6 可见，关中、陕南和陕北三个地区乡村能源消耗对未来绿色发展将产生强影响。随着单位能耗 GDP 的增大，陕西这三个地区乡村绿色发展潜力都呈现下降趋势。从长期来看，关中、陕南和陕北的乡村绿色发展水平持续性不强，还应重视能源消耗对乡村绿色发展的长期影响，不能只看眼前效益，要关注能源有效低碳式的利用方式。在同样的乡村绿色发展潜力下，陕北县域乡村的能源利用、经济增长与乡村绿色发展之间还存在较强的关联关系，特别是经济增长对能源消耗的依赖性还很强。在同样的单位能耗 GDP 下，陕南乡村绿色发展具有相对较高的潜力值。

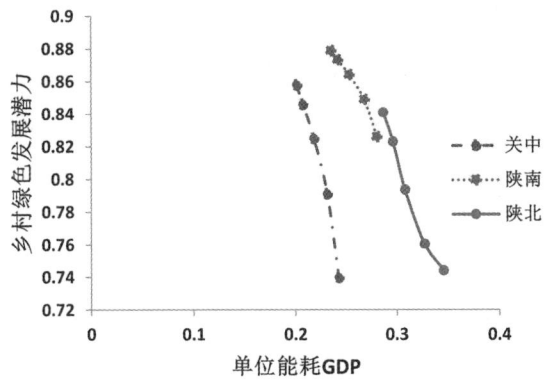

图 7-6　单位能耗 GDP 对陕西乡村绿色发展潜力影响对比图

7.3.2　互联网普及度对乡村绿色发展的内生影响

（1）互联网普及度对乡村绿色发展水平的影响分析

在数字信息时代，创新就是一种信息的重组，信息化对于促进新旧动能转换，提升区域创新能力有重要的意义。上海财经大学的"千村调查"成果显示，2017 年，我国农村家庭手机拥有率达到 93%，且应用比例甚至比城镇更高，其中 95.9% 的网民都在使用微信、QQ 等各类社交软件。张骞和李长英（2019）研究发现信息化普及对区域的创新能力有很强的促进作用。对乡村信息化普及能力的考察也是识别乡村创新能力的一个方面，乡村社会信息的发展和人们获取信息能力的提高很大程度上取决于计算机数量和网络发展水平，互联网普及率指标是具有未来性的一个测度变量。技术对区域发展会产生一定的影响，为了考察信息化水平与关中乡村绿色发展的关联关系，本研究信息化水平的表征变量选取互联网普及程度，即通过关中地区互联网普及度对区域乡村绿色发展水平的影响函数的研究，来了解两者的影响关联关系。从图 7-7 可见，当互联网技术刚刚起步，对乡村绿色发展的作用不明显，甚至起反向作用。随着互联网普及度的增加，关中乡村绿色发展水平反而缓慢降低,但当互联网普及度达到一定水平,例如:0.31(737.59万户)时,出现拐点,呈现上升趋势,也即互联网技术逐步普及时,对乡村绿色发展开始起正向促进作用。

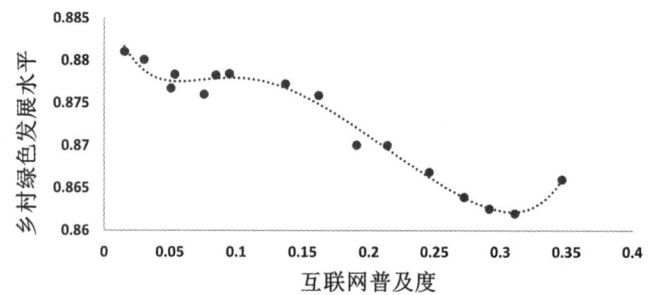

图 7-7　关中地区互联网普及度对乡村绿色发展水平的影响曲线

技术对区域发展会产生一定的影响。本研究考察了互联网普及度与陕南乡村绿色发展水平的关联关系。从图 7-8 可见,互联网普及度对陕南的促进现象还未出现,这与陕南地区 2000—2017 年期间的互联网应用技术较其他地区落后有关,表明陕南地区互联网技术还有进一步发展的空间,尤其是互联网的普及率有待提升。

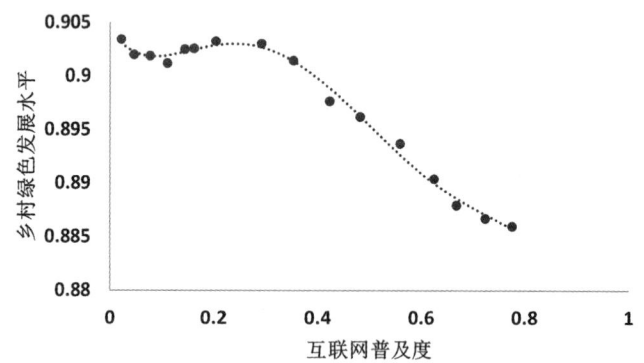

图 7-8　陕南地区互联网普及度对乡村绿色发展水平的影响曲线

互联网技术应用对乡村发展的助力影响,在陕北地区的乡村绿色发展水平中也体现的较突出。本研究考察了互联网普及度与陕北乡村绿色发展水平的关联关系。从图 7-9 可见，当互联网技术刚刚起步，对乡村绿色发展的作用不明显，甚至起反向作用，随着用户数的增加，陕北乡村绿色发展水平反而缓慢降低，但当用户数达到一定水平，例如 1.13（581.33 万户）时，出现拐点，呈现上升趋势，也即互联网技术逐步普及时，对乡村绿色发展起到积极的正向促进作用。

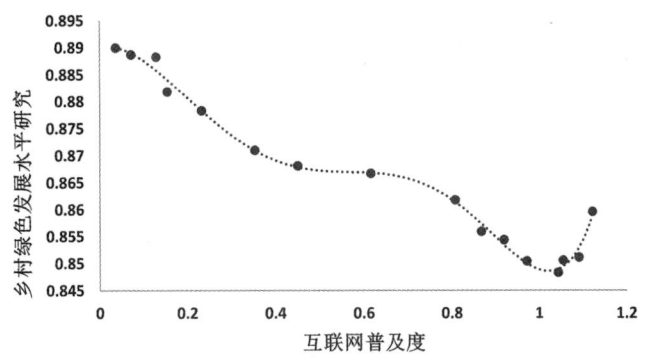

图 7-9 陕北地区互联网普及度对乡村绿色发展水平的影响曲线

由互联网普及度影响因子对比图 7-10 可见，关中、陕南有类似规律，随着互联网和移动用户的增加先降低而后升高，当用户数达到一定比例，出现拐点，随着互联网普及度越高乡村绿色发展水平开始升高，而陕北开始一直缓慢降低，当互联网普及度达到一定比例时，出现了反超现象，其绿色发展水平开始升高并逐步与关中地区接近。说明互联网应用的发展，尤其发展到一个新阶段，互联网技术的普及有助于乡村的绿色发展水平的提升。刘涛（2019）等通过构建互联网、城镇化与农业生产全要素模型，发现互联网对农业全要素生产率具有显著的促进作用[140]，与张亦弛等（2018）、韩海彬等（2015）[141]、毛宇飞（2016）[142]朱秋博等（2019）[143]研究的结论也一致。同时，由陕南和关中出现拐点的间隔相似，也表明对自然资源禀赋好的地区出现拐点的时段间隔更短，其促进作用更明显。因而，对生态资源良好的地区，注重保护其拥有的天然资本，借助信息化等其他创新驱动因子对乡村绿色发展的促进作用更明显。

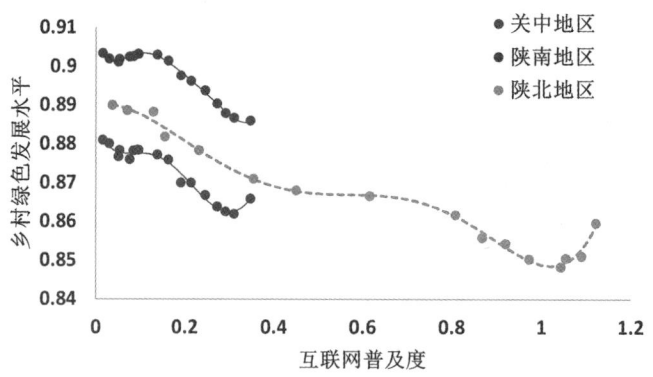

图 7-10 互联网普及度对陕西乡村绿色发展水平影响对比图

（2）互联网普及度对乡村绿色发展效率的影响分析

罗震东等（2019）在研究移动互联网与乡村振兴的关系时，发现自上而下的政策支持和自下而上的发展呼吁正在迅速推动农村生产和生活方式的转变，互联网、物联网、大数据等新信息技术的跨境融合优势正在迅速打破城乡二元壁垒，农村发展正迅速进入移动互联网时代。随着土地、劳动力、技术和信息的重新配置和优化，传统农业经济逐渐向工业经济和服务经济发展。

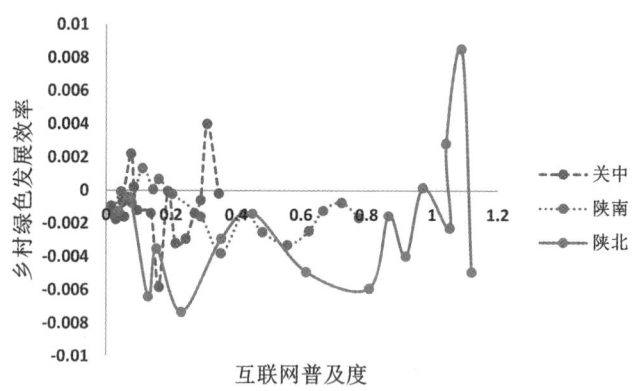

图 7-11 互联网普及度对陕西乡村绿色发展效率影响对比图

由互联网普及度影响因子对乡村绿色发展效率的对比图 7-11 可见，从整体来看，互联网普及度对乡村绿色发展呈现逐步提升的特点。关中和陕南地区提升幅度较小，而陕北地区有呈现提升幅度特别明显的节点，说明互联网的普及和大面积的使用有助于提高资源依赖性乡村地区的绿色发展效率。

吴琳琳等（2020）通过对陕西农村使用手机情况的调查，发现城乡数字鸿沟的主要原因已经不再是网络接入、信息技术等"硬"鸿沟，而是网络行为、信息使用、知识获取等"软"鸿沟。研究发现村民的互联网普及很大程度上只限于硬件方面的普及。在信息使用、知识获取、数字媒介素养提高等"软"鸿沟方面还有很长的路要走。

（3）互联网普及度对乡村绿色发展潜力的影响分析

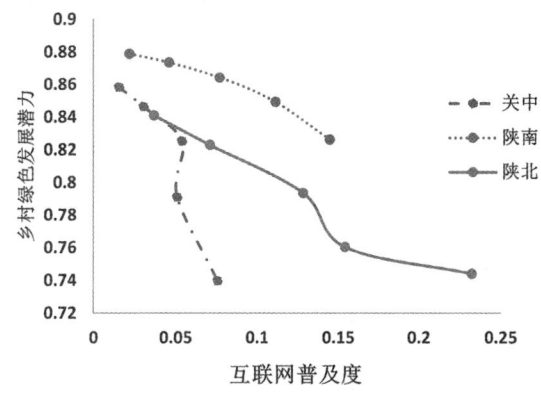

图7-12 互联网普及度对陕西乡村绿色发展潜力影响对比图

由互联网普及度对乡村绿色发展潜力影响因子对比图7-12可见，关中地区呈现缓慢下降趋势，陕南地区基本持平。随着互联网和移动用户的增加基本保持均衡而后缓慢升高，表明互联网技术的普及有助于乡村的绿色发展潜力的提升。张鸿等（2021）设计了数字背景下影响农村高质量发展的因素问卷，调查了陕西省28个行政村，应用结构方程模型发现证实了政府服务、农村生态环境以及支持相关农业发展的政策对农村高质量发展影响力较大。同时，陕南和关中，前一阶段规律相似，基本保持平稳，其中互联网普及对陕南地区的影响更大，也表明在自然资源禀赋好的地区网络信息化对乡村绿色发展的促进作用会更明显。因而，对生态资源良好的地区，注重保护其拥有的天然资本，借助信息化等其他创新驱动因子能够激发乡村活力。但是，互联网普及度对陕北乡村绿色发展潜力影响不是很明显，表明陕北地区对资源的依赖很强，互联网等信息化手段对其影响还没有发挥效力，摆脱能源和资源依懒性的发展模式，还需要一段时间。

7.3.3 公路密度对乡村绿色发展的内生影响

（1）公路密度对乡村绿色发展水平的影响分析

Kim（2014）在研究韩国的绿色增长现状时，发现公共交通模式的转变会影响环境生活质量。基础设施的建设与区域绿色发展之间有一定的关联关系。为了考察关中地区的基础建设对区域自身绿色发展的微观影响因素与作用原理，我们以公路密度作为基础设施的代表表征，研究了公路密度对乡村绿色发展的作用机制。从图7-13可见，两个时间间隔段都集中在波谷的左侧，即随着公路密度的增加，关中乡村绿色发展水平在不同程度上降低，且未出现拐点。因此，对关中地区的基础设施的发展扩建要考虑实际的乡村绿色发展的需求，尽快找到拐点，让关中地区的乡村有机健康的发展。

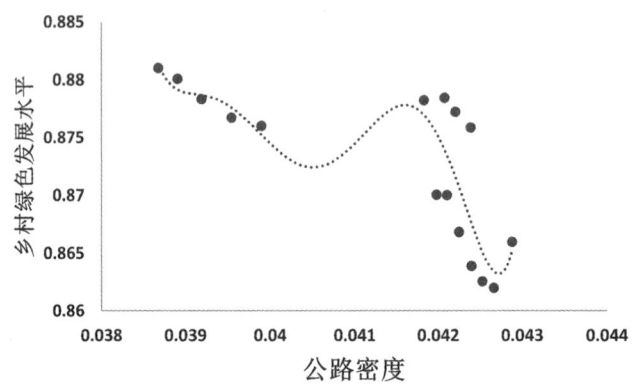

图7-13 关中地区公路密度对乡村绿色发展水平的影响曲线

当考察陕南公路里程对乡村绿色发展的影响时，由影响曲线图7-14可知，分为两个阶段，第一阶段，当公路密度在0.25左右，乡村绿色发展影响甚微，乡村绿色发展呈现较高的水平。第二阶段，当公路密度高于0.51低于0.79，随着公路密度的增加，陕南地区乡村绿色发的水平正快速下降，且未出现拐点。因而，在拓展陕南乡村的公路基础设施建设时，是否有效考虑对乡村绿色发展的影响，值得思考。

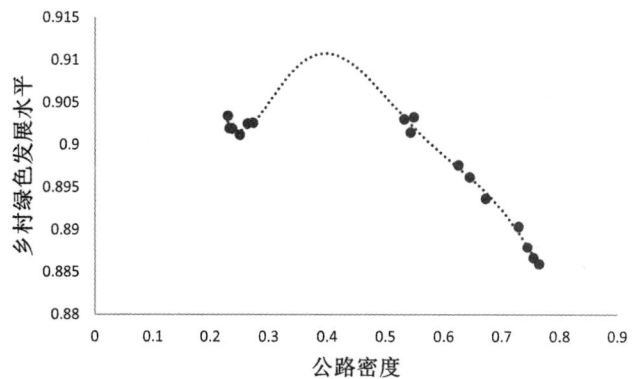

图 7-14　陕南地区公路密度对乡村绿色发展水平的影响曲线

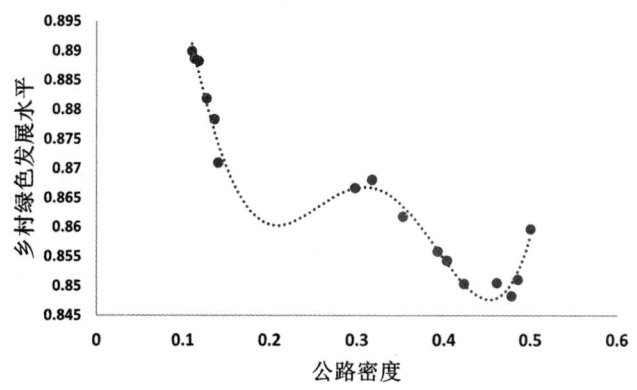

图 7-15　陕北地区公路密度对乡村绿色发展水平的影响曲线

由图 7-15 影响曲线显示，陕北地区的基础设施建设对区域乡村绿色发展的影响分为三个阶段。在第一阶段中，陕北乡村绿色发展与公路建设呈现负向效应。在第二阶段中，陕北乡村绿色发展与公路建设也呈现负效应，即随着公路的建设，乡村绿色发展的水平反而降低。只不过，在第一个阶段，降幅较快，在第二个阶段，降幅较缓。在第三个阶段，出现拐点，开始回升。随着公路密度的增大，即里程数的增加，陕北乡村绿色发展水平逐步回升。表明陕北地区的基础设施建设与乡村绿色发展的关系是交替呈现周期性的不断更替的，只要合理开发和利用土地资源，有利于区域乡村的绿色发展。

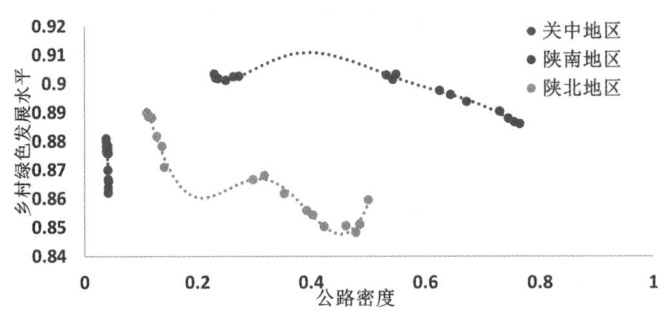

图 7-16　公路密度对陕西乡村绿色发展水平影响对比图

由图 7-16 显示，从总体趋势来看，随着公路密度的增加，陕西乡村绿色发展水平都呈下降趋势，表明公路密度对乡村绿色发展水平呈现负向影响效应，与上节加权最小二乘法研究结论一致。但关中、陕南、陕北的影响程度和效应有差异。在公路密度影响因子对比分析中，由于关中公路基础设施建设基本完成，相对其他两个地区，公路密度的变化对乡村绿色发展水平没有影响趋势。而陕南随着公路密度增加，乡村绿色发展水平缓慢降低。陕北起伏较大，分为三阶段，前两阶段，随着公路密度增加，乡村绿色发展水平下降较快，达到 0.5 左右出现拐点，随着公路密度增加，乡村绿色发展水平有回升趋势。分析表明，在经济相对发达地区和较落后地区，增加公路密度，也未必有利于提升乡村的绿色发展水平。

（2）公路密度对乡村绿色发展效率的影响分析

由图 7-17 显示，关中、陕南、陕北的影响程度和效应有差异，在公路密度影响因子对比分析中，由于受到公路基础设施建设和地区区域自身条件的限制，公路密度的变化对乡村绿色发展效率的影响呈现出不同特点。关中地区基础设施建设基本完成，公路密度增加受限，很难影响乡村绿色发展的效率。陕北的一些地区加大了乡村区域的基础设施建设，修建了一定数量的公路，因而，乡村绿色发展效率显著提高。而陕南基本持平，没有引起大的效应。由此说明，在经济较落后地区，增加公路密度，有利于提升乡村绿色发展的效率，但在经济相对发达地区，公路密度对提升乡村的绿色发展效率不显著。

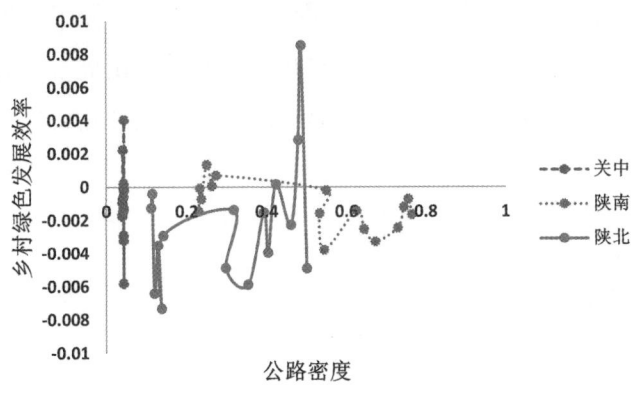

图 7-17　公路密度对陕西乡村绿色发展效率影响对比图

(3) 公路密度对乡村绿色发展潜力的影响分析

李星星等（2012）以陕西秦巴山区的丹凤县为例，设计了道路临近性、乡镇内部可达性和道路衔接性三项指标，对丹凤县各个乡村地区路网通达性进行了评价和排序，充分说明了公路密度对乡村地区的绿色发展有积极的促进作用。江鑫等（2020）通过构建城乡分工理论模型研究乡村公路建设对整个城乡分工结构体系的贸易效率的影响。研究发现乡村公路建设不仅对效率有提升作用，而且还能将落后的乡村地区整合到以附属城市为主的城乡一体化分工网络中。同时，当城市人口增长需求旺盛时，就形成了一个完整的乡村公路体系，这有利于促进乡村经济增长，提高以间接效用表示的乡村实际人均收入水平，实现乡村经济包容性的增长。无论从相关文献，还是实地调研结果来看，乡村地区公路越发达便捷，其绿色发展水平就相对越高，但是，不同地区公路密度对乡村绿色发展潜力的影响却有很大差异。关中、陕南地区随着公路密度的增加，其乡村绿色发展潜力垂直下降，表明这些地区公路基本饱和，单增加公路里程对其未来乡村绿色发展的影响微乎其微。由图 7-18 可见，陕北有起伏，分为三阶段，先升后降再升，随着公路密度增加，乡村绿色发展水平先上升，出现拐点；之后公路密度增加，乡村绿色发展水平有下降趋势，然后又出现拐点；随后再继续上升，呈现正弦曲线特征，最后趋于初始水平，表明公路里程增加对陕北地区乡村绿色发展潜力的影响虽起伏不定，但最终也趋于平稳。由此说明公路密度在未来几年对陕北地区乡村绿色发展具有缓步提升的作用。

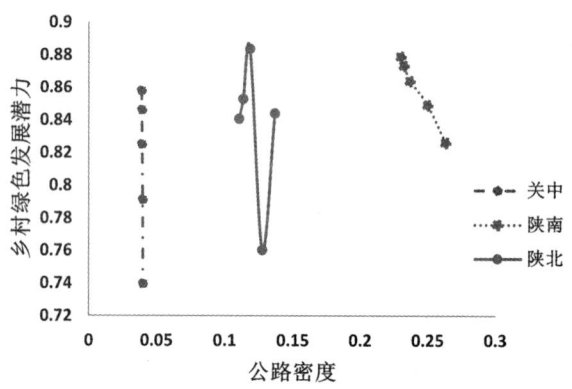

图7-18 公路密度对陕西乡村绿色发展潜力影响对比图

7.4 乡村绿色发展的影响效应分析

乡村绿色发展系统本身是一个复杂的巨系统，除了内生影响因素之外，还有许多外部因素，如碳排放、本土知识以及新需求等。

7.4.1 碳排放对乡村绿色发展的影响分析

2030年和2060年实现碳达峰和碳中和是我国生态文明建设的内在要求。关于乡村碳排放的计算，根据乡村的产业特点，主要碳源是农业生产引起的农膜、化肥、农药等碳排放。畜牧业是我国碳排放的主要来源之一，如何在保证动物产品稳定、持续供应的同时减少碳排放，关系到居民的生活需求和实现"双碳"目标。励汀郁等（2022）以乳品行业为研究案例，从产业链的角度出发，采用生命周期法计算了2008—2020年乳品行业的碳排放量，并设计了一个高质量饲料减排方案。以奶牛产业为例，研究了如何在保障畜禽产品持续稳定供应的同时，减少碳排放。设计了优质饲草喂养减排情景，发现在不同模式下，草地碳汇可有效中和碳排放。优化饲料作物结构，发展优质饲料畜牧业，是实现"双碳"目标发展奶业的必由之路。田云等（2022）在对我国农业碳排放测算的基础上，分析了我国农业碳排放的现状特征，探讨了我国农业碳排放的动态变化趋势和空间溢出效应。结果发现中国农业碳排放总量从2005年到2019年有所下降，但有波动。只有畜牧业和家禽业的碳排放量下降，其余略有增加，农业碳排放强度继续下降。同时发现，2019年农业碳排放因省而异，在农业碳排放省排名中，湖南省排第一，北京市排最后。碳排放量与2005年相比呈下降趋势，各省农业综合碳排放强度"西高东低"。曹翔等（2021）以2011年以来我国部分省份户籍制度改革为自然事件，采用多时段双差分模型研究了农村人口城市化对家庭能源消费碳排放的影响。结果表明，能源消费结构清洁度对农村居民人均碳排放有显著的正向影响。户籍制度改革对农村居民人均碳排放有显著的正向影响，加大居民节能环保意识和绿色消费比重，可以推动人均能源消费碳排放达到峰值。王松良等（2010）举例验证了现代农业集约投入是造成碳排放、温室效应乃至全球变暖的主要原因之一。比如，耕地大量施用化肥，碳排放量占30%；动物养殖，特别是反刍动物的肠道发酵和稻田产生了超过50%的甲烷排放。因此，低碳农业必将成为低碳经济的一部分。

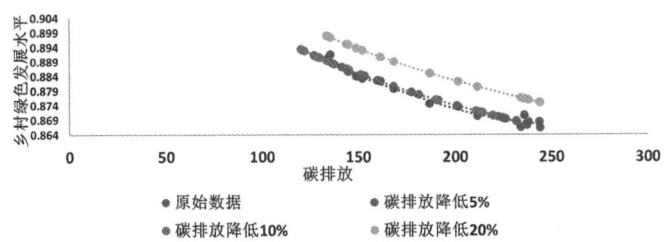

图 7-19　陕西乡村碳排放降低5%、10%、20%对乡村绿色发展水平的影响

由图 7-19 显示，碳排放与乡村绿色发展水平的影响关系呈现出反比的特点。即随着碳排放增加，乡村绿色发展水平降低。因而，要提高乡村绿色发展水平，必须降低碳排放。当碳排放降低5%、10%时，乡

村绿色发展水平没有太大改变，说明碳排放与经济发展还有一定的关联，这与陈炜等（2018）发现西部地区种植业碳排放与农业 GDP 仍处于耦合状态，研究结论相一致。但当碳排放降低20%时，乡村绿色发展水平到达新的曲线模式，且有明显的提升。因而，现阶段陕西乡村绿色发展水平提升、环境治理的首要任务，就是减少乡村碳排放。

乡村是人与自然的主要纽带，是自然资源和生态服务的主要提供者，是国家赖以生存和发展的重要基础。相关数据显示，农田温室气体排放量占全球总量的10%-12%，不包括农田对森林资源减少的影响。畜牧业占温室气体排放量的18%。相比之下，森林可以吸收工业和城市二氧化碳排放量的28%至32%。鉴于此，联合国粮食及农业组织（粮农组织）认为，低碳农业既能抑制气候变化，又能增加发展中国家的粮食产量。因此发展低碳农业已成为全球共识。影响碳排放的因素很多。为了进一步探究乡村居民可支配收入对碳排放的影响，对于在研究乡村生活水平提高，乡村居民收入水平对乡村绿色发展的影响，从而采取相应的政策改善生态环境的同时，又不影响乡村村民的福利水平，真正达到新时代的要求，实现高质量的内涵式发展有现实意义。

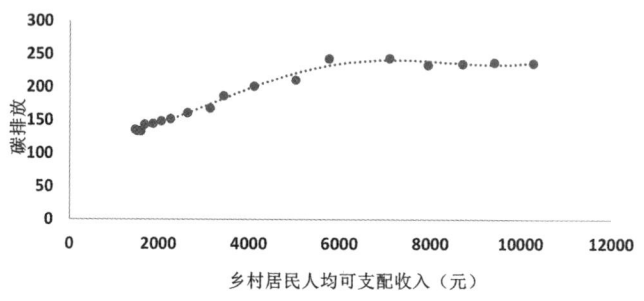

图 7-20　乡村居民可支配收入对陕西乡村碳排放的影响

由图 7-20 乡村居民可支配收入对碳排放的影响曲线可见，村民收入与碳排放存在正向相关的关系。随着乡村居民人均收入的提高，乡村碳排放也同时在增加。但当乡村人均收入达到8000元以上，碳排放基本平稳，因而，增加乡村村民收入，可减缓碳排放。研究结果与杨悦等（2021）采用英国国际发展部可持续生计框架调查的秦巴山区洛南县农户生计状况与乡村发展水平耦合关系有很强的一致性：洛南县乡村发展水平的平均值为 0.3542，发展水平较低，农户的生计状况落后，特别是生态环境较弱的乡村在产业发展、人居环境以及资源禀赋方面仍有较大的提升空间，农户生计水平亟须提升。

7.4.2 本土知识对乡村绿色发展的影响分析

乡村区位空间不同于其他区域，依据其自身的人文和区域特点，对其自身绿色发展的影响层面和影响方式也有所不同。所谓的本土知识，就是一种地方性知识和整体性知识的合集，代表着一定的乡土文化，具有帮助本土社会内在发展的不可替代的价值。因而，在乡村绿色发展方面将起到至关重要的作用。联合国粮农组织对本土知识做出如下定义："乡村与其所处环境长期协同进化和动态适应下所形成的独特的土地利用系统和农业地域生态，这种系统与地域生态文化具有丰富的生物多样性，而且可以满足当地社会经济与文化发展的需要，有利于促进区域可持续发展。"本土知识对乡村绿色发展的影响主要来自两个方面：一是本土专题知识服务社会的多元化影响。在参与乡村生态文明建设中，调动社会资源参与，从本地的农业生活中寻找相关题材，进行与本土知识相结合的宣传、教育、商业创新，形成多方参与社会服务的多元化局面，对乡村绿色发展会产生积极影响。二是本土传统知识激发社会能动性的影响。在基层地方社会的参与乡村绿色发展行动中，通过系统地挖掘梳理本土知识，特别是使本地传统的经验智慧与现代科学的技术手段能有效地衔接互动。充分调动激发乡村居民的能动性和实践主体性，会对乡村绿色发展产生积极影响。在乡村绿色发展中，本土知识从以上两方面产生的影响在现实中已经有很多成功的案例。

乡村垃圾治理是改善乡村人居环境的关键问题之一，更是实现乡村绿色发展的有效途径之一。在垃圾分类综合治理中，横县通过对本土知识再发现、再创造，探索出环境污染及垃圾问题的县域垃圾治理的经验，对乡村绿色发展起到了一定的推动作用，是新时期乡村建设中的成功案例。同时，对正确处理乡村发展与环境保护之间的关系，改善乡村环境质量，促进乡村生态系统的良性循环以及实现乡村的可持续发展具有现实的指导作用。在垃圾不断增加、垃圾分类难以实现、无法将末端焚烧处理污染降到最低限度的当今，横县将国际垃圾治理经验和本土知识相结合，总结出了一套可行的实践模式，实现了垃圾的家庭分类、垃圾的分类投放、转运以及堆肥和填埋的分类处理。虽然时代的变迁已经使人对垃圾有了新的认知，但是横县垃圾治理经验仍不失为乡镇在现有条件下的垃圾分类综合治理的有效模式。而在这个模式中，以低成本的方式展开垃圾治理和民众教育，归纳总结本土知识在实际问题中的运用。从人的需求和学习角度，从人与环境的关系角度，长期开展环境教育，改变了以往的工作风格；将环境教育纳入学校、政府和各类商家企业以及公共场所，形成持久化的宣传和教育机制；结合本地人的生活，将家庭垃圾分类简化与二次分拣相结合，形成民众和环卫工作的有机结合来确保分类的质量；通过大众参与的方式应对成本极高的现代科学技术的垃圾治理困境，探索创新了地方可掌握和经济可承受的本土化处理技术[①]。

利用本土知识在乡村发展中的重要内部推动力量，为贫困乡村的绿色发展增加了韧性。在一些乡村中，人们敬畏自然，在处理社区公共事务中团结互助、追求公平等传统观念的彰显深入人心。人与自然的共生意识等传统要素能较好地保障村庄人与自然环境和谐的可持续发展方向。乡村外部资源的增多和乡村社区发展水平的提升，将激发乡村社区内部的凝聚力和组织化。当村民们的能动性和积极性由于本土传统知识而被调动起来，乡村绿色创新将更加凸显。尤其对民族贫困乡村社区，这种社会传统与内源动力的本土知识对乡村绿色发展的影响更加明显。位于大山深处的滇西北波多罗村，是一个受内源动力影响的少数民族家族式村落。从村庄建立初期的一个家庭发展到如今的几十个家庭、一百

---

① 关于横县案例来源于本土知识促进减贫发展课题组编写的《因地制宜：本土知识的再发现与再创造——广西横县垃圾综合治理实践的反思》。节选自《本土知识促进减贫发展：来自中国乡村的实践》。北京：中国社会科学出版社，2020.

多人，村庄经历故事曲折、内涵丰富的发展历程，形成了独特的社会传统和本土知识。他们团结互助、公平与平等、崇敬自然等民族传统要素在村庄绿色发展中发挥了重要的作用。民族村庄所特有的生态农业知识和传统的手工工艺，自身的传统文化知识、传统技术、手艺、工艺和实践是宝贵的生态农业文化遗产，是我们民族的基石，也是我们追求公平、包容和可持续发展的目标。在整个乡村发展中，要重视其背后的传统信仰和价值观，找到传统生态文化创新系统的系统性和各要素之间的关联性，将各个部分与村民的主观能动性有机结合起来。在社会外部力量与乡村社区内部互动合作的保障前提下，村民的发展意识和技能逐步提高，社区的基础设施和农业产业的较快发展，能为乡村环境的恢复、乡村社会的稳定和乡村经济发展的可持续提供有力的保障，对乡村绿色发展起到积极的促进作用。

嵌入乡土社会中的内生性产业在乡村绿色发展中更具有持续的动力。在乡村振兴战略实施背景下，彭晓旭等（2022）考察了豫西北马村鞋垫产业顽强存续并实现良性发展的内在机制。振兴内生性农村产业的路径及其社会效应，对于了解中西部地区乡村产业发展的现状和资本流入，乡村所面临的社会化困境具有重要意义。研究显示，在当地社会中诞生的乡村产业，由于具有当地劳动力廉价、就业关系稳定、就业制度灵活、产业分工集聚等优势，能够在激烈的市场竞争中顽强生存和发展。同时，大规模的本土化就业维持了一个完整的村庄社会结构，增强了村庄价值的再生产能力，在富人主导的村庄治理逻辑下形成了稳定有序的村庄秩序。经济与社会交织在一起，形成了生产与社会相结合的村庄形态，在中国乡村与乡村现代化的碰撞与摩擦过程中，生产与社会的融合为乡村社会注入了新的活力。

最后，本土应对灾害的实践经验知识对乡村绿色发展也将起到一定的作用。贫困落后的乡村地区往往其环境的脆弱性也越发凸显。我国地域广大，生态多样，文化多元。由于山区地理位置的限制，山区沙化、泥石流、洪涝火灾等各种自然灾害发生概率较高，灾害频发对于经济基础薄弱的乡村地区，给人民生命财产带来极大损失，是影响当地生计发展的关键因素之一。而长期生活在这些地区的居民对本地区的时空架构与知识体系有着充分的认知和经验，这些本土知识在应对环境的变迁中发挥着重要的作用。若尔盖的沙化治理和侗族村寨消防应急机制经验，就是一些本土经验对乡村绿色发展的有效影响案例。西部若尔盖地区，属于高寒湿地草原，沙化现象严重。本地村民由于了解当地的地理现状，对灾害的防治有一定的经验，拥有应对沙化灾害的防灾能力。在不同地区开展扶贫工作，更应该坚持地源化的思路和策略，以实事求是的态度在尊重生态文化地方性的差异基础上，系统地挖掘梳理本土知识，运用地源化策略，使乡村的生态文明建设取得成效。在我国西南民族地区古村镇的侗族村寨，由于现代消防设施建设的不完善和消防观念的缺乏，面临火灾频发的困境。当考虑了当地生活世界与灾难发生的社会文化机理的整体性消防观念之间的联系后，在古村落的消防改造工程中，既让拥有专业消防知识的专家来进行设计规划，也让具有整体观的人类学民族学者参与其中，同时积极调动地方本土知识与社会文化资源，从而构建出了一个科学有效的消防格局，避免技术盲点与建设失误而带来的消防新隐患，并真正切合地方的实际情况切实发挥了各种消防设施与应灾机制的效用。

7.4.3 安全、分散、健康的新需求对乡村绿色发展的影响分析

2020年初，突如其来的新冠疫情，使全世界突然按下了暂停键，对经济生活的方方面面都产生了影响。新冠疫情对乡村绿色发展的影响，既有对农民的影响，也有对农业的影响。具体影响表现在两个方面：一方面，改变了农民个体的经济行为和增加了农民个体的医疗负担。医疗损失是对农民的最直接经济影响，这种损失主要指农民个体或政府为农民个体所支付的医疗服务费。由于疫情原因，乡村医疗条件相对落后，防护措施不到位，农民感染的风险相对较高，健康成本增加。另外，直接影响还有由于新型冠状病毒的传染性所引起的企业停工、学

校停课等，农民的生产生活行为的改变所造成的直接经济损失。间接影响还包括农民因疫情的发生而引起的额外支出增加或收入减少。例如由于运输不畅导致农业生产所需的原料无法供应，同时生产出来的农产品无法运输出去，进而提高了农业生产成本，降低了农业收益。另一方面，疫情对农业的影响。由于农业经济的市场弹性相对较小，使疫情对农业经济的冲击是有限的，也是局部的。由于新冠肺炎疫情发生在冬季，而农业生产具有季节性，冬季和初春农事活动相对较少，这在一定程度上化解了新型冠状病毒集中传播的传染性。从产业角度来看，新型冠状病毒主要影响养殖业和乡村旅游业。由于新型冠状病毒的起源与野生动物有一定的关联，疫情发生后对农业的冲击首先表现在养殖业。疫情发生后各地政府采用限制人口流动的措施，由于居民对病毒的恐惧，春节期间绝大多数居民居家自行隔离，影响了乡村旅游业的发展。由于乡村旅游业的弹性相对较大，疫情过后乡村旅游业会很快复苏。

疫情无论是对农民的影响，还是对农业的影响都是通过影响要素的供给和产品的产出来体现的。疫情催生和提高了人们的健康自觉，催生了对于生命健康的更高需求。当认识到食品安全、身体健康的新需求正慢慢影响农业产品的供给时，在保证农产品充足和安全的前提下，提升优质农产品的质量成为必然。但由于我国农业正处于由传统向现代转型的关键期，呈现高投入、高成本、高风险的特点，同时，规模化、集约化水平提高，小农户和新主体并存，资源、环境约束趋紧，自然和市场风险加大，相对二、三产业而言，农业天然是弱质产业，但重要农产品又有很大的外部性，关系国家安全和社会稳定。因而，要保证安全、健康和高质量的农产品供给，国家要积极支持和投入。例如，为了稳定农民收入，保护农民种粮积极性，2020年中央财政下达实际种粮农民一次性补贴资金200亿元，弥补了农资成本上涨带来的增支影响，资金列入耕地地力保护补贴支出，即在耕地地力保护补贴年初预算1204.85亿元的基础上，追加200亿元，一次性提高16.6%。2022年5月，中央财政下达资金100亿元，再次向实际种粮农民发放一次性农资补贴，支持夏收和秋播生产，缓解农资价格上涨的影响。

疫情对人们的生活观念和行为方式的影响，是通过对生命健康、低密度与田园化的生活需求来体现的。疫情导致了公共活动和社交距离的限制，城市居民在实体空间中的必要性、自发性和社会性活动均受到不同程度的限制。现有的城市开放空间无法满足疫情时期居民对于公共活动的需求，人与人、人与自然甚至动物的接触与交流变得稀缺和受限。而乡村作为大型的开放式景观系统，则能够很好地满足人们回归社群与回归田园的需求。乡村优质的生态环境和低密度的空间能够很好地满足人们对于生命健康的追求，有效克服疫情时期的生产、生活带来的隐患。同时，虚拟生产要素和实体生产要素的高效集聚并行不悖，共同促进社会关系、内容生产以及产品形态实现去中心化，让超越传统城镇化的发展路径依赖成为可能，让远程、分散的生产和生活方式成为可能，使得乡村可以在低密度的发展场景中逐步实现"空间分散而要素融合"的高效发展，成为乡村现代化的新形式。移动互联和智能化时代让分散的、远程的生产和生活成为可能。后疫情时代让健康的生产和生活方式成为群众日益增长的需求，当我们认识到社会经济供需的两个特征的时代背景时，就能更清晰看到乡村价值及其发展机会的变化，从而更有利于促进乡村绿色发展。

7.5 主要概念和基本逻辑

基于乡村绿色发展的影响因素的分析，认识我国乡村资源的价值内涵正在加快重塑，乡村社会的发展方向正面临重大转型；识别新时代的乡村发展的关键背景，构建对乡村正确的价值判断，将对乡村政策模式选择与乡村资源有效利用产生重要影响。新时代背景下乡村价值的重塑将产生关键作用。在乡村高质量发展背景下，乡村不再是内生封闭的系统，不能就乡村论乡村。时代不同，人们对乡村的需求在发生转变。同时，科技的创新发展为这种转变提供了有效支撑，使得乡村功能不再是单一的农业生产，不能用传统农业社会的眼光去看待乡村。

7.5.1 稀缺性

每个生活在地球上的人都不是孤立存在的。我们的言行和举动都或多或少地与某些资源建立起直接或间接关系。在人类的生存和发展中，无论是个人，还是民族和国家，资源与我们都密切相关。尽管人类已经不断地从地球和太阳处得到大量能量，但是，人们的欲望和需求在不断增长，相对于人们的无限需求，资源的稀缺性越发凸显。

自然资本是绝对稀缺的，一般来说是不可替代的，这就要求自然资本必须独立保存，生态影响不超过生态限度。生态经济学家戴利认为，对自然资本，特别是重要的自然资本的持续关注是不可替代的。自然资本生产的大多数生态产品、功能和服务都是人类所独有和不可或缺的。因此，自然资本的生物和物理存量必须保持不变，而不是减少，这就要求生态效应保持在生态限度内。在当今自然世界和人类世界，由于自然资本一直是制约人类发展的一个因素。在一个以人力资本为制约因素，自然资本、自然资源和服务流动十分丰富的空旷世界里，进一步减少自然资本过剩存量，将对人类发展产生前所未有的、不可预测的破坏性影响。目前，全球人力资本过剩，自然资本资源和服务的流动成为制约因素。比如，现在的捕捞量受到鱼类数量的限制，而不是渔船数量的限制；砍伐木材的生产受到现有森林的限制，而不是链锯等。经济逻辑表明，经济和投资是有限的，世界各地的经济逻辑都是一样的，但约束的同一性已经改变，人类的行为也必须随之改变，自然资本的概念有助于人们认识到这一基本的稀缺模式，并相应地改变政策。

资源有限和需求无限的矛盾事实，贯穿着整个人类社会。有限的资源和无限的需求之间的矛盾，是人类世界的最基本矛盾。纵观人类的发展历史进程，处处体现着人们的无限需要。一方面，人们为了生存，表现出对自然界中的生活资料的需求。随着人类认知的不断扩展，社会属性的增强，表现出对不同事物的更多样化的需求。比如生存需求、享受需求、发展需求，以及对精神文化的需求等等。人们的需求结构随着生存和生活环境的变化，呈现出更加多元化的特点。同时，当旧的需要被满足，新的需要又将出现，新旧不断更替，人们的需求也在不断扩充，从低级向高级的逐步发展。另一方面，对于人们无穷尽的欲望，经济资源呈现出稀缺性和不平衡性的特点。资源的稀缺性特点，面对人们对不同物品和劳务资源的无限需要，经济资源显得越来越少了。资源的不平衡性特点，一是相对于人们不断变化的需求结构和多样化的需求而言是不平衡的。人们不得不做出选择，分出轻重缓急，在满足需求时分出先后顺序；二是资源在不同地区、不同国家、不同的社会群体中的分布是不平衡的。总之，结构和分布失衡会导致每一个体和群体都面对着资源稀缺性难题。

据此，为了解决有限的资源与无限的人类需要之间的矛盾，人类经过了几代人的努力。资源的稀缺性是被人类自身"制造"出来的。人类不断追求更高的生活质量，而这种追求本身会遇到时间、空间和各种资源的限制，人们也就不断地为自己制造出了更多的难题和更大的麻烦，于是又要花力气发展自己以解决这些问题，克服这些难题。从这个意义上讲，稀缺性在人类生存的意义上可能不称其为问题，但相对人们的"过度需求"时，稀缺性的假定无疑是成立的了。

当然，资源的稀缺性，一般指相对稀缺，即相对于人们现时的或潜在的需要而言是稀缺的。这就要求社会经济活动的目的，是以最少的资源消耗取得最大的经济效果。因此，资源的稀缺性及由此决定的人们要以最少消耗取得最大经济效果的愿望，是经济学作为一门独立的科学产生和发展的原因。

正因如此，由于资源是有限的，各个国家必须实施可持续发展战略。可持续发展，就是既要考虑当前发展的需要，又要考虑未来发展的需要。它的内容包括经济可持续发展、社会可持续发展和生态可持续发展。核心是实现经济社会和人口资源环境的协调发展。现代国家一般从两个方面采取措施以解决上述矛盾：一方面，运用市场与政府干预相结合的方式合理配置资源，注意保护环境，以发挥资源的最大效益；采用先进技术，提高资源利用率；计划使用资源和节约资源，扩大对外交流，利用国际资源；限制人口及其消费的过快增长。另一方面，改革和完善生产与分配制度以及政治、文化制度，以提高效率和求得社会公平，在发展经济的同时，缓和、减少人们之间的利益矛盾和斗争，保持和维护社会的稳定。

7.5.2 供给和需求弹性

乡村绿色发展是乡村最终的愿景和目的。人们对生态绿色农产品和生态系统服务功能的需求，是乡村绿色发展的必要条件。影响生态产品和服务的供给的因素有很多，这些因素是如何影响供给的，影响的程度如何。通常采用外生、内生和新内生发展模型来分析乡村发展。根据外生或自上而下的模型，乡村进步的主要力量被认为是在乡村之外，如工业化或技术变革。内生发展模式强调实现本土潜力，如自然和人力资产以及地方知识。新内生发展理论是一种综合方法，基于当地资源和参与程度，但也以当地与其更广泛环境之间的动态互动为特征，促进地方和地方外的联系。欧洲新内生 LEADER 计划旨在借助社区主导的地方发展，改善当地村民的福祉，其主要目的是动员当地村民、当地行动团体，鼓励当地社区组织和企业测试开发其领土和开发区域资产的新方法。本研究采用新内生发展方法说明影响乡村绿色发展供给和需求的内部和外部因子，还有影响程度，即弹性如何。

美国生态经济学家戴利认为生态经济学的基本组织原则之一是关注生态可持续福利之间的复杂相互关系，包括系统承载能力和弹性；包括可持续的社会福利，财富和权力的分配，社会资本和共同进化的偏好和经济可持续福利；包括分配效率在高度不完整的和不完善的市场的福利。这些形成生物圈的许多相互作用系统的复杂性意味着非常高水平的不确定性。事实上，不确定性是所有涉及不可逆过程的复杂系统的一个基本特征，而生态经济学则关注这种类型的不确定性。更特别的是，它关注在不确定的情况下确保可持续福祉的问题。生态经济学并没有将人类自己锁定在可能最终导致生态、社会和经济崩溃的发展道路上,而是寻求改善福祉,并保持高度互联的社会-生态系统的恢复力。这可以通过平衡地以投资人力资本的方式,保护和投资自然和社会资本来实现。考虑到乡村生态系统的承载性问题,生态系统的服务变得越来越稀缺了。

稀缺性是人类经济活动中资源如何有效配置,福利如何最大化的研究前提,而供给和需求的关系是讨论乡村绿色发展的影响因素的逻辑基础。经济学中的弹性是从物理学中引入的,它是指当经济变量之间存在函数关系时,因变量对自变量变动的反应程度。经济学中的弹性理论最早是由19世纪法国经济学家古尔诺提出的,以后由英国经济学家马歇尔发展成为一个完整的理论。在20世纪以后,英国经济学家庇古、美国经济学家穆尔和舒尔茨等人将这一理论运用于实际,对某些商品的需求弹性做出了估算。后来,弹性理论又被扩展和应用于其他商品和服务的供给与需求分析中。

(1) 供给、需求的概念和规律

需求是指消费者愿意购买的商品或服务的数量,并且可以在给定的时间段内以某种价格水平购买。单一消费者对商品或服务的需求称为个人需求,所有消费者对商品或服务的需求称为商品或服务的市场需求。商品需求量受价格的影响。一般来说,需求随价格的变化而变化,且反向变化,即需求随价格的上升而下降,当价格下降时,需求就会增加。反之,价格随需求基础的增减而增减,即当需求增加时,价格上涨,当需求下降时,价格就会下降。这种需求与商品价格相互作用的规律称为需求规律。供应是一个需求驱动的概念,即生产者愿意在某一特定时间以各种可能的价格水平出售的商品或服务的数量。单一生产商提供的产品或服务称为个人供应。产品或服务的所有生产商的报价称为该产品或服务的市场报价。商品的供给同样受到价格的影响。一般来说,供应量随价格的变化而改变。价格上涨,供给增加,如果价格下跌,供应就会减少。供应增加,价格就会下降;供应减少,价格就会上涨。商品供给与价格相互作用的规律称为供给规律。

商品或服务的需求量除受市场价格因素的影响，还受多种因素的影响。主要有：第一，消费者的收入水平。包括国民收入水平及国民收入在消费者之间的分配。如，消费者收入的增加一般会使优质商品的需求量增加，而使劣质商品的需求量减少。第二，替代品的价格。某商品的替代品价格的涨落，会导致该商品在价格不变的情况下，需求量按照替代品价格变化的相同方向变化。如，20世纪70年代煤炭的需求量因其替代品石油价格的上升而增加。第三，互补品的价格。某商品的互补品价格的变化，会导致该商品在价格一定的情况下，需求量发生变化。如，高油耗或者低油耗汽车的需求量会因其互补品的汽油价格的上升而相应地减少或者增加。第四，消费者的心理因素。如消费者的爱好、价格预期、人口数量及结构。当然，广告宣传等因素也影响商品的需求。

商品或者服务的供给量除了受市场价格这一重要因素的影响，还与下列因素有关：第一，生产技术状况。生产技术状况能够影响产量变化的速度与幅度，因而影响供给量。生产技术进步能够提高生产率，使得厂商在一定价格水平上提供较多的商品。第二，生产要素价格。劳动、土地等生产要素的价格决定生产成本与供给价格，因而影响供给量。第三，有关商品的价格。某商品的互补品价格上升，则互补品与该商品的需求量减少，该商品的价格下降，供给量亦减少。第四，生产者对商品未来价格的预期。预期价格的上升或者下降导致商品供给量的减少或者增多。上述一个或者几个影响因素的变化，会使商品在自身价格不变的情况下，供给水平发生变化。

(2) 弹性和弹性系数

弹性最初是物理学中的一个概念，意思是物体对外力的反应。需求弹性是指产品的需求位置因其影响因素而发生变化的程度，用需求弹性系数来衡量。需求弹性包括需求价格弹性、需求收入弹性和需求交叉弹性。需求弹性一般指需求价格弹性，需求弹性系数指需求价格弹性系数。需求价格弹性系数是指商品需求的相对变化与导致这种变化的商品价格的相对变化之间的比率。其中 E 是弹性符号，$\triangle x/x$，$\triangle y/y$ 可以

理解为 x, y 的变化百分比，因此，弹性可以理解为函数变化百分比与自变量变化百分比之比。所有函数都可以定义弹性的概念，以反映因变量对自变量变化的反应程度，弹性是无量纲的。

弹性是具有函数关系的经济变量中的因变量对自变量的反应程度，这种反应程度的大小是用弹性系数来表示的。弹性系数是因变量变动的百分比与自变量变动的百分比之比。用公式表示即：

$$E = \frac{\frac{\Delta y}{y}}{\frac{\Delta x}{x}} = \frac{\Delta y}{\Delta x} \cdot \frac{x}{y}$$

说明：y 为因变量，Δy 为因变量变动的绝对值；

x 为自变量，Δx 为自变量变动的绝对值；

E 为弹性系数。

弹性系数越大，表示因变量 y 对自变量 x 反应程度越大，即自变量 x 变动少许，便会引起因变量较大的反应，反之，则表示因变量 y 对自变量 x 的反应程度越小。

商品的需求和供给随着影响它们的各种因素的变化而变化。那么，这些因素一定幅度的变动所引起的需求和供给变动的程度有多大呢？这就要引用弹性理论来说明。经济学中的弹性是指经济变量之间存在函数关系时，因变量对自变量变动的反映程度，其大小可以用两个变量变动的百分比之比，即弹性系数来表示。需求弹性是衡量一种商品的需求对于其影响因素变化作出反应的敏感程度。需求弹性是需求的一种影响因素（自变量）的值每变动百分之一所引起的需求量变化的百分比。需求的价格弹性通常被简称为需求弹性，表达式为：

Ed = 需求数量变化的百分比÷价格自变量变化的百分比

= $(\triangle Q / \triangle P) \times (P/Q)$

式中：

Ed-需求弹性；

Q-需求数量，$\triangle Q$-需求数量的变化量；

P-价格自变量，$\triangle P$ 是价格的变化量。

当某种产品的需求量的大小随着价格的升降而变化时，则该产品需求富有弹性，当某种产品的需求量的大小不随价格的升降而变化时，称为需求无弹性。这个理论是用来衡量需求量对价格的反应程度。一般来说，生活必需品表现为需求无弹性，而奢侈品则弹性很足。车险是生活必需品，其需求量随人们购车量的增加而上升，但它与保费价格不完全相关。跌价不会多买，涨价不会少买，车险价格处于需求无弹性状态。

供给的价格弹性是一种商品的供给量对其价格变动的反映程度，其弹性系数等于供给量变动的百分比与价格变动的百分比之比。以 Es 表示供给弹性系数，以 Q_s 和 $\triangle Q_s$ 分别表示供给量和供给量的变动量，P 和 $\triangle P$ 分别表示价格和价格的变动量，则供给弹性系数为：

Es = 供给数量变化的百分比÷价格自变量变化的百分比

$= (\triangle Q_s / \triangle P) \times (P / Q_s)$

供给弹性的类别，根据弹性系数的大小，供给弹性可分为五种类型。

（1）$Es = 0$，供给完全无弹性。其供给曲线是与纵轴平行的一条垂线。极其珍贵、稀缺、无法大量复制的商品，如土地、文物，接近于这类商品。

（2）$Es = \infty$，供给弹性无穷大。其供给曲线是与横轴平行的一条水平线，只有在商品出现严重过剩时，才可能出现类似的情况。

（3）$Es = 1$，供给为单元弹性。其供给曲线，是现实生活中一种极端的情况。

（4）$Es < 1$，供给缺乏弹性。此时，供给量变动的幅度小于价格变动的幅度。其供给曲线与横轴相交，例如某种受到供给限制的商品，如黄金、各种矿藏。

因而，乡村绿色发展中要充分借助经济学供给需求弹性理论分析其弹性系数类型，并依据其基本原理，采取合理利用、开发、保护、生产和治理等手段。

7.6 本章小结

本章对乡村绿色发展的影响因素进行了研究。首先拓展 C-D 生产函数，得到多变量内生影响因子的动态结构关系模型。其次，采用加权最小二乘法对模型求解估计参数，探讨影响程度及影响向度，并进行统计学意义上的科学检验。单位能耗 GDP 和公路密度对乡村绿色发展水平呈负向影响，且单位能耗 GDP 影响程度大于公路密度。互联网普及度呈正向影响，表明信息化水平的提升对乡村绿色发展有促进作用。最后用散点图和数值拟合法进一步分析了陕西县域单位能耗 GDP、互联网普及度、公路密度对乡村绿色发展水平的微观影响效应。结果发现陕西省乡村的能源消耗与绿色发展并未脱钩，不但未脱钩，而且相关性很强且呈现周期性变化。关中、陕南地区在第二个周期上都已出现拐点，且表现出随着单位能耗 GDP 的增加乡村绿色发展水平反而降低，说明关中、陕南地区在现有模式下，节约能源消耗将有利于乡村绿色发展。同时，陕北地区在第二个周期上还未出现拐点，因而，表现出随着单位能耗 GDP 的增加乡村绿色发展水平也增加，说明陕北地区近几年还有粗放式发展的痕迹。同时，发现互联网普及度对乡村绿色发展有积极的影响，尤其是互联网移动用户普及到一定程度，有利于乡村绿色发展水平的提升。研究发现关中、陕北地区已出现拐点，且随着互联网及移动用户的增加其乡村绿色发展水平也相应增加。同时，发现公路密度对乡村绿色发展水平的影响有差异。关中、陕南随着公路密度的增加其乡村绿色发展水平反而降低，说明对基础设施建设较好的以及自然生态环境较好的区域，无节制、无规划的增加公路建设不利于乡村绿色发展。另外，又进一步采用数值拟合预测法研究了碳排放与乡村绿色发展水平的关系，发现当碳排放降幅到现有水平的 20% 及以上，乡村绿色发展水平将有一定幅度的提升。同时，又发现村民人均收入增高可减缓碳排放，当人均收入达到 8000 元以上时，碳排放减缓速度明显。因此，要提高乡村绿色发展的水平，关键是大幅度减少碳排放以及创新乡村经济，使村民收入增加。

第 8 章 结论、反思与展望

现阶段，我国社会的主要矛盾是人民日益增长的美好生活需要与不平衡不充分发展之间的矛盾。传统的发展理念已跟不上时代的要求。要树立新发展理念，必须要创新，创新已成为时代良好发展的最强音。高质量的发展、绿色发展成为实现高质量发展的目标和追求，人与人的和谐，人与自然的和谐，成了今天绿色发展的最好表现。尤其结合乡村绿色发展影响因素的研究结果，提出提升乡村绿色发展的对策建议，为解决乡村绿色发展中的不和谐、不协调的问题提供参考。

8.1 结论与建议

8.1.1 主要结论

绿色发展作为新时代的发展主题，是追求质量而非数量，追求效益而非效率，追求集约而非粗放的高质量的科学发展模式。乡村作为中国社会的有机组成部分，在经济发展中起着关键作用。乡村绿色发展效果直接关系到我国社会主义生态文明建设和现代化的进程。本课题通过对国内外相关研究资料的分析，结合我国乡村发展的阶段特点和转型需要，首先，对新阶段下乡村绿色发展的内涵要义和基本特征进行界定，并从系统论视角对其内部构成要素、运行机理及作用机制进行探究。其次，为了便于实践层面的操作可行，对抽象目标进行具体化细分和解读，构建测度指标体系，进而结合统计学基本原理从乡村绿色发展的水平、效率、潜力的数理逻辑关系构建动态测度模型，对陕西 58 个县域连续 18 年的乡村绿色发展状况进行综合测度，进而对影响乡村绿色发

展水平的动力因素和阻力因素,又做了进一步的分析。研究结论主要体现在以下几方面:

第一,构建了乡村绿色发展的四能力测度指标体系。本研究在人与自然生态和谐理论、人文发展理论、复杂巨系统理论的基础上,结合时代背景分析了乡村绿色发展的内涵特征,进而对其特质、运行机理和作用机制做了进一步分析。从系统能力需要视角解构乡村绿色发展核心要义,实现了对乡村绿色生产能力、乡村绿色保有维持能力、乡村绿色生活质量提升能力、乡村公平机会获得能力的衡量测度标准矩阵的建构。尤其运用系统聚类法从原始文献指标集合中提取核心要素,再重新组合要素,生成核心测度指标,并提出了认知盲区距离测度的数学定义,对熵值进行合理的转化,实现了对测度指标的权重赋值,丰富了区域绿色发展的测度理论。

第二,构建了乡村绿色发展的水平、效率、潜力测度模型,实现了测度方法的创新。运用几何加权平均法和投入产出比率法构建的乡村绿色发展水平的测度模型,有助于克服多属性决策度量问题的公平性和多属性目标决策问题的归一性;运用偏微分推导法揭示了乡村绿色发展水平与效率的内在联系,发现乡村绿色发展的效率是水平函数在时间方向的偏导数,且进一步证明了效率分别是乡村绿色生产效率、乡村绿色保有维持效率、乡村绿色生活质量效率、乡村公平机会效率四个维度效率的算术平均值;运用数值拟合法模拟乡村绿色发展的水平函数,逼近最优拟合函数构建潜力测度模型,并用 Pearson 系数相关性检验、拟合优度和截断误差的收敛性对测度问题的科学性进行了验证。同时,用陕西县域乡村面板数据实证分析了 2000—2017 年陕西县域乡村绿色发展的水平、效率、潜力的时空演变规律和区域差异。

第三,构建了包含单位能耗 GDP、互联网普及度、公路密度影响因子的乡村绿色发展水平内生结构关系模型。本研究通过对 C-D 生产函数的逐步拓展建立计量模型,并运用加权最小二乘回归法估计联立方程组的弹性系数,有效解决了原始数据信息可靠度不高的问题。研究发现：单位能耗 GDP 和公路密度对乡村绿色发展水平呈负向影响，且单位能耗 GDP 影响程度大于公路密度。互联网普及度呈正向影响，表明信息化水平的提升对乡村绿色发展有促进作用。从中华人民共和国农业农村部 2019—2021 连续三年发布的《农业农村信息化发展水平评价报告》可见，全国县级农业农村信息化管理服务机构的覆盖率保持在 75%以上，信息化发展水平逐年提高，依次为 33%、36%、37.9%。在乡村，信息技术正逐步融入生产、经营、管理、服务等各个环节，构建以数字化、智能化、智慧化为特征的一、二、三产业发展体系，将是未来乡村信息化发展的方向。

第四，陕西 58 个县域乡村绿色发展测度及其影响因素的实证结果发现：

①陕西县域乡村绿色发展水平呈现继起性和反复性的特点。2000—2017 年陕西 58 个县域乡村绿色发展水平整体表现出幅度微小横向 S 状波浪起伏，且大部分县域乡村趋于平稳。商洛地区 7 县呈缓慢下降趋势，榆林地区定边和府谷县在 2007—2015 年期间出现 U 型特点。连续 18 年动态测度结果显示处于高水平（RGDlevel$\geq$0.92）和较高水平（0.90$\leq$RGDlevel<0.92）县域逐渐减少，处于中水平（0.87$\leq$RGDlevel<0.90）县域基本持平，而处于低水平（RGDlevel<0.87）县域逐渐增加。同时，乡村绿色发展水平贡献度排序为：乡村绿色保有维持>乡村绿色生产>乡村绿色生活质量>乡村公平机会，表明乡村绿色保有维持能力对乡村绿色发展水平的贡献最大。但府谷、定边县域正在下降，对这些县域自然资源的保护还需加强。

②陕西县域乡村绿色发展效率表现出正向提高和反向倒退交替变化特点。效率贡献度排序为：乡村绿色生活质量>乡村绿色生产>乡村绿色保有维持>乡村公平机会，表明 2000—2017 年期间，绿色生活质量的改善对提升乡村绿色发展效率最明显。

③陕西县域乡村绿色发展潜力未来五年大部分呈下降趋势，只有佛坪、平利、延长、志丹、吴起、富县、洛川、宜川、黄龙 9 个县表现上

升的特点。陕西省潜力贡献度排序为：乡村公平机会>乡村绿色保有维持>乡村绿色生活质量>乡村绿色生产。表明乡村公平机会的获得对乡村绿色发展的潜力贡献最大。同时，潜力较差的县域依次为府谷、定边、横山、佳县、米脂、子长、略阳、潼关、眉县、岐山、凤县，且呈现持续下降趋势，大部分在陕北榆林地区。测度结果证实了如果现阶段不能做好自然资源的保护和维持工作，对未来乡村绿色发展的影响将持续上升。因而，榆林地区提升绿色保有维持能力已迫在眉睫。

④国家政策对乡村绿色发展起着重要的推动作用。例如，佛坪县绿色发展水平一直表现很好。经过实地调研后发现，佛坪县的环境保护制度完善，连续性好。特有的技术服务政策更促进了乡村的绿色发展。同时，国家对山区进行精准扶贫政策的实施，使得子洲县由低效率跃升为高效率，说明国家政策对乡村绿色发展有着积极的作用。

⑤陕西省乡村碳排放与乡村绿色发展还存在耦合现象，减少碳排放任务还很艰巨。运用加权最小二乘回归法估计参数发现，碳排放与乡村绿色发展水平呈负相关，且每增加1%的碳排放，乡村绿色发展水平降低0.04315%。进一步模拟预测发现，碳排放只有降幅达现有水平的20%以上，乡村绿色发展水平才会明显提高。用散点图拟合发现，当乡村人均可支配收入达到一定值后，可减缓碳排放。表明大幅度减少碳排放以及创新乡村经济，使村民收入增加，有利于提升乡村绿色发展水平。

8.1.2 对策建议

乡村绿色发展涵盖乡村空间系统中的乡镇、农村、农民和农业多主体的联动发展。同时，在乡村生态资源能力承载的限制下，不破坏自然生态系统，不透支子孙后代的资源和环境。因此，各方力量必须为乡村绿色发展营造良好的环境，借助政策措施支持乡村绿色发展。从实践操作角度，乡村绿色发展涵盖乡村绿色生产能力提高、乡村绿色保有维持能力提升、乡村绿色生活质量能力改善、乡村公平机会获得能力提高这四个方面，因而，分别从以上四方面，对可采取的实践操作层面对策提出一些建议。

(1) 提高乡村绿色生产能力的建议

乡村绿色生产技术的提升，有助于乡村绿色生产能力的提高。对乡村绿色生产技术支持的政策，可以从两方面入手：一是以政府为主导，并结合市场发挥合力效应的政策支持。绿色技术是帮助提升环境改善的技术，有利于乡村生态文明建设，是能够保障和支撑环境治理的技术。政府出台相关支持绿色技术升级转化的政策，促使先进治理清洁技术的更新和迭代升级，保证农业的种植、农业的生产、农业的加工、农业的包装、农业的运输的绿色化。比如，针对不同地理环境特征的乡村区域，依据其自身特点及环境优势，采取不同的绿色发展模式支撑的政策体系。像民族乡村地区多为山地，不同于平原、滨海农业，耕地特点呈现出小块且间断分布，很难形成高度机械化、规模化的现代农业规模。但是，民族乡村地区由于工业化发展较晚，现代工业对地区生态环境污染较少，因而，发展绿色农业优势突出。在政策引领上，为培育绿色农业产业链，打造绿色生产、绿色加工、绿色营销为一体的绿色农业经营体系提供相应的政策支持，助力推动民族乡村地区资源优势向经济优势转化。二是，加大科技研发的投入政策，减少碳排放的相关标准限制政策。在生产过程中减少农膜的利用，增强农膜的回收和秸秆等农作物废弃物的循环式资源利用。增加对生物质能源的研发，农业复合肥替化学肥料。比如将垃圾污泥和粪便结合在一起，制成农业复合肥，提升土壤肥力，降低土壤污染。另外，我国乡村绿色发展政策在政企、政社、政民、政校合作模式中，政校合作最少，要加强政府和高校之间的协同作用，特别是，政校合作的政策设计。高校、研究机构可以通过技术创新，设计乡村绿色发展迫切需要的乡村绿色科技的技术支持。

乡村人力资本的提升，有助于乡村绿色生产能力的提高。要提升乡村绿色生产相关人力资本，可以从两方面入手：一是，制定相关乡村与高校联合培养合作的政策规范，培育乡村管理和污染治理人才。具体可以采用的措施：高校可以参与宣传教育；高校可以作为第三方，参与绩效考核；高校可以参与培育乡村经营主体；高校可以参与制定乡村绿色发展标准；高校可以参与试点示范工作；高校可以参与乡村合作项目研究等。二是，制定与技术型农民的培养机制相关政策，对乡村从事农业生产的人员进行定期培训指导，储备既懂知识又懂技术，懂管理善经营，还懂环境治理的乡村复合型技术人才。例如，我们在陕西佛坪调研时发现，佛坪绿色发展之所以做得好，很大程度上是村民的绿色技术意识强，为了提升产量，村民非常愿意接受技术服务指导，进行绿色生产。

加大资本投入和结构优化，有助于乡村绿色生产能力的提高。加大乡村生产的资本投入，对乡村绿色发展是有益的。可以从以下四方面入手：一是，优化完善家庭农业信贷支持体系。对于家庭物质经济资本不足，可能成为绿色转型的"瓶颈"，需要了解经营主体的金融需求，创新金融服务活动，打通信贷"直通车"渠道，为家庭农业绿色生产的低成本筹集资金提供便利。二是，结构优化配置。由于人力资本和社会资本的结构性优势在绿色生产中起着重要作用，农民可以在绿色生产初期充分利用这两种资本替代其他资本。比如，发挥高校毕业生、高校村官等人才优势，激励他们成为新一代农民。重点抓好学校田间培训、农业技术站工作、科技人才对接和低物质经济农场对接；重点支持小农户在合作社和大企业之间建立产业联盟。三是，发挥资本的协同互动效应。在自然资本与物质资本互补的基础上，合理配置土地资源流动，使农业自然资本与物质资本相匹配；对于大型农户，可通过项目对接、生态补偿等方式，结合改善社会服务和优化交通条件，以化肥、高效节水设施等形式实施，充分发挥物质资本与自然资本协同增效潜力，节约成本，解决清洁生产问题。四是，改进保障措施。进一步加强宣传和培训，积极利用清洁生产，从各个方面适应气候变化，提高家庭对清洁生产政策的认识；逐步建立农产品价格信息定期反馈机制、农产品质量监督机制等，完善家庭农场绿色生产保障和约束体系，使家庭在绿色转型中发挥主导作用，成为主力军。

绿色产业化转型，有助于乡村绿色生产能力的提高。为了改善乡村生态环境，在产业化过程中，采取绿色生产方式，将废弃物转化为有用物品，可以从以下四方面入手：一是，实施乡村农业碳减排研究，探索农业碳足迹，从直接能源消耗、间接能源消耗和农业废弃物方面分析农业碳排放量和结构特征。以农产品运输、管理措施等的绿色化为科学依据，制定绿色农业发展政策。二是完善乡村废弃垃圾处理制度，建设垃圾分拣站。以重点村镇集中为单位，科学分拣废弃垃圾。尽可能鼓励企业用废弃农作物等可再生资源为生产原料，实现乡村垃圾的绿色资源化利用。三是，改变秸秆还田方式，通过试验土壤施肥配方，科学制定土地施肥计划和标准。同时采取农牧结合的方式，大力推进农业循环经济发展。根据区域耕地面积，确定当地畜牧业规模，使畜禽粪便尽可能满足作物生长对肥料的需求。四是，改变随意建设沼气池的做法。除大中型沼气池外，鼓励使用中小型沼气池，以村镇为单位，科学选址，以餐饮废弃物和畜禽粪便为发酵原料，建设沼气池系统。沼气用于乡村供热和供气，丰富的沼气可以并网发电，不仅可以降低沼气池的建设成本，避免因原料短缺而停产的风险，而且可以保证农业系统的生态平衡，对促进我国绿色农业的可持续发展具有重要作用。

农产品绿色生产，有助于乡村绿色生产能力的提高。对于提升农产品的绿色生产能力，可以从以下两方面入手：一是，绿色农产品生产的产业转型。完善生态效益转化机制，促进绿色农产品产业转型升级。借助互联网、物流系统等现代生产方式，缩小原有农村生态与大消费市场的距离，为绿色产品提供参与市场竞争的机会，鼓励外部企业与当地企业合作，建立生产基地，实现规模化、电子商务、绿色产品品牌。借助市场化经营，将生态环境效益转化为生态农业、生态工业、生态旅游等生态经济效益，改变传统经济模式，向生态经济模式转型，实现更大的市场价值。二是，绿色农产品产权明晰。对于生态产品的产权，要做到明确到位。比如，河流山地权证分明，利于保护和管理。搭建农村产权交易平台，让生态产品转化成有收益的产品。

(2) 提升乡村绿色保有维持能力的建议

乡村环保监督机制的完善，有助于乡村绿色资产保有维持能力的提升。对于环保监督机制的完善，可以从三方面入手：一是，因地制宜地制定乡村环境保护监管相关支持政策。比如：支持由村民参与的社会组织监督机构，负责对乡村企业运营的监督，鼓励村民积极发表自己的看法，发挥乡村多主体参与自治自管的作用。二是，积极宣传环保理念和制定乡村环保规约相关政策。由于乡村居民未养成对环境保护的习惯，缺乏环保的主动性和积极性，要充分发挥乡村社区组织作用，进行环境保护知识和环境与健康的关系的宣传。同时，依据乡村自身生态基础特点，制定以民为本的环保规章制度和乡村村民规约，保障乡村生态系统的服务功能，增加乡村绿色福利水平。三是，乡村耕地资源承载着粮食供需平衡的作用，可持续利用尤为重要，故应加强耕地保护力度。政府应采取有效的行政、法律和经济措施，确保基本农田的稳定，并在此基础上提供充足和有针对性的资金，以便将精力集中在保护现有农业资源的目标上。另外，要缓解耕地面积下降的趋势，消除人与土地之间的矛盾，必须大力实施土地管理。同时，通过转移耕地、合并相邻耕地、分离相邻耕地，将相邻分散的耕地合并为大田，增加耕地面积，为大规模开发创造条件，以提高其综合利用效率。特别在乡村发展状况较差的县域，例如，府谷、定边等陕北地区，要加强对耕地等重要生态功能区的保护补偿措施、合理规划土地资源，对农田占用、水域占用资源等开发补偿。

乡村自然资源损失机会成本的补偿，有助于乡村绿色资产保有维持能力的提升。因地制宜地制定自然资源补偿方案，特别是对乡村特有资源，如耕地资源的保护与补偿，充分认识农田综合生态系统对乡村系统的价值和所发挥的生态效益。其价值至少体现在四个方面：第一，生物多样性生态提供服务的价值。第二，对气候、温度、湿度、碳吸收等生态调节服务的价值。第三，对土壤、水土、土质环境支撑服务的价值。

第四，作为游憩景观的农耕文化服务价值。对于生态资源的价值，在乡村发展过程中，通过补偿来解决自然资源的价值损失的机会成本，已成为共识，可以从以下两方面入手：一是，依据损失自然资源的机会成本开展分类式补偿。充分考虑对土地利用、工业发展、当地就业等的影响，并在资源利用机会成本的基础上，确保参与资源利用链不同环节的人口群体之间的适当协调。为了补偿资源损失的成本，在财政资源有限的情况下，可以探索其他形式的非货币补偿，当然有条件的直接货币补偿在理论上更可取，但在实践中，参与非货币补偿形式，如参与特定行业，也很常见，比如，国有林区一般通过参加技术培训、林木选育等方式进行补偿。二是，采取灵活有效的多样现金或非现金补偿方式。2019年11月国家发展改革委印发了《生态综合补偿试点方案》，方案提到要创新和发展优势特色产业的生态补偿制度。对非货币补偿方式的选择，可以缓解补偿资金的不足，有利于新兴产业人力资源的调动。通过转移支付加强对环境补偿的财政支持，逐步扩大补偿范围。政府应把环境补偿作为公共服务的优先方向。随着资源利用的不断深入，扩大补偿范围的同时，合理提高补偿率，确保环境补偿的生态效益和人民群众的福祉。

乡村自然资源补偿机制的完善，有助于乡村绿色资产保有维持能力的提升。要保证自然资源补偿机制的长期有效运行，以实现乡村绿色发展的持续性，可以从以下三方面入手：一是，积累生态补偿经验，完善生态补偿机制。积极探索生态补偿市场机制，建立动态成本分摊机制。党的十九大明确指出，要建立市场化、多元化的生态补偿机制，必须完善资源有偿使用制度，积极探索资源获取、转移和租赁的交易机制。政府和其他利益相关方应从环境角度，特别是在森林景观、森林碳汇和流域水文方面，注重资源多样化和资源利用方法，其中包括地理位置、资本流入、土地利用的变化和林业等因素。积极发展生态旅游、医疗保健、休闲康养等产业，将资源保护效益纳入生态补偿储备基金，实现动态成本分摊，促进适度补偿。比如，张莉等（2017）研究英国、欧盟等地区生态补偿经验时，发现苏格兰农村支持计划比较有效。苏格兰农村支持政策的目标和业务程序分为六个阶段：意向书、提案、评价、签署农村发展协定、审查供资申请和监测、不遵守和制裁，在补偿机制的完善方面可以合理借鉴。除此之外，为了保障国家和地方政策的一致性，要在环境目标和财政补贴之间建立起密切联系，以保证执行的有效性。另外，完善评价程序和科学的补偿制度，有利于环境保护措施的可持续实施，对违约行为的综合监督处罚制度、现金支付担保等方面对我国农村生态补偿机制的建立具有学习借鉴意义。二是，拓宽纵横方向生态补偿渠道。实行环境保护纵向补偿，鼓励县乡政府依法加大生态区转移力度，利用市场力量拓宽融资渠道，发展产业基金、企业生态债券。同时，也可按照自愿协商原则，对横向生态保护补偿给予一定的物质补偿。比如，按照利益和风险分担原则，采取其他补偿形式，建立联合区域等。三是，创新乡村生态补偿管理绩效考核制度。制定统一的乡村环境治理评价标准，将绿色发展指标和生态文明目标纳入乡村政府和领导干部的绩效考核中，加强对领导干部自然资源审计处置情况的检查，增强村镇居民参与乡村环境治理评价的能力。完善乡村环境管理监督机制。一方面，合理布局县、乡环境保护部门，保证乡村环境保护工作的公正性和客观性。政府要对两级环境保护工作进行监督，严格控制资金的拨付和使用。另一方面，鼓励社会监督、乡村居民监督和国家监督有效结合，增强居民的社会意识和生态意识。在社会和乡镇居民的监督下，为生态服务创造公平、民主、自由的制度环境。

对于本地资源利用不合理的旬阳县，由于其地理上位于陕西省东南部，是秦巴山区集中连片特困地区县和南水北调中线工程水源涵养区，要维持乡村绿色保有维持能力。又基于旬阳县城位于汉江旬河交汇处，汉江横贯其中，曲水环流，状若太极，被誉为"中华太极城"的特点，有着特殊的地理区位和独特的自然资源，旬阳县可采取的具体措施：坚持实施生态立县战略，践行"绿水青山就是金山银山"的理念，林业部门紧紧依托资源优势。大力发展林果、中药材等传统产业，培育壮大拐枣、牡丹等新兴特色产业，走出了一条生态优先、绿色崛起的高质量发展之路，为建设美丽富裕新旬阳奠定了坚实的基础。作为"革命红都"的陕西志丹县的乡村绿色发展水平、效率和潜力的测度结果，充分说明了对乡村自然资源和人文资源的合理开发与保护，也同样可以提升乡村绿色发展水平，但要继续提升其绿色发展效率，可采取措施：强化农业的自身素质，构建农业发展的原动力，增加农业增长的精准分析，特别是种植结构分析，要耕地的质量而非数量；加强对农户生产适需技术的支持力度，如施肥、剪枝等果树管理技术等；构建与实现农户退耕还林的利益补偿机制，保证农户的切实利益，减少农户风险，建立提升乡村绿色保有能力的长效机制。

(3) 提高乡村绿色生活质量能力的建议

乡村环境治理专项资金和提高乡村居民收入，有助于乡村绿色生活质量的提高。对于环境专项资金，国家要加强财政政策和金融手段对乡村的支持。在财政政策支持方面，一是，国家要完善乡村环境治理的财政政策，具体包括对环境服务收费、污染收费等政策的进一步完善。Lapka (2011) 研究比较了 2004—2006 年加入欧盟前后捷克共和国农业绿色补贴在农村发展中的作用发现，环境补贴对农村居民生计的稳定产生了积极影响。在我国，有关乡村生态环境公共产品如何收费和相关政策比较缺乏，因而，对其收费要依据乡村实际特点和服务功能进行差异性估值和定价，以及对保障其实施的相关政策标准的制定，是目前亟须解决的现实问题。同时，加强乡村环境治理资金的投入管理，包括乡村治理资金投入的针对性和公开性的管理，环境补贴等奖励补偿机制的管理，通过对乡村环境治理村民的奖励，鼓励村民治理环境的自主性和积极性，从而建立长效的乡村自治自管机制。可以采取适当的经济激励措施，提高区域农业循环经济的发展水平。不仅鼓励个人或公司更有效地利用循环资源，例如，通过向处理农业废物的公司或个人提供某些政策优惠或奖励，还对不合理使用化肥或杀虫剂等相关农产品征收一定的关税或税收，防止过度利用，减少投入系统的物质资源，鼓励农民发展循环经济。二是，借助金融手段，刺激乡村经济，获得新的增长点，也是获取资金来源的有效手段。安翔（2005）实证研究发现，农村地区的金融发展对农村区域的经济增长有明显的促进作用。建立乡村的多元化投资渠道和机制，多方位的拓宽融资渠道，使乡村环境治理的资金能够得到及时的补充和保障。本研究发现，当乡村居民人均可支配收入大于8000元时，乡村碳排放减少。对于乡村居民收入提高的政策支持，一方面可通过对财政、信贷、保险、用地等政策的完善，使乡村农业生产成本降低，获得农业经营性收入的提高。另一方面，可通过农民职业技能的提高，对新型农业经营主体的培育，来提高农业效益和收入。

解决农村生活垃圾治理问题，有助于乡村绿色生活质量的提高。对于乡村垃圾的处理和分类管理，可以从两方面入手：一是，为了使农村生活垃圾的控制真正以减少排放、释放资源和处置为目标，必须鼓励不同经济发展水平的地区选择最佳的联合供应模式，废物分类和适合当地条件的资源利用非常有必要。农村生活垃圾的分类要求政府不仅要在供给方面发挥主导作用，而且要不断优化政策和外部环境，制定政策引导市场力量，鼓励市场参与供给活动。适当发挥当地企业的作用，鼓励非营利组织和个人积极参与。同时，农村社区是农村生活垃圾分类的最基本组织，是农村生活垃圾分类实施的关键环节。由于农民是农村生活垃圾的直接生产者和管理受益者，因此必须鼓励农民积极参与公共采购，并动员他们从源头上对垃圾进行分类。在对农村生活垃圾进行分类时，每个村庄都应结合实际，垃圾箱、垃圾处理车辆和太阳能堆肥（机械堆肥）房屋等基础设施由政府提供，鼓励利益相关者参与联合采购、集体协商和解决垃圾分类问题以及基础设施的联合建设、管理和维护。二是，政府和社区应积极吸收公益、捐赠资金等非营利组织的民间参与，建立垃圾交换银行，鼓励农民正确分类、回收利用。在日常生活中，农民会倾倒残渣、蔬菜、蛋壳、动物骨骼、瓜皮、落叶、茶叶残渣、坚果壳等厨余垃圾。在有毒有害废物较少的农村地区，社区可以与可再生能源公司合作处理。对不能回收、无毒无害的无机废物，可以在统一的填埋场进行处置。这种分类不仅可以产生四种农村生活垃圾，提高垃圾处理资源的利用效率，而且可以大大减少混合填埋场的垃圾排放，减少混合填埋场对土壤、地下水和空气的污染。

明确农田、草地、森林等自然资源的碳汇价值，有助于乡村绿色生活质量的提高。农田和草地具有重要的生态功能，也具有重要的生产功能。土地所有者通常拥有农业用地和牧场的所有权或专属使用权（至少用于自给生产）。农牧业生态补偿通常与不同国家的农业环境政策、农村发展和农民增收密切相关。比如，美国农业环境政策的主要目标是防止农业生产对环境造成损害，并补偿因土地退化给农民造成的经济损失，或者在不可再生土地上采用对环境友好的农业生产方法；欧盟农业环境政策的主要目标是补偿农业生产的外部因素，减少对环境的负面影响，并补偿农民改变过去的生产方式，以满足对环境标准日益增长的需求；厄瓜多尔的综合农业生态系统补偿项目除其他外，包括补偿农业生物多样性和碳汇功能，并反映了国际组织的参与。中国不同于其他国家，要根据自身实际情况，采取合适科学的途径，可以从两方面入手：一是使补偿目标多样化，不仅要对农牧业生产正外部性方面考虑补偿，还要从减少农牧业生产负外部性方面考虑，生态景观与乡村景观的补偿也应予以考虑。二是，农村生活垃圾分类不仅需要对来源进行正确分类，而且需要对农村生活垃圾的收集、分类和最终处置进行分类，才能有效地用于资源的分类和利用。当然，由于收入水平的提高，人们生活中的能源消耗和物质消耗越来越多。随着社会经济发展水平的提高，为了减少人们生活中的能源和消费品消费，城乡居民共同努力提高环境和住房水平，而不是完全等待政府的到来，显得越来越重要。比如，将旅行与健身（步行和骑自行车）联系起来可以减少能源等各类消耗。因此，农民、农村社区、企业、政府及社会组织必须参与、合作，合理划分责任，才能有效地对废弃物进行分类，避免分类不完善、不完整、不可持续。

（4）提高乡村公平机会获得能力的建议

创新乡村经济，有助于乡村公平机会获得能力的提高。高质量发展背景下乡村绿色发展的显著特点是以创新驱动带动乡村经济增长，实现资源的重新配置。调动乡村资源，并将其转化为不同的价值，使乡村成为高品质、高内涵产品和服务的输出端。面向新市场，创新新产品、新服务、新价值，从而，推动乡村经济结构多层级的升级和经济层面高质量的发展。创新乡村经济，实现高质量绿色发展，可以从以下两方面入手：一是，精准定位乡村特色产业。有的地区利用农业技术和畜牧业全面发展农牧业；有的地区利用沙漠资源建立和发展沙地疗养院和沙漠旅游业。因此，如果利用外部优惠政策，根据地区优势协调生态区位产业，这些地区既能实现美好的发展目标，又能实现富裕的发展目标。整合专利、植物新品种等创新资源，搭建农业工程服务和科技信息供应平台，利用现代信息技术实现精准匹配，深入供需分析。建立以需求为导向、精准供给、服务转化为导向的科技研发体系，通过技术升级和快速准确的技术供给，开发和引领科技成果，持续实现高质量发展。柴国生（2021）通过研究科技精准供给与乡村振兴之间的关系，认为以实施自主创新为支撑、以高新技术供给为主导的可持续发展，会让乡村拥有包容、开放、公平的竞争环境，对乡村经济的绿色增长起到推动作用。二是，激活乡村经济的内在持久动力。继续提高包括环境在内的自然资源的生产力，刺激其他生产要素，促进经济发展，形成相互依存的劳动力、土地、资本、技术、制度和环境，促进健康和可持续发展。落后乡村经济的有序绿色发展，可以确保此类乡村经济从落后向绿色发展的过渡，充分体现乡村经济的资产积累和自我支撑模式。通过补贴、激励和社会资本的协调，建立统一协调的财政资源利用机制，为建设美丽乡村、发展目标区和发达地区、加强基础设施建设和发展其他公共产品提供相应的财政支持，提高公共服务质量和农民获得公共服务的机会。美丽乡村建设要充分考虑不同主体、不同层次、不同地区的意见，汇聚各方智慧创新的力量。发挥农民的主导作用和农村集体经济组织的作用，发展农业合作社和健全农村集体经济组织的收入分配制度等，大力鼓励农民参与美丽乡村建设，使乡村内部集体经济的持久实力增强。

创新乡村网络体系，有助于乡村公平机会获得能力的提高。由第 7 章研究发现，互联网普及度对乡村绿色发展有促进作用。因而，可借助互联网等信息化技术，结合区域特色资源，创新互联网与农业、互联网与乡村微小企业组合的新业态、新模式，打造文化内容产品，通过政府对乡村微小企业在资金来源、人力技术方面的支持政策，激发乡村内部的活力，增加新的经济增长点，从而提升乡村绿色发展能力，尤其是获得公平经济机会的能力。打造全域乡村网络连接互动体系，可以从以下两方面入手：一是，善于运用互联网技术和信息化手段开展乡村治理工作。乡村技术治理要遵循创新、协调、绿色、开放、共享五大发展理念，特别是以现代信息技术深入发展为基础的乡村治理技术越来越成为未来乡村社会治理的重要发展方向。借助现代信息技术的优势，构建一种网络化、数据化、智能化的开放包容、宜居宜业、共治共享、智能高效的乡村治理模式。2017 年 6 月，中国政府网发布《关于加强和完善城乡社区治理的意见》中指出，要实施"互联网+政务服务""互联网+社区"的行动计划，依托互联网的现代技术来提高农村社区信息化治理水平。同时，党的十九大报告也明确指出，实施乡村振兴战略需要提高乡村治理的"法治化、智能化、专业化水平"，并强调推动互联网、大数据、人工智能和乡村实体经济深度融合。二是，信息化规范政策的出台是乡村网络化发展的前提条件。2015 年 7 月国务院发布了《关于积极推进"互联网+"行动的指导意见》（以下简称《意见》），"互联网+"的概念深入各行各业。《意见》明确指出，将发展"互联网+现代农业"作为重点行动，明确了互联网在农业发展中的地位和作用。2016 年 2 月国务院又发布了《关于深入推进新型城镇化建设的若干意见》，明确提出，农村电子商务发展要作为加快新型城镇化、辐射带动新农村建设的重要抓手。2017、2018、2019 年连续三年的"中央一号文件"以及中共中央、国务院印发的《乡村振兴战略规划（2018—2022）》，均将开展电子商务进农村综合示范，建设具有广泛性的农村电子商务发展基础设施，作为培育农业新产业、推动"产业兴旺"的重点。2018年中央农村工作会议中，国家关于"三农"问题的根本解决和社会主义新农村的全面发展，认为都离不开"三农信息化"的建设和发展。

创新驱动和科技服务乡村，有助于乡村公平机会获得能力的提高。尹西明等（2020）在研究乡村创新系统对乡村振兴的作用中认为，乡村振兴与中国中长期发展全局的联系非常紧密，是一项系统性工程。建设乡村创新系统，提升乡村创新能力是推动乡村实现内生性发展和可持续发展的重要支撑。乡村创新系统可通过农业科技创新、制度管理创新、网络中介创新、社会创新创业等路径赋能创新主体。乡村和城市创新系统的融合不仅有助于高质量推进乡村振兴，加速城乡融合发展，对国家创新系统的发展和完善也非常有益。具体可从内生创新和科技服务两方面入手：一是，深入总结特色乡村小镇的有益发展经验，广泛收集行业、文化认同和合作赋权案例。通过乡村中小企业绿色发展、旅游、健康、文化创意、创新等特色社区的有益探索与实践，从产业集中、文化认同、合作与赋权等方面，借鉴乡村中小企业绿色发展的经验与实践，形成具有乡村特色的绿色发展模式，彻底摆脱传统投资驱动发展模式的影响。二是，借助科技服务提升乡村创新能力，抓好科技服务在决策、推广和落实方面的具体工作。加强省、市、县三级科技专家队伍的组织建设，加强政府科技部门对贫困地区发展规划、方案、计划和措施的参与和完善决策机制。加强县级科技服务机构的组织建设，为适应不同地区可持续发展的需要，加强相关专业技术力量建设。随着科学技术在农村的应用，应加强对新一代农民的培养。培养具有环保发展技能的农民，加强职业技术教育，县级职业技术学校应努力丰富、调整和提高应用技术能力的教育内容。贫困地区的可持续发展走一、二、三产业联合发展的道路，农业生产技术支持走产业融合推进的道路。随着产业链的不断延伸，除了生产的科技支撑外，还需要全面提升研发成果、农业发展前后的生产单位和科技服务专业人员的创新能力。

潘琳（2020）等在乡村振兴背景下，以华阴农场为分析案例，研究了乡村创新发展的路径，认为激发内生动力，是农垦农场绿色发展的有效模式。具体措施：在陕西省政府的支持下，与周边退耕还林省份合作，建成了华阴农垦农场、地方农业产业园、相关企业和科研院所，并建立了网络化的农业生产、贸易和服务体系。通过加强农业社会化服务，建立"国有农场+家庭农场+社会化服务"的发展模式，整合个人资源和不同功能主体，围绕整个产业链，提供专业服务。与其他形式的服务加强农业关键领域的合作，吸引和发展新的企业，在二、三产业融合的基础上发展新产业，在政策支持下吸引社会资本投资建设，激活创新运行机制，使服务更符合市场需求。在农地复垦的文化背景下，鼓励农民工和退役军人参与建设，鼓励开发主体多样化和自力更生。

针对镇巴县缺乏内生动力的特点，要使乡村绿色发展创新能力提升，需采取的措施：加快构建畅通便捷的物流交通网络；进一步完善多层次投融资体系；着力培育县域特色主导产业；积极发展中小企业，大力培育市场主体；切实加强技术创新；树立产品、技术保护意识、注重品牌建设等。针对洛南县生态脆弱性高，乡村交通网络水平对山区乡村的应急能力有显著影响，而受教育程度等人力资本因素也被证实是影响交通发展水平的主要因子。同时，杨悦等（2021）采用英国国际发展部的可持续生计指标计算了洛南县626户农户的生计资本值，分析发现洛南县人力资本和金融资本水平处于较低水平，进一步证实了乡村绿色发展的障碍因子是人力和财力资本的缺乏。需采取措施：投入资金，加强基础设施和公共服务的完善；加强区域的技术和智力帮扶，提升村民的人力资本水平，获得公平机会[144]。

8.2 反思

2020年11月，我国832个贫困县全部脱贫，创造了人类减贫史上的奇迹，如何把这个成果保持下去，不再出现返贫现象，并发展得更好，这都需要进一步的思考和讨论。贫困区域往往与生态环境脆弱的乡村地区有着紧密的联系。一方面，区域贫困的研究是一个系统工程，将区域贫困看作区域生态系统、区域经济系统、区域社会系统、区域科技系统与区域政策体制综合作用的复合系统，不仅要弄清区域贫困的特征、致贫机理，还要探究反贫困策略以及区域贫困对区域发展带来的影响等问题。另一方面，乡村生态脆弱性的改善涉及很复杂的生态系统和人类行为的关系，其中，乡村生态环境的改善，碳减排可以是人们努力的一个方向。

8.2.1 贫困与乡村经济发展

世界银行对贫困概念的解释为："贫困是一种伴随着饥饿、无家可归、缺乏药品、无法上学和缺乏学习的生活状态"。随着人们对贫困认识的加深和研究深入，贫困的概念已经超越了经济领域，更深入地融入社会和政治领域，被认为是物质匮乏、能力不足和权利丧失的综合表现。随着经济与社会的变迁，贫困的类型大致有三种：物质贫困、能力贫困和权利贫困。据不完全统计，我国乡村贫困率超过10%，而且贫困代际转移的趋势逐渐成为消除贫困的新难点。目前，我国的贫困也有恶性遗传的迹象，由贫困人口传给下一代。随着我国经济社会的快速发展，贫困问题又呈现了许多新的特征，比如，贫困人口分布呈现一定的特点，出现了以点（贫困村）和片（特殊贫困区）以及带（沿边境贫困带）并存特征。贫困或刚刚脱贫人口的收入稳定性差，持续发展和抗风险能力弱，一旦出现重大自然灾害、疾病或教育等问题，往往无法维持现有生活状态或重新陷入贫困。

物质贫困是指物质匮乏和短缺。贫困的定义最早是20世纪初英国学者 Lontrey 在对约克郡工人贫困状况的家庭调查中提出来的，他在《贫困：城市生活》中将贫困描述为"如果总收入不能满足一个家庭成员的最低生活需要，就会陷入贫困的家庭"。这一定义具有创新性，因为在其对贫困的定义中，首次对贫困的构成及其基础提出了初步的看法，并从不同的学科和角度对贫困的含义进行了广泛的研究。贫困是由家庭收入决定的，称为收入贫困和物质贫困。比如，人类生存所需的衣服、食物和住房的最低需求是从生物学的角度来确定的。后来研究贫困问题的经济学家和社会学家也解释了收入对贫困的重要性。经济学家奎因和曼恩等均认为贫困是一种低收入、无法养活自己和家庭的低生活水平。

贫困是多元的，还有能力的贫困。1998年，获得诺贝尔经济学奖的印度学者阿马蒂亚·森提出贫困的真正含义，他认为贫困是剥夺了穷人的收入和正常生活的机会。后来，还有一些研究人员对贫困概念的演变进行了专题分析。他们认为，贫困的定义从一开始就强调支付可在市场上购买商品的能力。现在涵盖了生活水平的许多方面，包括预期寿命、识字率和健康，随着他们越来越多地了解穷人，他们对贫困概念的理解有所发展。除了无力支付外，还必须考虑到真的脆弱性和风险，他们还担心穷人没有投票权。从行为的角度来看，世界银行将贫困定义为"无法达到最低生活水平"。后来，世界银行又在《2000—2001年世界发展报告：消除贫困》中扩大了贫困的概念，指出"贫困不仅是指物质上的匮乏，而且是指教育和保健水平低，这不仅是一种自身能力上的缺陷，而且是一种暴露在风险和风险中，无法表达自己的需求和缺乏影响力"。

权利贫困是指包含非经济因素的其他贫困。擅长研究社会排斥、失业和贫困之间关系的英国著名学者托尼·阿特金森（Tony Atkinson）连续研究了欧洲和欧盟劳动力市场的社会排斥问题。阿特金森通过分析社会排斥的三个特征：相对性、主动性和动态性，认为如果人们遭受社会排斥，不仅关系到他们自己的生存前景，也关系到他们的后代的生存状态。如果存在社会排斥的代际遗传，必然会导致权力的代际遗传。拉斯基通过利益集团对有限资源的竞争，研究了资源配置中的剥夺、排斥和基于闲置资源的权力之间的关系。他认为，贫困的主要原因是穷人的资源太少。在经济领域，由于缺乏资金、技术等生产要素，难以获得更多的经济收入；在政治领域，他们缺少参与政治活动的能力和机会，因此不可能做出改变的决定；在社会生活中，他们无法融入教育、媒体和社区组织，因此普遍受到社会的歧视和排斥。权利结构的自然平衡导致一些社会成员陷入贫困，因为贫困充分强化了社会对他们的偏见和排斥，使他们陷入贫困的恶性循环，从而加剧了社会贫富差距。

8.2.2 贫困原因与反贫困

区域贫困往往是生态劣势、地理劣势、社会经济发展水平等多种因素综合作用的结果，其中历史原因、资金短缺、科技落后、政策缺失等因素将以多种方式相互贯穿其中。在众多的影响因素中，某些因素占主导地位并因地区而异。贫困的根源一直是贫困成因争论的焦点。通过对贫困成因的文献分析，我们认为区域贫困的成因是生态条件差、资金短缺、政策不适、技术落后和人力资源短缺的综合作用。而大部分的文献研究主要是定性的分析，对区域贫困成因的定量分析比较薄弱。农村贫困是由于人力资源、资本和市场资源等长期资源以及地理位置、人地关系、制度条件和产业基础等环境条件造成的。因此乡村表现出明显的贫困特质：经济水平较低、权利意识薄弱、知识和能力不足。从可持续生计的分析方法来看，贫困是由于农民的生存资本不足、抵御自然灾害的能力不足、市场风险和制度政策风险等因素造成的，导致了农民的生存绩效低下。

乡村精英是反贫困的带动力量。人力资本缺乏是乡村贫困的重要原因。目前，在乡村振兴战略的推动下，一些受教育程度较高的农民已经重返乡村，其中一些人理解知识社会的治理逻辑，具有较强的号召力；有些人是生产和技术专家，这些人本身就是贫困地区的稀缺资源和乡村精英。在扶贫过程中，要充分发挥乡村精英的作用，通过乡村精英的积极参与和示范，促进普通农民和贫困农民的参与，乡村精英可以帮助当地农民做出符合当地实际的产业决策，优化当地农民的生存战略和生计结构，增加农民的生存资本，增强农民的发展能力。因此，在乡村反贫困斗争中，各类反贫困倡导者都应该关注并自觉地利用乡村精英来发现他们的内在特征，使他们成为重要的参与者。通过乡村精英的示范作用和对农民的职业培训，增强贫困农民的发展能力，最终走出贫困。

基层组织是反贫困的中坚力量。在农村反贫困的过程中，外来援助主体很难与分散的家庭取得联系。一般来说，贫困地区的基层组织充当桥梁，利用农村基层组织的核心作用宣传和传播信息，动员群众。基层组织负责人也是社区项目的负责人，组织结构的完善程度、基层组织负责人的素质和能力将直接影响到资源的接受度和资源的内生效应，最终影响到扶贫的整体效果。村民自治组织本身是发展的重要内生资源，也是影响反贫困效果的主要力量。要把农村扶贫与基层组织建设结合起来，发挥积极作用。地方政府应加强农村基层组织建设，培训基层干部，完善基层组织人员激励约束机制，使农村基层组织成为扶贫的骨干力量。

内生性发展是反贫困的内在力量。反贫困的目标要求农民真正摆脱贫困，稳步摆脱贫困。从根本上说，就是要实现贫困地区的内生发展。内生反贫困治理路径是资源投入到资源承接，再到资源内生。资源投入是贫困地区打破"贫困恶性循环"的一个方式。资源承载是贫困地区将外来资源与自身资源相结合的过程。资源内生是指通过对外来资源的有效管理，产生内生资源，实现可持续发展的能力。如果三者之间的有效联系中断，将影响对外援助资源的有效利用，受援地区很难摆脱贫困，实现稳定的减贫。实现资源内生性扶贫是利用外部资源投入，调整民生战略，提高民生资本，增强抵御自然灾害、市场风险和制度政策风险的能力。提高民生绩效，应对民生资本的提高，将导致农民生计状况的持续改善。比如，在扶贫过程中，外援资源通过社区组织和社区组织与农户的关联机制，组织相对贫困户参与项目，在具体运作过程中，构建有利于社区发展的价值观和制度结构，增加农户收入，赋予农户决策权和选择权，增强农户的社会参与意识和能力。

多元主体是反贫困的骨干力量。内生发展理论强调反贫困必须充分利用贫困地区自身的优势和资源，尊重贫困地区自身的价值观和制度。面对外来力量的干预和对原有生产结构和稳定经济的冲击，农民自然会表现出一定程度的恐惧和抵抗力，难以有效地接受外来援助资源。在精准反贫困的基础上，注重贫困地区的内生发展，使农民在经济、权利、知识和能力等方面全面脱贫。强调外部援助资源与受援地区资源之间的联系。要消除接受外援资源的障碍，就必须尊重受援地区的价值和制度，寻求外援资源与现有资源的衔接，使农民感到可信和可行，使农民真正受益于改革，有序推进改革。因此，无论是政府还是社会组织主导反贫困工作，在产业选择、项目推进等方面，都必须对受援地区进行全面的考证，不能盲目推进。

政府是反贫困的关键力量。阿特金森认为，政府的政策可以影响社会排斥，政府可以通过扩大对劳动力市场的有效干预来减少社会排斥的程度，不过分依赖劳动力市场工具，而只是作为一种补充方法。有必要从社会排斥的角度设计社会保障制度，并通过加强社会保障制度来改善劳动力市场，以减少社会排斥的发生。在与解决贫困个人和群体的贫困方面，美国和欧洲联盟颁布了相应的法律和政策。美国的反贫困措施有：调整税收制度，缩小贫富差距；通过教育和职业培训解决能力不足问题；通过建立多方社会资本网络机制，提高贫困人口的社会资本存量。欧盟国家的反贫困措施主要表现：强调政府在反贫困中的责任，通过加大力度减少社会贫困；建立全面的社会服务体系，使贫困群体能够享受到社会发展的成果和福利。中国的做法是，充分发挥政府反贫困的作用，调动各方力量，从效率和效果上，取得了很大的阶段性成果，创造了世界奇迹。

总之，在农村反贫困进程中，政府、社会组织和企业是外部治理的主体，而贫困地区农民自身则是内部治理的主体。外部治理主体向贫困地区注入资源，而内部治理主体则抓住机遇，突破资源或生存资本不足的制约，摆脱贫困的"恶性循环"。外部援助应有助于实现减贫目标，首先，坚持农民主体地位，了解农民贫困的原因和实际需要，在"农民需要什么"而不是"农民能提供什么"的原则基础上，精准反贫困。根据贫困农民满足自身需求和经济能力的意愿，努力开发具有包容性的创新产品和服务；其次，要鼓励农民带头脱贫致富，增强意识和潜能，增强农民人力资本，鼓励农民积极参与扶贫工作，逐步为内生发展奠定基础。

8.2.3 碳排放与乡村经济发展的关系

碳排放是乡村绿色发展的制约因素之一。碳排放与乡村经济发展有着紧密的关系，减排难度系数增大。碳排放与当前经济体系之间的密切联系，在现有的研究成果中，体现在：温室效应引起的全球变暖具有一定的社会经济影响。虽然全球变暖的影响是全方位的、多尺度的、多层次的，包括积极影响和消极影响，但其消极影响目前更令人担忧，因为消极影响可能威胁到人类社会的未来生存和发展。这些影响主要表现：冰川和永久冻土的减少，海平面上升，某些极端天气事件的增加，病虫害增加，地表径流的变化，旱涝灾害的频繁发生等，将使水资源供需矛盾更加突出，人们对气候变化感到不安。同时，在我国有些乡村地区其经济发展模式和人民生活水平依赖于化石能源的大量消耗和二氧化碳的排放。尽管不同地区、不同行业单位 GDP 的碳排放量有高有低，但对碳排放的依赖是无法避免的。我国不同发展阶段的几个地区的碳足迹反映了发达地区和欠发达地区经济体系对碳排放的高度依赖。此外，这种依赖性是长期发展的必然结果，在现有技术体系尚未突破之前，要打破这种高度依赖性是极其困难的。减排将不可避免地影响到现有经济体系的运行和人民的生活水平，从而导致相应的经济发展成本。

尽管目前我国许多乡村发展模式与碳排放有着紧密的联系，但减排还是可以实现的。以全球绿色发展领先的丹麦为例，欧盟对丹麦的减排目标是到 2030 年将温室气体排放量减少 30%。为了缓解温室效应，丹麦政府对优化种植业和畜牧业结构进行了大量研究。在作物种植方面，主要研究了不同农业结构对氮素的吸收和释放。在畜禽养殖方面，牛被认为是排放甲烷最多的牲畜。因此丹麦政府大力支持减少畜牧业甲烷排放的研究，目前正在努力确定哪种类型的牛和不同的牛消化系统以及不同的饲料配方更有利于减少甲烷排放。通过科学配制饲料和优化品种，在不降低产奶量和质量的前提下，减少畜牧业碳排放对大气的污染。因此，农业生产中农作物的种植结构、生产模式，农牧业的养殖方式，乡村农业垃圾处理等具体碳减排模式是实现乡村绿色发展落地生根的有效路径。

8.2.4 碳排放空间的稀缺性

绿色发展理念正在渗透全球。继中美 2014 年 11 月发布《中美气候变化联合声明》，亚洲基础设施投资银行承诺到 2025 年将有 50% 的投资用于绿色领域后，欧盟也紧跟步伐。碳空间正在成为一种稀缺资源。为了应对全球气候变化《联合国气候变化框架公约》规定了一个长期目标，即大气中的温室气体浓度应稳定在"防止气候系统受到危险的人为干扰的水平"，应在足够的时间内实现这一目标，使生态系统能够自然适应气候变化，确保粮食生产不受风险影响，并实现可持续经济发展。为了实现这一共同目标，各国和各区域不断做出国际努力，在碳排放空间分布的基础上做出减排承诺，以扭转温室气体排放的上升趋势。为了应对全球气候变化，欧盟还为 2030 年设定了减排中期目标，其温室气体排放量至少要比 1990 年的排放水平减少 55%。很明显，大气中二氧化碳的环境容量已成为全人类日益稀缺的宝贵环境资源。我国经济正处于快速发展阶段，能源消耗也在不断增加，这将不可避免地导致我国碳排放量急剧上升，碳排放能力日益短缺。为了将碳排放控制在合理范围内，实现"双碳"目标，必须实施积极减排和反向增汇的战略。

为了缓解碳排放空间日益短缺问题，碳减排势在必行。在碳减排措施方面：一是完善治理导向机制，推进乡村绿色治理现代化，建立基于多主体合作的乡村碳减排治理体系。从乡村绿色治理体系和治理能力现代化的角度来看，有必要对中央政府、企业、公众和其他利益相关者之间的权力关系和利益关系进行有机协调，以促进形成具有自组织特征的利益平衡和微观利益相关者动态整合体系。在此基础上，以创新"共享-对话-智慧聚集"的开放式决策模式为核心，逐步打破片面依赖政府行政力量的治理逻辑，重塑多主体参与、协商合作、利益共享的绿色治理新模式。二是建立以发展为导向的区域综合性碳减排机制。因此，在强调环境强制管控的基础上，尽快探索完善区域碳水平调整的绿色市场激励机制，重点围绕市场形成机制和资源价格生态补偿机制进行政策优化。同时，要解决碳活动成本的"内化"和绿色行动的激励问题，必须从产业生态学入手，建立符合乡村资源禀赋特征的绿色产业体系，培育有利于绿色创新主体栖息和成长的乡村共生环境。实现绿色效益的生产性和收敛性，绿色动力的生产性和可控性，绿色发展的生产性和依赖性。最后，突出公众调整的驱动力，构建全民参与的绿色行动体系。因此，必须广泛调动和集聚社会资源，培育公民理性形成、扩大社会主体参与公共空间、建立激励性参与机制等手段，遏制开放治理过程中的机会主义倾向。推动地方政府绿色治理行动和绿色管理创新深入发展。

为了缓解碳排放空间日益短缺问题，增加碳汇是非常有效的方法。于赟等（2022）以福建省集体林区的10个县级区域调研数据为基础，研究了碳汇与乡村生态文明建设之间的关系。结果表明：碳汇造林项目显著正向影响农户对乡村生态文明建设的满意度，提出了增加碳汇造林项目的数量和覆盖区域，改善乡村生活环境，促进生态文明建设，高效发挥碳汇造林项目的积极作用；政府应该采取相关措施，积极鼓励农户参与碳汇造林项目；分别从减缓和适应气候变化，改善生态和经济条件角度开发设计多元化碳汇造林项目类型[145]。森林碳汇项目兼具应对气候变化和反贫困双重功能，一直是国内外研究的热点，但相对忽略了对其反贫困功能的关注。目前，尚未见对森林碳汇反贫困的明确定义。本研究认为，森林碳汇扶贫是以欠发达地区的宜林地等资源开发为基础，以市场机制为主导，以贫困人口收益和发展机会创造为宗旨，以森林碳汇项目开发为载体，以贫困人口参与为主要特征，以机制构建为核心，在促进森林碳汇产业发展的过程中实现减贫脱贫的一种新兴反贫困模式。

8.3 进一步研究的展望

乡村绿色发展是我国乡村发展的一项重大而全方位的革新，其实现过程是复杂而艰巨的。本课题在对乡村绿色发展的相关研究梳理的基础上，认为在高质量发展的新时代背景下，对乡村绿色发展测度及其影响因素的研究具有重要的理论和现实意义。因此，对乡村绿色发展的测度理论基础、测度方法建模、测度案例应用方面做了初步的探索性研究，由于篇幅和我们知识水平的限制，还有一些问题没有展开，今后将做进一步地研究。

其一，在影响乡村绿色发展的因素方面，可以进一步对相关政策在乡村绿色发展能力提升方面的作用机理及干预模式方面展开研究。尤其是经济政策在对乡村绿色发展的不同维度下的动力作用和影响机制，以及对村民的激励机制和提升村民能动性和创新性的关联关系方面进行研究。特别是结合中国国情，更深入研究反贫困和乡村绿色发展的内在机理关系以及区域间的差异性研究，采用新的田野式随机研究方法，厘清国家政策对乡村发展的激励作用，将是我们接下来进一步研究的方向。

其二，多学科综合性交叉方法在智能化测度工具中的应用研究。尤其探索前沿数理统计理论方法的基本原理，探究更科学的定量定性方法以解决主客观指标选取的平衡问题，探究高维动态权重的智能算法，实现大数据系统数值模拟的可能性，建立乡村绿色发展动态测度监测系统，将是我们进一步努力的方向。

其三，疫情笼罩下的后扶贫时代乡村绿色发展动态不确定性因素研究。目前，我国所有贫困县都已成功脱贫。为了巩固扶贫成果，有效减少贫困现象，中国的扶贫力度将长期保持。为防治"减贫后脱贫""数字减贫""学习扶贫""疾病扶贫"等顽症，"能力扶贫"将是一项长期的基础性工作。在发展乡村绿色技能的过程中，不仅要充分培养绿色技能的概念、技术、一般技能和职业技能。同时还要尽可能利用乡村现有的教育培训资源，充分开发乡村经济社会发展所需的绿色技能。另外，必须明确界定目标，即对环境技能的需求。了解乡村地区，特别是贫困乡村地区对绿色技能的需求，是发展以减贫为重点的绿色技能的先决条件。在我国，贫困地区与生态环境脆弱地区具有较强的相关性。在众多的贫困因素中，生态环境的影响越来越大，贫困会进一步加剧生态环境的脆弱性。将绿色技能发展的理论和方法应用于我国的扶贫工作，对于巩固后贫困时代的扶贫效果具有重要意义。

8.4 本章小结

本章首先对乡村绿色发展测度及其影响因素研究方面的相关结论进行了总结，反思了贫困和碳排放对乡村绿色发展的制约影响及解决路径。其次，提出针对乡村绿色发展测量维度下的相应对策建议，特别是关于激活治理机制，不能只停留在概念化的学习上。要将叙事和经验知识等可以创造集体行动的"软"乡村创新体系学习机制扩展到乡村发展联盟中。通过地方、区域和国家对参与纵向和横向协调行动的治理形式制度化，实现可构建性社会资本协同效应的可持续性。最后，对未来研究进行了进一步展望。乡村绿色发展以实现人与自然和谐共生的现代化为核心目标，以为当代人提供生态产品和服务，为后代人提供生态财富，为全球提供生态安全为主要目的的发展模式。各个国家的乡村绿色发展道路不同，中国要实现创新绿色现代化的道路，必须通过乡村的绿色发展，增值绿色资产，扩大生态盈余，建设人与自然和谐共生的现代化，实现"天蓝、地绿、水清"的美丽乡村愿景。

参考文献

1. 英文参考文献

[1] Phillips M. The restructuring of social imaginations in rural geography [J]. Journal of Rural Studies, 1998, 14(2):121-153.

[2] Phillips M, Fish R, Agg J. Putting together ruralities: towards a symbolic analysis of rurality in the British mass media [J]. Journal of Rural Studies, 2001, 17(1):0-27.

[3] Phillips M, Page S, Saratsi E. et al. Diversity, scale and green landscapes in the gentrification process: Traversing ecological and social science perspectives [J]. Applied Geography, 2008, 28(1):0-76.

[4] Martin, Phillips. Baroque rurality in an English village [J]. Journal of Rural Studies, 2014, 33(2):56-70.

[5] Woods M. Rural geography III: Rural futures and the future of rural geography [J]. Progress in Human Geography, 2012, 36(1):125-134.

[6] Yoon K, Hwang C L. Multiple attribute decision making: an introduction [J]. european journal of operational research, 1995, 4(4):287-288.

[7] David Pearce, Anil Markandya, Edward Barbier. Blueprint for a Green Economy [M]. London: Earthscan Publications Ltd, 1989:192.

[8] Publishing O. OECD Green Growth Studies Towards Green Growth: Monitoring Progress: OECD Indicators [J]. 2011(7):1-146.

[9] OECD. Green Growth Indicators 2014 [EB\OL]. https://doi.org/10.1787/e-13023934411282172892-zh.2014-6-24.

[10] Eradication P. Pathways to Sustainable Development and Poverty Eradication [J]. Sustainable Development, 2011, Vol. 19, pp. 49–59.

[11] WB. Inclusive Geen gowth: The pathway to sustainable development [R]. Washington DC: WB, 2012.

[12] Jakob M, Edenhofer O. Green growth, degrowth, and the commons [J]. Oxford Review of Economic Policy, 2014, 30(3):447-468.

[13] Jetske Bouma, Ezra Berkhout. inclusive-green-growth, [EB\OL]. https://www.pbl.nl/sites/default/files/downloads/pbl-2015-inclusive-green-growth_1708.pdf. 2015-4-13.

[14] OECD. Towards green growth: green growth indicators 2017[EB\OL]. https://www.oecd-ilibrary.org/environment/green-growth-indicators-2017_9789264268586.2017-06-20.

[15] OECD. Green Growth and Developing Countries, A Summary for Policy Makers[R].OECD Publishing,2012.

[16] UNEP.Towards a Green Economy: Pathways to Sustainable Development and Poverty Eradication[R].United Nations Environment Programme, Nairobi.https://web.unep.org/greeneconomy/sites/unep.org.greeneconomy/files/field/image/green_economyreport_final_dec2011.pdf. 2011.

[17] UNEP. Green Economy Indicators-Brief Paper [R]. Geneva: UNEP, 2012.12.3.

[18] World Bank. Inclusive Green Growt: The Pathway to Sustainable Development [R]. World Bank, Washington DC. http://dx.doi.org/10.1186/1756-0500-5-67 2010.

[19] Ness B, Anderberg S, Olsson L. Structuring problems in sustainability science: The multi-level DPSIR framework [J]. Geoforum, 2010, 41(3):479-488.

[20] Kim S.E, Kim H, Chae Y. A new approach to measuring green growth: Application to the OECD and Korea[J]. Futures, 2014, 63:37-48.

[21] Kim S. E, Lim Y. H, Kim H. Temperature modifies the association between particulate air pollution and mortality: A multi-city study in South Korea[J]. Science of The Total Environment, 2015, 524-525: 376-383.

[22] Yoon K, Hwang C. L. Multiple attribute decision making: an introduction[J]. european journal of operational research, 1995, 4(4):287-288.

[23] Bilbao-Terol A, Arenas-Parra M, Caal-Fernández, Verónica. etal. Using TOPSIS for assessing the sustainability of government bond funds [J]. Omega, 2014, 49(dec.):1-17.

[24] Carladous S. Tacnet J M. Dezert J. et al. Evaluation of Efficiency of Torrential Protective Structures With New BF-TOPSIS Methods[C]// International Conference on Information Fusion. IEEE, 2016:134-223.

[25] Owen D, Hogarth T, Green A E. Skills, transport and economic development: evidence from a rural area in England[J]. Journal of Transport Geography, 2012, 21:p.80-92.

[26] Bruno L, Paulina A, Abiga L. F. etal. Research on Climate Change Policies and Rural Development in Latin America: Scope and Gaps[J]. Sustainability, 2017, 9(10):1831.

[27] Green G.P. Large-Scale Farming and the Quality of Life in Rural Communities: Further Specification of the Goldschmidt Hypothesis[J]. Rural Sociology, 1985, 50(2):262-274.

[28] Harris, C.K, Gilbert, J. Large-scale Farming, Rural Income, and Goldschmidt's agrarian thesis[J]. Rural Sociology. 1982,47. 449-458.

[29] Ogutu S.O, Okello J.J, Otieno D.J.Impact of Information and Communication Technology-based Market Information Serviceson Smal lholder Farm Input Use and Productivity:The Case of Kenya [J]. World Development,2014,(64):132-135.

[30] Dawson N, Martin A, Sikor T. Green Revolution in Sub-Saharan Africa: Implications of Imposed Innovation for the Wellbeing of Rural Smallholders[J]. World Development, 2016, 78:204-218.

[31] Rogge N. Undesirable specialization in the construction of composite policy indicators: The Environmental Performance Index[J]. Ecological Indicators, 2012, 23:p.143-154.

[32] Nordberg K, Ge M, Virkkala S. Community-driven social innovation and quadruple helix coordination in rural development. Case study on LEADER group Aktion sterbotten[J]. Journal of Rural Studies, 2020, 79:157-168.

[33] Giambaşu, Talida, Alecu I.N. Conceptual approaches of the rural space [J]. 2014,33(2):p.79-48.

[34] Sharma D. C. Transforming rural lives through decentralized green power [J]. Futures, 2007, 39(5):0-596.

[35] Harrison P, Bobbins K, Culwick C, Humby T, La Mantia C, Todes A. Weakley D. Resilience Thinking for Municipalities[M]. University of the Witwatersrand, Gauteng City-Region Observatory: Johannesburg, South Africa, 2014:123-126.

[36] North D, Smallbone D. Innovative Activity in SMEs and Rural Economic Development: Some Evidence from England[J]. European Planning Studies, 2000, 8(1):87-106.

[37] Toni A.D, Vizzarri M, MD Febbraro. etal. Aligning Inner Peripheries with rural development in Italy: Territorial evidence to support policy contextualization[J]. Land Use Policy, 2021, 100:1-14.

[38] Kitchen L, Marsden T. Creating Sustainable Rural Development through Stimulating the Eco-economy: Beyond the Eco-economic Paradox[J]. Sociologia Ruralis, 2009, 49(3):273-294.

[39] Bowen A, Hepburn C. Green growth: an assessment [J]. Oxford Review

of Economic Policy, 2014, 30(3):407-422.

[40] Anríquez, Foster W, Ortega J. Rural and agricultural subsidies in Latin America: Development costs of misallocated public resources[J]. Development Policy Review, 2020, 38(1).

[41] Anscombe F.J. Graphs in Statistical Analysis[J]. The American Statistician, 1973, 27(1):17-21.

[42] Grimes S. Rural areas in the information society: Diminishing distance or increasing learning capacity[J]. Journal of Rural Studies, 2000(1):13-21

[43] ADAMOWICZ. Theoretical and practical rural development concepts[J]. Annals of the Polish Association of Agricultural and Agribusiness Economists, 2020, 27(2).

[44] Romer, Paul M. Increasing Returns and Long-Run Growth[J]. Journal of Political Economy, 1986, 94(5): 1002-1037.

[45] Smulders S. Entropy, environment, and endogenous economic growth[J]. International Tax & Public Finance, 1995, 2(2):319-340.

[46] Forristal D.P.D. Multilevel Models: Methods and Substance[J]. Annual Review of Sociology, 1994, 20:331-357.

2.中文参考文献

[47] 王兵,陈玉虫.县域经济:发挥央视传媒优势,服务中国最美县域[EB\OL]. http://xyjj.china.com.cn/2019/05/23/content_40760969.html. 2019-2-23.

[48] 李仁贵.西方区域发展理论的主要流派及其演进[J].经济评论, 2005(06):58-63.

[49] 王丽华,俞金国,张小林.国外乡村社会地理研究综述[J].人文地理, 2006(01):106-111.

[50] 彭新万.现代乡村发展理论述评及其对灾后农村重建的启示[J].理

论与改革,2009(1):146-148.

[51]龙花楼,张杏娜.新世纪以来乡村地理学国际研究进展及启示[J].经济地理,2012,32(8):1-7.

[52]刘崧生,陆一香,刘葆金.试论社会主义初级阶段农村经济发展的规律[J].农业经济问题,1988(05):45-48+26+2.

[53]乔海曙,王桂良."两型"农村理论内涵与标准构建[J].广东社会科学,2012(4):46-53.

[54]2016年中央一号文件(全文),中国农网/政策/文件[EB\OL]. http://www.farmer.com.cn/2019/06/30/840197.html.2019-06-30.

[55]2017年中央一号文件(全文),中国农网/政策/文件[EB\OL]. http://www.farmer.com.cn/2019/06/30/99840198.html.2019-06-30.

[56]2018年中央一号文件,新华社,中华人民共和国农业农村部网[EB\OL]. http://www.moa.gov.cn/ztzl/yhwj2018/zyyhwj/201802/t20180205_6136441.html.2018-02-05.

[57]2019年中央一号文件,新华社:中华人民共和国农业农村部网[EB\OL].http://www.moa.gov.cn/ztzl/jj2019zyyhwj/2019zyyhwj/201902/t20190220_6172163.html.2019-02-20.

[58]2020年中央一号文件,新华社:中华人民共和国农业农村部网站[EB\OL].http://www.moa.gov.cn/ztzl/jj2020zyyhwj/2020zyyhwj/202002/t20200205_6336614.html.2020-02-05.

[59]靳香玲.中国经济发展新阶段的农村可持续发展问题[J].中南财经政法大学学报,2002(06):34-38.

[60]王春超.农村土地流转、劳动力资源配置与农民收入增长:基于中国17省份农户调查的实证研究[J].农业技术经济,2011(01):95-103.

[61]罗小龙,许骁."十三五"时期乡村转型发展与规划应对[J].城市规划,2015,39(3):15-23.

[62]刘自强,周爱兰,鲁奇.乡村地域主导功能的转型与乡村发展阶段的

划分[J].干旱区资源与环境,2012,26(4):49-54.

[63] 陈晓华,曹梦莹.国外乡村空间重构研究述评[J].安徽农业大学学报,2019(2):275-281.

[64] 郑易生.环境污染转移现象对社会经济的影响[J].中国农村经济,2002(02):68-75.

[65] 中国科学院可持续发展战略研究组编著.2010年中国可持续发展战略报告-绿色发展与创新[M].北京:科学出版社,2010:45.

[66] 胡鞍钢.全球气候变化与中国绿色发展[J].中共中央党校学报,2010(2):5-10.

[67] 王朝全.论新农村建设的生态文明战略[J].软科学,1996(3):34-36.

[68] 唐辉远.农业生态环境治理与可持续发展[J].长江流域资源与环境,2001(03):57-60.

[69] 范和生,唐惠敏.农村环境治理结构的变迁与城乡生态共同体的构建[J].内蒙古社会科学(汉文版),2016,37(4):149-155.

[70] 邬晓霞,张双悦."绿色发展"理念的形成及未来走势[J].经济问题,2017(2):30-34.

[71] 肖建中,李国志.产业生态转型与山区绿色发展——2014中国·山区绿色发展研讨会综述[J].农业经济问题,2015,000(003):90-92.

[72] 程莉,文传浩.乡村绿色发展的践行价值、实践导向与政策支撑[J].理论界,2018(10):24-28.

[73] 张宇,朱立志.关于"乡村振兴"战略中绿色发展问题的思考[J].新疆师范大学学报:哲学社会科学版,2019,40(01):67-73.

[74] 赵建军,赵若玺.农耕文化的伦理价值与绿色发展[J].自然辩证法研究,2019,35(01):61-65.

[75] 毛泽东.毛泽东选集(第五卷)[M].北京:人民出版社,1977:250.

[76] 邓小平.邓小平文选(第三卷)[M].北京:人民出版社,1993:379.

[77] 江泽民.江泽民文选(第一卷)[M].北京:人民出版社,2006:532.

[78] 中共中央文献研究室编.习近平关于社会主义生态文明建设论述摘

编[M].北京:中央文献出版社,2017:77.

[79] 王玲玲,张艳国."绿色发展"内涵探微[J].社会主义研究,2012(05):143-146.

[80] 刘纪远,邓祥征,刘卫东,等.中国西部绿色发展概念框架[J].中国人口·资源与环境(10):3-9.

[81] 胡鞍钢,周绍杰.绿色发展:功能界定、机制分析与发展战略[J].中国人口.资源与环境,2014,24(01):14-20.

[82] 周晓敏,杨先农.绿色发展理念:习近平对马克思生态思想的丰富与发展[J].理论与改革,2016(05):50-54.

[83] 中商产业研究院,发改委:印发《绿色发展指标体系》[EB/OL].https://www.askci.com/news/chanye/20161223/18005084595_3.shtml.2016-12-23.

[84] 李晓西.绿色经济与绿色发展测度[J].全球化,2016(04):110-111.

[85] 关成华,韩晶,2017—2018中国绿色发展指数报告-区域比较[M].北京:经济日报出版社,2019:4-9.

[86] 2014年《中国300个省市绿色经济和绿色GDP指数》发布,中国在线[EB/OL].http://www.btbu.edu.cn/pub/bjgsdx/news/mtgs/70146.htm.2014-12-25.

[87] 刘宇鹏,王军,张国锋.面向湿地的文明生态村建设评价指标体系构建——以白洋淀村庄为例[J].江苏农业科学,2000(6):596-598.

[88] 郭永杰,米文宝,赵莹.宁夏县域绿色发展水平空间分异及影响因素[J].经济地理,2015,35(03):45-51+8.

[89] 牛敏杰,赵俊伟,尹昌斌,唐华俊.我国农业生态文明水平评价及空间分异研究[J].农业经济问题,2016,37(03):17-25+110.

[90] 谢里,王瑾瑾.中国农村绿色发展绩效的空间差异[J].中国人口·资源与环境,026(006):20-26.

[91] 王晓君,吴敬学,蒋和平.中国农村生态环境质量动态评价及未来发展趋势预测[J].自然资源学报,2017,32(05):864-876.

[92] 刘若莎,赵儒丹,李振勤,赵好战.县域农业生态文明评价指标体系及实证研究——以石家庄市为例[J].中国生态农业学报,2017,25(10):1554-1564.

[93] 黄劲,张俊,郑甘甜.乡村生态文明构建与跟踪评价指标体系研究——以平阳县万全镇为例[J].安徽农业科学,2019,47(12):250-254.

[94] 袁久和.我国农村绿色发展水平与影响因素的实证分析[J].山西农业大学学报(社会科学版),2019,18(06):46-53.

[95] 赵美亮,张子怡,刘富刚,李洋洋.基于优化TOPSIS法的德州市美丽乡村建设评价研究[J].湖北农业科学,2019,58(13):138-141+145.

[96] 陈磊,王承武,王彬.昌吉市美丽乡村建设评价体系构建及应用[J].科技和产业,2019,19(05):47-51.

[97] 唐瑾.美丽乡村建设中经济-生态-文化系统的耦合及其评价[J].求索,2019(04):182-188.

[98] 叶晨曦.河南省美丽乡村可持续发展评价研究[J].中国农业资源与区划,2019,40(05):202-208.

[99] 肖敏志,江维亮,宋巍巍.农业生态文明评价指标体系探索[C].2019中国环境科学学会科学技术年会论文集(第一卷).2019:6-9.

[100] 田亚平,李虹,李超文.新农村建设的村级评价指标体系——以湖南省衡南县工联村为例[J].经济地理,2007(03):366-369.

[101] 崔元锋.湖北土地生态承载力研究[C].生态文明中的土地问题研究.湖北省:湖北土地学会,2008:66-71.

[102] 王富喜.山东省新农村建设与农村发展水平评价[J].经济地理,2009,29(10):1710-1715.

[103] 赵明霞.农村生态文明评价指标体系建设的路径思考[J].理论导刊,2015(08):77-80.

[104] 何静,李战江,苏金梅.基于R聚类-灰关联优势分析的绿色经济评价指标体系构建[J].科技管理研究,2018,38(10):90-98.

[105] 刘继志.基于 AHP 层次分析法的天津市美丽乡村评价指标研究[J].南方农业,2018,12(17):100-102.

[106] 张平淡,袁赛,夏晓华.基于农业现代化视角的"五化"协同发展影响因素分析[J].经济地理,2017,37(3):152-157.

[107] 王丹华,刘子飞,李铁铮.农村生态文明评价及城镇化对其影响——基于地市级层面的研究[J].宁夏社会科学,2017(02):115-121.

[108] 李战江,何静,苏金梅.基于动态修正的绿色经济评价研究[J].科技管理研究,2018,38(12):73-85.

[109] 石震,李战江,刘丹.基于灰关联-秩相关的绿色经济评价指标体系构建[J].统计与决策,2018,34(11):28-32.

[110] 王瑛,常泉英.基于二次赋权的 TOPSIS 法的城市环境质量动态评价[J].安全与环境学报,2018,18(02):784-788.

[111] 王瑛,黄颖倩.基于双重信息集结的绿色发展动态评价[J].安全与环境学报,2018,18(04):1623-1628.

[112] 张董敏,齐振宏.农村生态文明水平评价指标体系构建与实证[J].统计与决策,2020,36(01):36-39.

[113] 耿黎,王邦祥.大田生产服务提供绩效评价及影响因素分析——基于四川、湖南、河南、山东省 1116 户农户调查[J].西南大学学报(自然科学版),2014,36(10):137-143.

[114] 雷勋平,Robin Qiu,刘勇.基于熵权 TOPSIS 模型的区域土地利用绩效评价及障碍因子诊断[J].农业工程学报,2016,32(13):243-253.

[115] 盖豪,颜廷武,何可,张俊飚.基于农户视角的秸秆机械化还田服务绩效评价及其障碍因子诊断——来自冀、鲁、皖、鄂四省的调查[J].长江流域资源与环境,2018,27(11):2597-2608.

[116] 刘子飞,张体伟.农村生态文明建设能力评价方法研究——基于 AHP 与距离函数模型[J].农业经济与管理,2013(06):29-37.

[117] 余威震,罗小锋,薛龙飞,李兆亮.中国农村绿色发展水平的时空差异及驱动因素分析[J].中国农业大学学报,2018,23(09):186-195.

[118] 潘丹.考虑资源环境因素的中国农业绿色生产率评价及其影响因素分析[J].中国科技论坛,2014(11):149-154.

[119] 梁俊,龙少波.农业绿色全要素生产率增长及其影响因素[J].华南农业大学学报:社会科学版,2015(03):5-16.

[120] 叶初升,惠利.农业生产污染对经济增长绩效的影响程度研究——基于环境全要素生产率的分析[J].中国人口·资源与环境,2016,26(04):11.

[121] 李翔,杨柳.华东地区农业全要素生产率增长的实证分析——基于随机前沿生产函数模型[J].华中农业大学学报(社会科学版),2018(06):62-68+154.

[122] 张慧.广西农业全要素生产率增长实证研究——基于随机前沿生产函数及 DEA-Malmquist 生产率指数模型[J].沿海企业与科技,2019(04):44-47.

[123] 展进涛,徐钰娇,葛继红.考虑碳排放成本的中国农业绿色生产率变化[J].资源科学,2019,41(05):884-896.

[124] 李谷成,尹朝静,吴清华.农村基础设施建设与农业全要素生产率[J].中南财经政法大学学报,2015,208(1):141-147.

[125] 邓晓兰,鄢伟波.农村基础设施对农业全要素生产率的影响研究[J].财贸研究,2018,29(04):36-45.

[126] 张先锋,陈琳,吴伟东.交通基础设施、人力资本分层集聚与区域全要素生产率——基于我国 285 个地级市面板数据的经验分析[J].工业技术经济,2016,35(06):92-102.

[127] 王劼,朱朝枝.农业碳排放的影响因素分解与脱钩效应的国际比较[J].统计与决策,2018,34(11):104-108.

[128] 朱星宇,陈永强.SPSS 多元统计分析方法及应用[M].北京:清华大学出版社,2011:211.

[129] 于春海,樊治平.特征指标信息不完全的系统聚类方法[J].系统工程,2006,24(2):101-105.

[130] 王琳璘,谢忠局,陈永权,王琦.机器学习聚类组合算法及其应用[J].山东农业大学学报(自然科学版),2018,49(03):463-466.

[131] 阳波,强茂山.系统结构有序度负熵评价模型的改进[J].系统工程,2007,025(005):20-24.

[132] 刘伟,葛世伦,王念新,等.基于数据复杂性的信息系统复杂度测量[J].系统工程理论与实践,2013,33(12):3198-3208.

[133] 邓杜梅,柏璨,付蓉,胡静.厕所革命助力美丽乡村建设[J].农村经济与科技,2019,303(14):228.

[134] 慕瑜,沈倩,寇彦飞.生活污水治理是美丽乡村建设的关键[J].能源与环保,2019,41(07):76-79.

[135] 谭德明,何红渠.基于能值生态足迹的中国能源消费可持续性评价[J].经济地理,2016,36(08):176-182.

[136] 付洪良,曹永峰,于敏捷.浙江美丽乡村生态文明建设动力机制的实证研究[J].生态经济,2018,34(05):218-223.

[137] 杨振海,程维虎,张军舰.拟合优度检验[M].北京:科学出版社,2011:23-45.

[138] 苏岩,杨振海.球面均匀分布的拟合优度检验[J].应用数学学报,2009,32(01):93-105.

[139] 中国生态环境部网站,2018 中国生态环境状况公报[DB/OL].http://www.mee.gov.cn/hjzl/tj/201905/t20190529_704850.shtml.2019-05-29.

[140] 刘涛,王波,李嘉梁.互联网、城镇化与农业生产全要素生产率[J].农村经济,2019(10):129-136.

[141] 韩海彬,张莉.农业信息化对农业全要素生产率增长的门槛效应分析[J].中国农村经济,2015(08):11-21.

[142] 毛宇飞,李烨.互联网与人力资本:现代农业经济增长的新引擎——基于我国省际面板数据的实证研究[J].农村经济,2016(06):113-118.

[143] 朱秋博,白军飞,彭超,朱晨.信息化提升了农业生产率吗?[J].中国农村经济,2019(04):22-40.

[144] 杨悦,员学锋,马超群,徐和平,任朝霞.秦巴山区农户生计与乡村发展耦合协调分析:以陕西省洛南县为例[J].生态与农村环境学报,2021,37(04):448-455.

[145] 于赟,程秋旺,陈钦,等.碳汇造林项目对农村生态文明建设满意度的影响——基于福建省集体林区496份农户调查视角[J].中国林业经济,2022(2):6.

后　记

　　本书是在我的博士论文基础上的进一步思考和拓展，尤其提炼了每一章的核心内容和逻辑关系，扩充了乡村绿色发展的经济机理和理论基础章节，使乡村绿色发展测度基石的研究更加丰富和翔实。能把自己多年的思考和研究，通过认真整理，刊印成书，离不开老师和朋友的鼓励和帮助，有太多的感动和感谢。

　　首先，我要感谢陕西师范大学老师们对我的培养和指导。老师们渊博的学术知识和严谨的治学态度，拓宽了我的学术思维，开阔了我的学术眼界，使我的专业学科素养得到提升，使我在专业领域的研究更加扎实。特别要感谢我的博士导师张治河教授，张老师学术上的敏锐和精益求精的治学精神，令我印象深刻。还要感谢眭党臣教授和张淑惠教授，在章节的调整方面，都给予了我非常宝贵的建设性意见、指导和无私帮助。老师们高屋建瓴的点拨和启发，促使我攻破了写作中的难点和困惑，直到论文成书，老师们始终给予了我莫大的鼓励和关心。

　　其次，我要感谢陕西师范大学出版社的老师们，特别是张建明老师耐心的帮助和细心指导，令我非常感动。

　　再次，还要特别感谢西安文理学院的领导和同事们给予我出版此书的大力支持。

　　最后，我要把这本书献给一直默默支持我的家人，家人的爱是我前进的动力。

感谢我的父母，对我的生养和教育。

感谢我的爱人，对我的支持和付出。

感谢我的两个女儿，给予我的理解。

华　瑛

2022 年 6 月